Berechnungsbeispiele im Stahlbeton- und Spannbetonbau nach EC 2

Jetzt diesen Titel zusätzlich als E-Book downloaden und 70 % sparen!

Als Käufer dieses Buchtitels haben Sie Anspruch auf ein besonderes Kombi-Angebot: Sie können den Titel zusätzlich zum Ihnen vorliegenden gedruckten Exemplar für nur 30 % des Normalpreises als E-Book beziehen.

Der BESONDERE VORTEIL: Im E-Book recherchieren Sie in Sekundenschnelle die gewünschten Themen und Textpassagen. Denn die E-Book-Variante ist mit einer komfortablen Volltextsuche ausgestattet!

Deshalb: Zögern Sie nicht. Laden Sie sich am besten gleich Ihre persönliche E-Book-Ausgabe dieses Titels herunter.

In 3 einfachen Schritten zum E-Book:

❶ Rufen Sie die Website **www.beuth.de/e-book** auf.

❷ Geben Sie hier Ihren persönlichen, nur einmal verwendbaren E-Book-Code ein:

249784A3FK23F6K

❸ Klicken Sie das „Download-Feld“ an und gehen dann weiter zum Warenkorb. Führen Sie den normalen Bestellprozess aus.

Hinweis: Der E-Book-Code wurde individuell für Sie als Erwerber dieses Buches erzeugt und darf nicht an Dritte weitergegeben werden. Mit Zurückziehung dieses Buches wird auch der damit verbundene E-Book-Code für den Download ungültig.

Berechnungsbeispiele im Stahlbeton- und Spannbetonbau nach EC 2

Dipl.-Ing. Matthias Kohl

Berechnungsbeispiele im Stahlbeton- und Spannbetonbau nach EC 2

2., vollständig überarbeitete Auflage

Beuth Verlag GmbH · Berlin · Wien · Zürich

Bauwerk

Berlin · Wien · Zürich
Am DIN-Platz
Burggrafenstraße 6
10787 Berlin

Telefon: +49 30 2601-0
Telefax: +49 30 2601-1260
Internet: www.beuth.de
E-Mail: kundenservice@beuth.de

Druck und Bindung:
Zakład Graficzny Colonel S.A., Kraków

Gedruckt auf säurefreiem, alterungsbeständigem Papier nach DIN EN ISO 9706.

ISBN 978-3-410-24978-8

Der Autor

Dr.-Ing. Matthias Kohl studierte an der TU Darmstadt Bauingenieurwesen mit der Vertiefungsrichtung konstruktiver Ingenieurbau und der Hauptvertiefung Massivbau.
Nach Beendigung seines Studiums arbeitete er mehrere Jahre als Tragwerksplaner und handlungsbevollmächtigter Projektleiter in einem national wie international agierenden Ingenieurbüro. Von dort wechselte er als wissenschaftlicher Mitarbeiter zum Institut für Massivbau an die TU Hamburg-Harburg und promovierte. Heute ist Dr.-Ing. Kohl in führender Position für ein namhaftes, beratendes Unternehmen im Bereich des Bauprojektmanagements sowie von Technischen Due-Diligence-Verfahren tätig.

Vorwort zur 2. Auflage

Die nun vorliegende zweite Auflage erscheint aktualisiert und um insgesamt acht Beispiele erweitert. Die Überarbeitung wurde u. a. durch die Neufassung des Nationalen Anhangs zu DIN EN 1992-1-1 vom April 2013 erforderlich. Der vornehmliche Grund für die Aktualisierung liegt im Rückzug von DIN 1045-1 und dem Ende der Übergangsfristen.

Während die grundsätzliche Form der Aufarbeitung der einzelnen Beispiele inkl. der erläuternden Kommentarspalte unverändert bleibt, ist das Spektrum behandelter Beispielaufgaben mit der zweiten Auflage nochmals erweitert worden. Zu den bereits in der ersten Auflage behandelten Themen:

- Nachweise von Stahlbetonbauteilen im ULS und SLS
- Nachweise von Spannbetonbauteilen im ULS und SLS
- Rissbreitenberechnungen infolge Zwang- und Lastbeanspruchungen
- Aussteifungsberechnungen
- Bemessung von Stahlbetonflachdecken

sind auch die folgenden Themengebiete aufgenommen worden:

- Durchstanzen eines Einzelfundamentes
- Nachweis der Verbundfuge
- Verbundlose Vorspannung
- Spannbettbinder.

Auch die zweite Auflage soll Studierenden und Jungingenieuren die genannten Themenbereiche des Massivbaus praxisnah vermitteln. Sie kann aber auch Tragwerksplanern, die sich mit neuen Fragestellungen auseinandersetzen, dienlich sein. Dazu ist u. a. der Themenkomplex vorgespannter Bauteile deutlich erweitert worden.

Abschließend gilt es, den Herren Dipl.-Ing. T. Kohl, Dipl.-Ing. S. Kolloch und Dipl.-Ing. W. Mundt für die kritische Durchsicht der Beispiele zu danken. Dem Beuth/Bauwerk Verlag gebührt Dank für die vertrauensvolle Fortführung der sehr guten Zusammenarbeit.

Dr.-Ing. Matthias Kohl Hamburg, im Juni 2016

Vorwort zur 1. Auflage

Um einerseits die Nachweisführung und Bemessung zu verdeutlichen und andererseits die Gemeinsamkeiten und Unterschiede der Normen DIN 1045-1:2008-08 und DIN EN 1992-1-1:2011-01, Eurocode 2, aufzuzeigen, werden im vorliegenden Buch je 12 Bemessungsbeispiele für Stahlbeton- und Spannbetonbauteile nach DIN 1045-1 und DIN EN 1992-1-1, Eurocode 2, berechnet. Die statischen Systeme und geforderten Nachweise der Beispiele 1 bis 12 nach DIN 1045-1 sind die gleichen wie die der Beispiele 13 bis 24 nach DIN EN 1992-1-1, kurz: EC2-1-1.

Im Einzelnen werden folgende Themengebiete in den Beispielen behandelt:

- Nachweise von Stahlbetonbauteilen im ULS und SLS
- Nachweise von Spannbetonbauteilen im ULS und SLS
- Rissbreitenberechnungen infolge Zwang- und Lastbeanspruchungen
- Aussteifungsberechnungen
- Bemessung von Stahlbetonflachdecken.

Die Beispielsammlung richtet sich an Studierende des Bauingenieurwesens, Jungingenieure und Technikerschulen Bau. Sie kann aber auch Tragwerksplanern eine Hilfe sein, welche sich in ein neues Themenfeld (z. B. Spannbetonbau) oder von DIN 1045-1 in EC2-1-1 einarbeiten wollen. Damit werden die Beispiele nach DIN 1045-1 auch nach der bauaufsichtlichen Einführung der Eurocode-Normen, dem 1. Juli 2012, von Nutzen sein.

Bei der Zusammenstellung der Beispielaufgaben wurde auf Praxisnähe geachtet, allerdings steht die Systematik der Nachweisführung im Vordergrund. Zum besseren Verständnis werden die Nachweise in einer Kommentarspalte durch die Angabe der entsprechenden Abschnitte aus den Normen bzw. aus gängiger und relevanter Fachliteratur verdeutlicht sowie durch Skizzen illustriert.

Brandschutznachweise nach DIN 4102 bzw. EC2-1-2 sind nicht Gegenstand der Beispiele.

Abschließend geht an dieser Stelle ein Dank an die Herren Dipl.-Ing. W. Mundt und Dipl.-Ing. T. Kohl für die kritische Durchsicht der Beispiele; ebenso an den Beuth/Bauwerk Verlag für die angenehme und kooperative Zusammenarbeit.

Dipl.-Ing. Matthias Kohl　　　　Hamburg, im September 2011

Inhaltsverzeichnis

Einführung und Begriffe

Aufgrund des Rückzuges von DIN 1045-1 entfällt in der vorliegenden zweiten Auflage eine Gegenüberstellung der Berechnungsverfahren nach DIN und Eurocode. Somit werden die Beispiele, die nach der zurückgezogenen DIN 1045-1 vorgestellt worden sind, nicht weiter berücksichtigt. Stattdessen wurden die 12 Berechnungsbeispiele der ersten Auflage, denen Eurocode 2 zugrunde lag, um acht weitere Beispiele erweitert.

Die Basis für die Nachweisführung und Bemessung der Beispiele 1 bis 20 bildet DIN EN 1992-1-1 [7] (Eurocode 2) mit dem im April 2013 novellierten Nationalen Anhang [8]. Dieser enthält über die für Deutschland festgelegten Parameter (National Determined Parameter, kurz: NDP) hinaus auch ergänzende und EC2-1-1 nicht widersprechende Angaben (Noncontradictory Complementary Information, kurz: NCI) zur Anwendung der Norm

Die national festgelegten Parameter (NDP) gelten für die Tragwerksplanung von Hoch- und Ingenieurbauten und legen u. a. Zahlenwerte und Klassen fest, die im Eurocode zur nationalen Entscheidung offen gelassen wurden.

Zudem stellen die vom Deutschen Ausschuss für Stahlbeton (DAfStb) 2012 in Heft 600 [6] herausgegebenen Erläuterungen zu DIN EN 1992-1-1 und DIN EN 1992-1-1/NA ein wesentliches Verdeutlichungsinstrument in der zweiten Auflage dar.

Um den Überblick über auftretende Fragestellungen zu erweitern, sind in die vorliegende Auflage weitere Nachweise eingeflossen. Dazu gehören u. a. das Durchstanzen eines Fundamentes, der Nachweis der Verbundfuge sowie der Ansatz der freien Spanngliedlage.

Auf Brandschutznachweise nach EC2-1-2 wurde verzichtet.

Beispiel 1: Zweifeldrige Radwegbrücke aus Stahlbeton

Gegeben ist eine Radwegbrücke aus Stahlbeton (C35/45 und B500B) über eine Bundesstraße als gabelgelagerter Stahlbeton-Zweifeldträger mit einer Spannweite von je $l = 14,0$ m. Die beiden Fußgängerwege werden dabei durch den Steg des Trägers begrenzt, der zusätzlich durch zwei Straßenlampen belastet wird.

Der Träger wird durch seine Eigenlast g_{k1}, Ausbaulasten $g_{k2} = 1,0$ kN/m² und durch die veränderliche Einwirkung $q_k = 5,0$ kN/m² (Fußgänger, Radfahrer) belastet. Außerdem durch die beiden Straßenlampen (jeweils $G_k = 4,0$ kN).

Die statische Höhe des Trägers beträgt $d = 67,5$ cm.

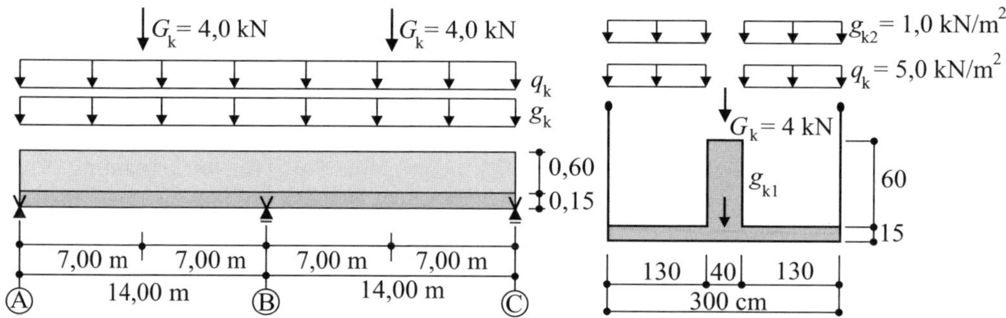

Bild 1-1: *System*

Aufgabe 1.1:

Ermitteln Sie den Druckstrebenwinkel θ im maßgebenden Bereich des Mittelauflagers B (links).

Aufgabe 1.2:

Führen Sie im maßgebenden Bereich links des Mittelauflagers B alle erforderlichen Nachweise zur Aufnahme der Querkraft: Druckstrebe $V_{Rd,max}$, Ermittlung einer sinnvollen lotrechten Bügelbewehrung a_{sw}, Mindestbewehrung $a_{sw,min}$, Bügelabstand s.

Aufgabe 1.3:

Bestimmen Sie die statisch erforderliche Bewehrung in Querrichtung am Anschnitt des Flansches. Die statische Höhe beträgt $d = 10$ cm.

Aufgabe 1.4:

Führen Sie den Nachweis des Zuggurtanschlusses für das linke Feld. Der Druckstrebenwinkel kann dabei zu $\cot\theta_f = 1,0$ angesetzt werden. Im Steg und in den

Platten ist eine Längsbewehrung von 9 $\phi 20$ bzw. $\phi 12$-15 angeordnet. Diejenige in den Platten kann auf der kompletten Breite $b = 1{,}30$ m angerechnet werden.

Aufgabe 1.5:

Infolge Wartungsarbeiten am Brückengeländer ist lediglich ein Weg begeh- bzw. befahrbar. Aus dieser einseitigen Belastung resultiert eine zusätzliche Torsionsbelastung.

Führen Sie nachfolgend alle erforderlichen Nachweise für eine kombinierte Beanspruchung aus Querkraft und Torsion am Mittelauflager (links) in Achse B. Berechnen Sie dazu den Druckstrebenwinkel θ, der aus der kombinierten Beanspruchung resultiert. Ermitteln Sie dann die erforderliche Bügel-, Umfangs- und Längsbewehrung aus der Torsionsbeanspruchung.

Berechnen Sie die Kernfläche A_k beim Torsionsnachweis vereinfachend ohne Ansatz der auskragenden Platten und mit einer Betondeckung von $c_{nom,bü} = 3{,}5$ cm. Als Bügel und umlaufende Längsbewehrung sollen $\phi 10$ verwendet werden.

Aufgabe 1.6:

Bestimmen Sie die notwendige Länge der oberen Biegezugbewehrung (ϕ_s = 25 mm) im Bereich des Mittelauflagers in Achse B ($g + q$ auf beiden Feldern und beiden Radwegen). Ermitteln Sie hierzu zunächst die erforderliche Verankerungslänge, den Abstand der Momentennullpunkte im Bereich der Mittelstütze sowie das Versatzmaß; schließlich ist noch die Verankerungslänge am Endauflager A (q beidseitig auf einem Feld) bei einer Bewehrung im Feld von 9 $\phi 20$ zu bestimmen. Alle Auflager besitzen eine Breite von $a = 40$ cm. Zeichnen Sie dann die Zugkraftdeckungslinie.

Lösung: **Aufgabe 1.1:**

Eigenlast

$g_{k1} = [2 \cdot 0{,}15\ \text{m} \cdot 1{,}30\ \text{m} + 0{,}40\ \text{m} \cdot 0{,}75\ \text{m}] \cdot 25\ \text{kN/m}^3 = 17{,}3\ \text{kN/m}$ — [1] Kap. 4, 1.4.1

Querkräfte in Achse B:

Infolge ständiger Lasten g_{k1}, g_{k2} und G_k:

$V_{gk,B,li} = -0{,}625 \cdot (17{,}3\ \text{kN/m} + 2{,}6\ \text{kN/m}) \cdot 14{,}0\ \text{m} - 0{,}688 \cdot 4{,}0\ \text{kN}$

$V_{gk,B,li} = -176{,}9\ \text{kN}$

Maßgebende Laststellung für die Bemessung im Auflagerbereich B_{links}

G_k G_k

q_k

g_{k2}

g_{k1}

Infolge veränderlicher Lasten q_k:

$V_{qk,B,li} = -0{,}625 \cdot 13{,}0\ \text{kN/m} \cdot 14{,}0\ \text{m} = -113{,}7\ \text{kN}$

Bemessungsquerkraft infolge ständiger und veränderlicher Lasten: In Achse B: $V_{Ed,B,li} = -[1{,}35 \cdot 176{,}9\ kN + 1{,}5 \cdot 113{,}7\ kN] = -409{,}4\ kN$	
Bei $x = d = 67{,}5$ cm vom Auflagerrand: $V_{Ed,B,li,red}(x = 13{,}32^5\ m)$ mit: $(g+q)_d = (1{,}35 \cdot 19{,}9 + 1{,}5 \cdot 13{,}0)\ kN/m \cdot 0{,}675\ m = 31{,}3\ kN$ $V_{Ed,B,li,red}(x = 13{,}32^5\ m) = -409{,}4\ kN + 31{,}3\ kN = -378{,}1\ kN$	EC2-1-1, NCI zu 6.2.1(8) $x = l - d = 13{,}32^5$ m
Ermittlung des Druckstrebenwinkels: $1{,}0 \leq \cot\theta \leq \frac{1{,}2}{1 - V_{Rd,cc}/V_{Ed,B,li,red}} \leq 3{,}0$	EC2-1-1, Gl. 6.7aDE für $\alpha = 90°$
$V_{Rd,cc} = c \cdot 0{,}48 \cdot f_{ck}^{1/3} \cdot b_w \cdot z$ (für Bauteile ohne Normalkraft) mit: $c = 0{,}5$ $f_{ck} = 35\ MN/m^2$ $b_w = 0{,}40$ m $z = 0{,}9 \cdot d = 60{,}75\ cm \approx 61 cm$ [1)]	EC2-1-1, Gl. 6.7bDE EC2-1-1, Bild 6.5 EC2-1-1, 6.2.3(1)
$V_{Rd,cc} = 191{,}6$ kN	
$\cot\theta = \frac{1{,}2}{1 - 191{,}6/378{,}1} = 2{,}43 \quad \rightarrow: \theta = 22{,}3°$	
Lösung: **Aufgabe 1.2:**	
Nachweis der Druckstrebe: $V_{Ed} < V_{Rd,max}$ (beim Nachweis der Druckstrebe wird die Querkraft nicht abgemindert, EC2-1-1, NCI zu 6.2.1(8)) $V_{Rd,max} = \alpha_{cw} \cdot v_1 \cdot f_{cd} \cdot b_w \cdot z / [\cot\theta + \tan\theta]$ mit: $v_1 = 0{,}75 \cdot v_2$ mit: $v_2 = (1{,}1 - f_{ck}/500) \leq 1{,}0$ [$v_2 = 1{,}03 \geq 1{,}0 \rightarrow: v_2 = 1{,}0$] $\alpha_{cw} = 1{,}0$	EC2-1-1, Gl. 6.9 lotrechte Bügel mit $\alpha = 90°$ EC2-1-1, NDP zu 6.2.3(3) EC2-1-1, NDP zu 6.2.3(3)
$b_w = 0{,}4$ m $z = 0{,}9 \cdot d = 0{,}9 \cdot 0{,}675\ m = 0{,}61$ m $f_{cd} = 0{,}85 \cdot 35\ MN/m^2/1{,}5 = 19{,}83\ MN/m^2$	 EC2-1-1, 6.2.3(1) EC2-1-1, Gl. 3.15

[1)] vereinfachend wird auf $z = d - 2 \cdot c_{v,l} \geq d - c_{v,l} - 3$ cm nach EC2-1-1, NCI zu 6.2.3(1) verzichtet

darin ist $\alpha_{cc} = 0{,}85$ nach EC2-1-1, NDP zu 3.1.6 (2)

$V_{Rd,max} = 0{,}75 \cdot 19{,}83\ \text{MN/m}^2 \cdot 0{,}4\ \text{m} \cdot 0{,}61\ \text{m}/[2{,}43 + 1/2{,}43]$
$V_{Rd,max} = 1{,}28\ \text{MN}$
$V_{Rd,max} > V_{Ed,B,li}$ →: die Druckstrebe ist nachgewiesen

Nachweis der Zugstrebe – Ermittlung der Querkraftbewehrung: — EC2-1-1, Gl. 6.8
$V_{Ed,B,li,red} < V_{Rd,s}$ — EC2-1-1, NCI zu 6.2.1(8)
erf. $a_{sw} = V_{Ed,B,li,red}/[f_{ywd} \cdot z \cdot \cot\theta]$
erf. $a_{sw} = 0{,}378\ \text{MN} \cdot 10^4/[435\ \text{MN/m}^2 \cdot 0{,}61\ \text{m} \cdot 2{,}43] = 5{,}9\ \text{cm}^2/\text{m}$ — $f_{ywd} = 435\ \text{MN/m}^2$
gewählt: Bü ϕ10-20 →: vorh. $a_{sw} = 7{,}8\ \text{cm}^2/\text{m}$

Mindestbewehrung:
$a_{sw,min} = \rho_{w,min} \cdot b_w \cdot \sin\alpha$ — EC2-1-1, Gl. 9.4
mit:
$\rho_{w,min} = 0{,}16 \cdot f_{ctm}/f_{yk} = 0{,}16 \cdot 3{,}2/500 = 0{,}102\ \%$ — EC2-1-1, NDP zu 9.2.2(5)

$a_{sw,min} = 0{,}102 \cdot 40\ \text{cm} \cdot 1{,}0 = 4{,}08\ \text{cm}^2/\text{m} < \text{vorh. } a_{sw} = 7{,}8\ \text{cm}^2/\text{m}$

Kontrolle des Bügelabstandes: — EC2-1-1, Tab. NA.9.1
$V_{Ed,B,li,red}/V_{Rd,max} = 0{,}378/1{,}28 = 0{,}3 \leq 0{,}3$
$s_{l,max} = 0{,}7h$ oder 30 cm $(0{,}7h = 0{,}525\ \text{m})$
$s_{l,max} = 30\ \text{cm} > \text{vorh. } s = 20\ \text{cm}$

Lösung: **Aufgabe 1.3:**

$m_{Ed,max}$ = Moment am Anschnitt Steg/Platte
$m_{Ed,max} = [1{,}35 \cdot (1{,}0 + 0{,}15 \cdot 25) + 1{,}50 \cdot 5{,}0]\ \text{kN/m}^2 \cdot (1{,}3\ \text{m})^2/2$
$m_{Ed,max} = 11{,}8\ \text{kNm/m}$

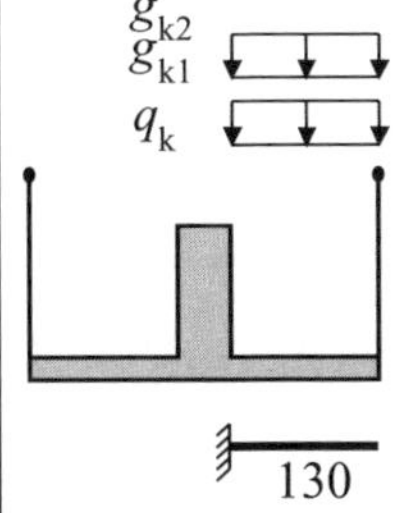

$\mu_{Eds} = (0{,}0118\ \text{MNm/m})/[1{,}0\ \text{m} \cdot (0{,}1\ \text{m})^2 \cdot 19{,}83\ \text{MN/m}^2] = 0{,}06$ — [1] Kap. 5, Tafel 2a
$\omega = 0{,}06$
erf. $a_s = [1/435\ \text{MN/m}^2] \cdot [0{,}06 \cdot 1{,}0\ \text{m} \cdot 0{,}10\ \text{m} \cdot 19{,}83\ \text{MN/m}^2 \cdot 10^4]$ — f_{cd} mit $\alpha_{cc} = 0{,}85$ nach EC 2-1-1, Gl. 3.15
erf. $a_s = 2{,}74\ \text{cm}^2/\text{m}$

gewählt: Stäbe ϕ8-15 oben und unten (konstruktiv)
vorh. $a_s = 3{,}35\ \text{cm}^2/\text{m}$

Lösung: **Autgabe 1.4:**

EC2-1-1, 6.2.4(1)

Auflagerkraft A:
Infolge ständiger Lasten g_{k1}, g_{k2} und G_k:
$A_{gk} = 0{,}375 \cdot (17{,}3\ \text{kN/m} + 2{,}6\ \text{kN/m}) \cdot 14{,}0\ \text{m} + 0{,}313 \cdot 4{,}0\ \text{kN}$
$A_{gk} = 104{,}5\ \text{kN} + 1{,}3\ \text{kN} = 105{,}8\ \text{kN}$

[1] Kap. 4, 1.4.1
Maßgebende Laststellung für die Bemessung im Auflagerbereich A

Infolge veränderlicher Lasten q_k: (ein Feld)
$A_{qk} = 0{,}438 \cdot 13{,}0\ \text{kN/m} \cdot 14{,}0\ \text{m} = 79{,}7\ \text{kN}$
$A_d = 1{,}35 \cdot 105{,}8\ \text{kN} + 1{,}5 \cdot 79{,}7\ \text{kN} = 262{,}4\ \text{kN}$

Ermittlung von M_{max} und x_0:
Δx = halber Abstand von $M = 0$ und $M = M_{max}$
M_{max} befindet sich an der Stelle, an der die Querkraft $V = 0$ ist.
$x_0 = 262{,}4\ \text{kN}/[1{,}35 \cdot 19{,}9\ \text{kN/m} + 1{,}5 \cdot 13\ \text{kN/m}] = 5{,}66\ \text{m}$

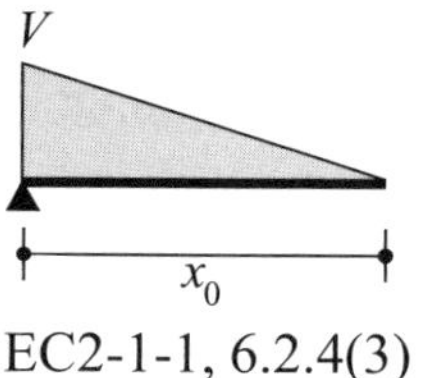

$\Delta x = x_0/2 = 5{,}66\ \text{m}/2 = 2{,}83\ \text{m}$

EC2-1-1, 6.2.4(3)

$M(\Delta x = 2{,}83\ \text{m}) = M_{max} = A_d \cdot \Delta x - (g+q)_d \cdot \Delta x^2/2$
$M = 262{,}4 \cdot 2{,}83\ \text{kNm} - [(1{,}35 \cdot 19{,}9 + 1{,}5 \cdot 13)\ \text{kN/m}] \cdot (2{,}83\ \text{m})^2/2$
$M = 556{,}9\ \text{kNm}$

Bemessungswert der einwirkenden Längsschubkraft:

EC2-1-1, 6.2.4(3) und [21] Kap. 7.7

$V_{Ed} = \Delta F_d \approx F_{sd} \cdot A_{s1a}/\Sigma A_{s1}$
mit:
$F_{sd} = M_{Ed}/z = 0{,}557\ \text{MNm}/(0{,}9 \cdot 0{,}675\ \text{m}) = 0{,}917\ \text{MN}$
$A_{s1a} = [1{,}13\ \text{cm}^2/0{,}15\ \text{m}] \cdot 1{,}3\ \text{m} = 9{,}8\ \text{cm}^2$ (für einen Flansch) — Geg.: ϕ12-15
$\Sigma A_{s1} = 19{,}6\ \text{cm}^2 + 9 \cdot 3{,}14\ \text{cm}^2 = 47{,}9\ \text{cm}^2$ (im Untergurt) — Geg.: 9 ϕ20 + ϕ12-15

$V_{Ed} = \Delta F_d \approx 0{,}917\ \text{MN} \cdot 9{,}8\ \text{cm}^2/47{,}9\ \text{cm}^2 = 0{,}188\ \text{MN}$

$v_{Ed} = \Delta F_d/[h_f \cdot \Delta x] = 0{,}188\ \text{MN}/[0{,}15 \cdot 2{,}83\ \text{m}^2] = 0{,}443\ \text{MN/m}^2$ — EC2-1-1, Gl. 6.20

Nachweis der Druckstrebe:

EC2-1-1, Gl. 6.22

$v_{Ed} < v_{Rd,max} = v \cdot f_{cd} \cdot \sin\theta_f \cdot \cos\theta_f$
mit:
$v = v_1 = 0{,}75$ — EC2-1-1, NDP zu 6.2.3(3)

$b_w = h_f = 0{,}15\ \text{m}$ (Höhe des Flansches) — EC2-1-1, NDP zu 6.2.4(4)
$z = \Delta x = 2{,}83\ \text{m}$
$\cot\theta_f = 1{,}0$ (gegeben) $\rightarrow \theta = 45°$

$v_{Rd,max} = 0{,}75 \cdot 19{,}83\ \mathrm{MN/m^2} \cdot \sin(45°) \cdot \cos(45°)$

$v_{Rd,max} = 7{,}4\ \mathrm{MN/m^2}$

$v_{Rd,max} > v_{Ed}$

Nachweis der Zuggurtquerbewehrung:

erf.$(A_{sf}/s_f) = v_{Ed} \cdot h_f / [f_{yd} \cdot \cot\theta_f]$

erf. $a_{sf} = 0{,}443\ \mathrm{MN/m^2} \cdot 0{,}15\ \mathrm{m} / [435\ \mathrm{MN/m^2} \cdot 1{,}0]$

erf. $a_{sf} = 1{,}53 \cdot 10^{-4}\ \mathrm{m^2/m} = 1{,}53\ \mathrm{cm^2/m}$

gewählt: ϕ8-15 oben und unten (siehe Aufgabe 1.3)

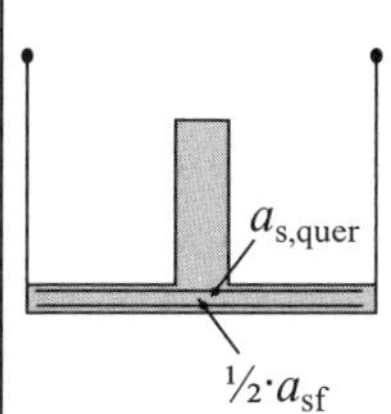

Lösung: **Aufgabe 1.5:**

Bemessungsquerkraft infolge ständiger und veränderlicher Lasten:

In Achse B:

$V_{Ed,B,li} = -409{,}4$ kN — siehe Aufgabe 1.1

Bei $x = d = 67{,}5$ cm vom Auflager (siehe Fußnote S. 4): — EC2-1-1, 6.2.1(8)

$V_{Ed,B,li,red}(x = 13{,}32^5\ \mathrm{m}) = -378{,}1$ kN

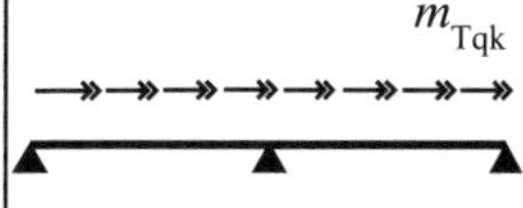

Bemessungstorsionsmoment infolge veränderlicher Lasten:

In Achse B:

$m_{T,d} = 1{,}5 \cdot 5{,}0\ \mathrm{kN/m^2} \cdot 1{,}3\ \mathrm{m} \cdot (1{,}3\ \mathrm{m} + 0{,}4\ \mathrm{m})/2 = 8{,}3\ \mathrm{kNm/m}$

$M_{T,Ed,li} = m_{T,d} \cdot l/2 = 8{,}3\ \mathrm{kNm/m} \cdot 7{,}0\ \mathrm{m} = 58{,}0\ \mathrm{kNm}$ — [1] Kap. 4, 1.1.5

Achsabstände der Längsbew. von der Bauteiloberfläche: — EC2-1-1, Bild 6.11

$s = c_{nom,bü} + \phi_w + \phi/2 = [35 + 10 + 10/2]\ \mathrm{mm} = 50\ \mathrm{mm}$

Die Flansche werden vernachlässigt:

$A_k = [40\ \mathrm{cm} - 2 \cdot 5{,}0\ \mathrm{cm}) \cdot (75\ \mathrm{cm} - 2 \cdot 5{,}0\ \mathrm{cm}] = 1.950\ \mathrm{cm^2}$

$u_k = 2 \cdot [40\ \mathrm{cm} - 2 \cdot 5{,}0\ \mathrm{cm} + 75\ \mathrm{cm} - 2 \cdot 5{,}0\ \mathrm{cm}] = 190\ \mathrm{cm}$

$t_{ef,i} = 2 \cdot s = 100\ \mathrm{mm}$

$z_i = h_k = 75\ \mathrm{cm} - 2 \cdot 5{,}0\ \mathrm{cm} = 65\ \mathrm{cm}$

A_k — 60 — 15 — 130 — 40 — 130 — 300

$$V_{Ed,T,i} = \frac{T_{Ed} \cdot z_i}{2 \cdot A_k} = \frac{58{,}0\ \mathrm{kN} \cdot 0{,}65\ \mathrm{m}}{2 \cdot 0{,}195\ \mathrm{m^2}} = 96{,}7\ \mathrm{kN}$$

EC2-1-1, Gl. 6.26 und Gl. 6.27 mit: $z = h_k$

$$V_{Ed,V} = \frac{|V_{Ed}| \cdot t_{ef,i}}{b_w} = \frac{409{,}4\,\mathrm{kN} \cdot 0{,}100\,\mathrm{m}}{0{,}40\,\mathrm{m}} = 102{,}35\ \mathrm{kN}$$

EC2-1-1, NCI zu 6.3.2(2)

$V_{Ed,T+V} = 96{,}7\ \mathrm{kN} + 102{,}4\ \mathrm{kN} = 199{,}1\ \mathrm{kN}$ — EC2-1-1, Gl. NA. 6.27.1

$$1{,}0 \le \cot\theta \le \frac{1{,}2}{1 - V_{Rd,cc}/V_{Ed}} \le 3{,}0$$

EC2-1-1, Gl. 6.7aDE

$V_{Rd,cc} = c \cdot 0{,}48 \cdot f_{ck}^{1/3} \cdot t_{ef,i} \cdot z$

EC2-1-1, Gl. 6.7bDE

mit:

$c = 0{,}5$

$t_{ef,i} = 0{,}100$ m

EC2-1-1, NCI zu 6.3.2(2)

$z = 0{,}9 \cdot d = 61$ cm (siehe Fußnote S. 4)

$\rightarrow$: $V_{Rd,cc} = 47{,}9$ kN

$$\cot\theta = \frac{1{,}2}{1 - 47{,}9\,\text{kN} / 199{,}1\,\text{kN}} = 1{,}58 \rightarrow: \theta = 32{,}3°$$

Bügelbewehrung aus Querkraftbeanspruchung:

$V_{Ed,B,li,red} < V_{Rd,s}$

EC2-1-1, Gl. 6.8

$a_{sw,V} = |V_{Ed,B,li,red}| / [f_{ywd} \cdot z \cdot \cot\theta]$

$a_{sw,V} = 0{,}378\,\text{MN} \cdot 10^4 / [435\,\text{MN/m}^2 \cdot 0{,}61\,\text{m} \cdot 1{,}58] = 9{,}1\,\text{cm}^2/\text{m}$

EC2-1-1, NCI zu 6.2.1(8), $f_{ywd} = 435$ MN/m²

Bügelbewehrung aus Torsionsbeanspruchung:

$a_{sw,T} = T_{Ed} \cdot \tan\theta / [f_{yd} \cdot 2A_k]$

$a_{sw,T} = 58{,}0\,\text{kNm} \cdot 10 \cdot \tan(32{,}3°) / [435\,\text{MN/m}^2 \cdot 2 \cdot 1950\,\text{cm}^2 \cdot 10^{-4}]$

EC2-1-1, Gl. NA. 6.28.1

$a_{sw,T} = 2{,}2\,\text{cm}^2/\text{m}$

gewählt Bü ϕ12-12[5]

vorh. $a_{sw,T+V} = 18{,}1\,\text{cm}^2/\text{m}$ (zweischnittig)

$18{,}1\,\text{cm}^2/\text{m} > [2 \cdot 2{,}2$ (aus T) $+ 9{,}1$ (aus V)$]\,\text{cm}^2/\text{m} = 13{,}5\,\text{cm}^2/\text{m}$

erf. $a_{sw,T}$ wurde an einer Ersatzwand ermittelt und ist deshalb für den Balkenquerschnitt zu verdoppeln.

Torsionslängsbewehrung:

$A_{sl} = T_{Ed} \cdot u_k \cdot \cot\theta / [f_{yd} \cdot 2A_k]$

$A_{sl} = 0{,}058\,\text{MNm} \cdot 1{,}90\,\text{m} \cdot 10^4 \cdot 1{,}58 / [435\,\text{MN/m}^2 \cdot 2 \cdot 0{,}195\,\text{m}^2]$

EC2-1-1, Gl. 6.28

$A_{sl} = 10{,}26\,\text{cm}^2$ (bzw. $a_{sl} = 5{,}40\,\text{cm}^2/\text{m}$)

Gewählt: ϕ12-20 als Torsionsbewehrung

vorh. $a_{sl} = 5{,}65\,\text{cm}^2/\text{m}$

Nachweis der Druckstrebe infolge Querkraft:

$V_{Ed,B,li} < V_{Rd,max}$ (beim Nachweis der Druckstrebe wird die Querkraft nicht abgemindert, EC2-1-1, NCI zu 6.2.1(8))

EC2-1-1, Gl. 6.9

$|V_{Ed,B,li}| = 409{,}4$ kN

$b_w = 0{,}40$ m

$V_{Rd,max} = \alpha_{cw} \cdot v_1 \cdot f_{cd} \cdot b_w \cdot z / [\cot\theta + \tan\theta]$

$V_{Rd,max} = 0{,}75 \cdot 19{,}83\,\text{MN/m}^2 \cdot 0{,}4\,\text{m} \cdot 0{,}61\,\text{m} / [1{,}58 + 1/1{,}58]$

α_{cw}, v_1, f_{cd} siehe Aufgabe 1.2

$V_{Rd,max} = 1{,}64\,\text{MN} > V_{Ed,B,li}$

Nachweis der Druckstrebe infolge Torsion:	
$T_{Rd,max} = 2 \cdot v \cdot \alpha_{cw} \cdot f_{cd} \cdot A_k \cdot t_{ef,i} \cdot \sin\theta \cdot \cos\theta$	EC2-1-1, Gl. 6.30
mit:	
$v = 0{,}525$	EC2-1-1, NDP zu 6.2.2(6)
$\alpha_{cw} = 1{,}0$	α_{cw} s. Aufgabe 1.1
$T_{Rd,max} = 0{,}525 \cdot 19{,}83\ \text{MN/m}^2 \cdot 2 \cdot 1950 \cdot 10^{-4}\ \text{m}^2 \cdot 0{,}1\ \text{m} \cdot \sin\theta \cdot \cos\theta$	$\theta = 32{,}3\ °$
$T_{Rd,max} = 183{,}4\ \text{kNm}$	
$T_{Rd,max} > T_{Ed}$	
Interaktion V/T:	
$[T_{Ed}/T_{Rd,max}]^2 + [V_{Ed}/V_{Rd,max}]^2 \leq 1$	EC2-1-1, Gl. NA. 6.29.1
$[58{,}0/183{,}4]^2 + [409{,}4/1640]^2 = 0{,}16 < 1$	
Lösung: **Aufgabe 1.6:**	
Im Stützbereich (oben) liegen mäßige Verbundbedingungen vor:	EC2-1-1, Bild 8.2
$f_{bd} = 2{,}25 \cdot \eta_1 \cdot \eta_2 \cdot f_{ctd}$	EC2-1-1, Gl. 8.2
mit:	
$\eta_1 = 0{,}7$	EC2-1-1, 8.4.2(2)
$\eta_2 = 1{,}0$	EC2-1-1, 8.4.2(2)
$f_{ctd} = \alpha_{ct} \cdot f_{ctk;0,05}/\gamma_C$	EC2-1-1, NCI zu 8.4.2(2)
mit:	
$\alpha_{ct} = 1{,}0$	EC2-1-1, NDP zu 3.1.6(2)
$f_{ctk;0,05} = 2{,}2\ \text{MN/m}^2$	EC2-1-1, Tab. 3.1
$\rightarrow$: $f_{bd} = 2{,}25 \cdot 0{,}7 \cdot 1{,}0 \cdot 1{,}0 \cdot 2{,}2\ \text{MN/m}^2/1{,}5 = 2{,}31\ \text{MN/m}^2$	
$l_{b.rqd} = (\phi/4) \cdot (\sigma_{sd}/f_{bd})$	EC2-1-1, Gl. 8.3 mit $\sigma_{sd} = f_{yd}$ nach NCI zu 8.4.4(1)
$l_{b.rqd} = (25\ \text{mm}/4) \cdot (435/2{,}31)\ \text{MN/m}^2 \cdot 10^{-1} = 118\ \text{cm}$	
$l_{bd} = \alpha_1 \cdot \alpha_2 \cdot \alpha_3 \cdot \alpha_4 \cdot \alpha_5 \cdot (A_{s,erf}/A_{s,vorh}) \cdot l_{b,rqd}$	EC2-1-1, Gl. 8.4 mit $A_{s,erf}/A_{s,vorh}$ nach [12]
darin:	
$A_{s,erf}/A_{s,vorh.} = 0$ ($A_{s,erf} = 0$ außerhalb der Zugkraftdeckungslinie)	
$l_{b,min} \geq \max.\begin{cases} 0{,}3 \cdot \alpha_1 \cdot \alpha_4 \cdot l_{b,rqd} = 0{,}3 \cdot 1{,}0 \cdot 1{,}0 \cdot 118\,\text{cm} = 35{,}4\,\text{cm} \\ 10\ \text{cm} \\ 6{,}7 \cdot \phi = 6{,}7 \cdot 2{,}5\,\text{cm} = 16{,}8\,\text{cm} \end{cases}$	EC2-1-1, Gl. 8.6 bzw. NCI zu 8.4.4(1) und Tab. 8.2; $\alpha_1 = \alpha_4 = 1{,}0$

Versatzmaß $a_l = [z/2] \cdot \cot\theta = [0{,}9 \cdot 0{,}675\ \text{m}/2] \cdot 2{,}43 = 74\ \text{cm}$	EC2-1-1, Gl. 9.2
Auflagerkraft B_d: $B_d = 2 \cdot \lvert V_{Ed,B,li} \rvert = 2 \cdot 409{,}4\ \text{kN} = 818{,}8\ \text{kN}$	siehe Aufgabe 1.1
Stützmoment über Mittelauflager B: $M_{Ed}(x = 14{,}0\ \text{m}) = -(g + q)_d \cdot l^2/8 - 0{,}188 \cdot G_d \cdot l$ $M_{(g+q)d} = -(1{,}35 \cdot 19{,}9\ \text{kN/m} + 1{,}5 \cdot 13{,}0\ \text{kN/m}) \cdot (14{,}0\ \text{m})^2/8$ $M_{(g+q)d} = -1135{,}9\ \text{kNm}$ $M_{G,d} = -1{,}35 \cdot 0{,}188 \cdot 4\ \text{kN} \cdot 14\ \text{m} = -14{,}2\ \text{kNm}$ $M_{Ed}(x = 14{,}0\ \text{m}) = -1135{,}9\ \text{kNm} - 14{,}2\ \text{kNm} = -1150{,}1\ \text{kNm}$ $M_{Ed} = -1150{,}1\ \text{kNm} + 40{,}9\ \text{kNm} = -1109{,}2\ \text{kNm}$	[1] Kap. 4, 1.4.1
Abminderung des Stützmomentes: $\Delta M_{Ed} = F_{Ed,sup} \cdot a/8 = 818{,}8\ \text{kN} \cdot 0{,}4\ \text{m}/8 = 40{,}9\ \text{kNm}$ →: $M_{Ed} = -1150{,}1\ \text{kNm} + 40{,}9\ \text{kNm} = -1109{,}2\ \text{kNm}$	EC2-1-1, Gl. 5.9 Geg.: $a = 40$ cm und $F_{Ed,sup} = B_d$
Bemessung: $\mu_{Eds} = 1{,}109\ \text{MN}/[0{,}40\ \text{m} \cdot 0{,}675^2\ \text{m}^2 \cdot 19{,}83\ \text{MN/m}^2] = 0{,}307$ $\omega = 0{,}382$ erf. $A_s = (1/f_{yd}) \cdot [\omega \cdot b \cdot d \cdot f_{cd}]$ erf. $A_s = (1/435\ \text{MN/m}^2) \cdot [0{,}382 \cdot 0{,}40\ \text{m} \cdot 0{,}675\ \text{m} \cdot 19{,}83\ \text{MN/m}^2]$ erf. $A_s = 4{,}70 \cdot 10^{-3}\ \text{m}^2 = 47{,}0\ \text{cm}^2$ gewählt: 10 $\phi 25$ vorh. $A_s = 49{,}1\ \text{cm}^2$	[1] Kap. 5, Tafel 2a
Abstand des Momentennullpunktes vom Mittelauflager B: $M_{Ed}(x_0) = 0{,}5 \cdot B_d \cdot x_0 - (g + q)_d \cdot x_0^2/2 - M_{Ed,B}$ $M_{Ed}(x_0) = 0{,}5 \cdot 818{,}8\ \text{kN} \cdot x_0 - 46{,}37\ \text{kN/m} \cdot x_0^2/2 - 1109{,}2\ \text{kNm} = 0$	$(g + q)_d = 46{,}37$ kN/m
$x_0^2 - 17{,}66 \cdot x_0 + 47{,}85 = 0$ $x_0 = \frac{17{,}66}{2} - \sqrt{\left(\frac{17{,}66}{2}\right)^2 - 47{,}85} = 3{,}34\ \text{m}$	
Gesamtlänge des Bewehrungsstabes: $l_{ges} = 2 \cdot [x_0 + a_l + l_{b,min}] = 2 \cdot [3{,}34\ \text{m} + 0{,}74\ \text{m} + 0{,}354\ \text{m}] = 8{,}87\ \text{m}$	

Verankerungslänge am Endauflager: Auflagerkraft am Auflager A: Aus ständigen Lasten: $V_{Ed,A} = 1{,}35 \cdot [0{,}375 \cdot (17{,}3 + 2{,}6)\ \text{kN/m} \cdot 14\ \text{m} + 0{,}313 \cdot 4{,}0\ \text{kN}]$ $V_{Ed,A} = 142{,}7\ \text{kN}$ Aus veränderlichen Lasten: $V_{Ed,A} = 1{,}5 \cdot [0{,}438 \cdot 13\ \text{kN/m} \cdot 14\ \text{m}] = 119{,}6\ \text{kN}$	Ermittlung der max. Auflagerlast $V_{Ed,A}$ aus $g + q$ [1] Kap. 4, 1.4.2
$V_{Ed,A,ges} = 262{,}3\ \text{kN}$	
Zu verankernde Zugkraft: $F_{sd} = V_{Ed} \cdot a_l / z = 262{,}3\ \text{kN} \cdot 0{,}74\ \text{m}/[0{,}9 \cdot 0{,}675\ \text{m}] = 319{,}5\ \text{kN}$	EC2-1-1, Gl. 9.3DE
Erforderliche Bewehrung: erf. $A_s = F_{sd}/f_{yd} = 319{,}5\ \text{kN}/[43{,}5\ \text{kN/cm}^2] = 7{,}3\ \text{cm}^2$	
Mindestens 25 % der Feldbewehrung sind nach EC2-1-1, 9.2.1.4(1) bzw. NDP zu 9.2.1.4(1) über das Auflager zu führen. Verbaut werden 4 ϕ20 mit vorh. $A_s = 12{,}6\ \text{cm}^2 >$ erf. A_s.	
Am Endauflager (unten) liegen gute Verbundbedingungen vor:	EC2-1-1, Bild 8.2
$f_{bd} = 2{,}25 \cdot \eta_1 \cdot \eta_2 \cdot f_{ctd}$	EC2-1-1, Gl. 8.2
mit:	
$\eta_1 = 1{,}0$	EC2-1-1, 8.4.2(2)
$\eta_2 = 1{,}0$	EC2-1-1, 8.4.2(2)
$f_{ctd} = \alpha_{ct} \cdot f_{ctk;0,05} / \gamma_C$ mit:	EC2-1-1, NCI zu 8.4.2(2)
$\alpha_{ct} = 1{,}0$	EC2-1-1, NDP zu 3.1.6(2)
$f_{ctk;0,05} = 2{,}2\ \text{MN/m}^2$	EC2-1-1, Tab. 3.1
$\rightarrow$: $f_{bd} = 2{,}25 \cdot 1{,}0 \cdot 1{,}0 \cdot 1{,}0 \cdot 2{,}2\ \text{MN/m}^2/1{,}5 = 3{,}3\ \text{MN/m}^2$	
$l_{b,rqd} = (\phi/4) \cdot (\sigma_{sd}/f_{bd})$ $l_{b,rqd} = (20\ \text{mm}/4) \cdot (435/3{,}3) \cdot 10^{-1} = 65{,}9\ \text{cm}$	EC2-1-1, Gl. 8.3 mit $\sigma_{sd} = f_{yd}$ nach NCI zu 8.4.4(1)
$l_{b,min} \geq \max. \begin{cases} 0{,}3 \cdot \alpha_1 \cdot l_{b,rqd} = 0{,}3 \cdot 1{,}0 \cdot 65{,}9\ \text{cm} = 19{,}8\ \text{cm} \\ 6{,}7\phi = 6{,}7 \cdot 2{,}0\ \text{cm} = 13{,}4\ \text{cm} \end{cases}$	EC2-1-1, Gl. 8.6 bzw. NCI zu 8.4.4(1) und Tab. 8.2, $\alpha_1 = \alpha_4 = 1{,}0$

$l_{bd} = \alpha_1 \cdot \alpha_2 \cdot \alpha_3 \cdot \alpha_4 \cdot \alpha_5 \cdot (A_{s,erf} / A_{s,vorh}) \cdot l_{b,rqd}$

mit:

$\alpha_2 = 1{,}0$

$\alpha_5 = 2/3$

$A_{s,erf} / A_{s,vorh} - 7{,}3 \text{ cm}^2/12{,}6 \text{ cm}^2 = 0{,}58$

EC2-1-1, Gl. 8.4 mit $A_{s,erf}/A_{s,vorh}$ nach [12] und NCI zu 8.4.4(2)

$\alpha_2 = 1{,}0$

$\alpha_5 = 2/3$

$l_{bd} = 2/3 \cdot 0{,}58 \cdot 65{,}9 \text{ cm} = 25{,}5 \text{ cm}$

vorh. $l_{bd,dir} = 40{,}0 \text{ cm} - 3{,}5 \text{ cm} = 36{,}5 \text{ cm} > 25{,}5 \text{ cm}$

Geg.: $c_{nom} = 3{,}5$ cm

EC2-1-1, 9.2.1.3(3) und Bild 9.2

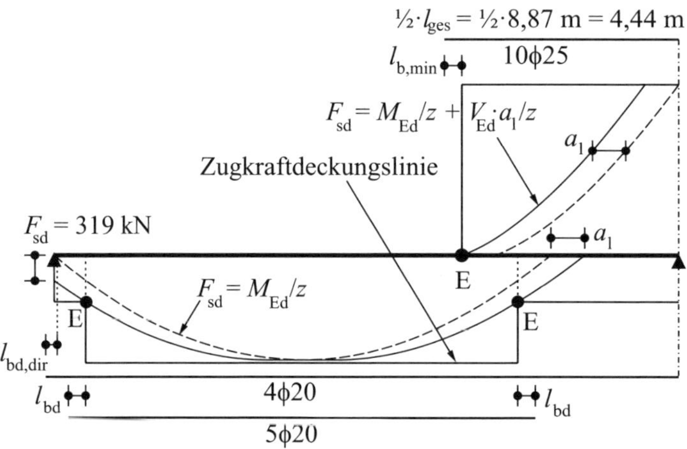

***Bild 1-2:** Zugkraftdeckungslinie*

Beispiel 2: Stahlbeton-Zweifeldträger in einer Industriehalle

Gegeben ist der dargestellte gabelgelagerte Stahlbeton-Zweifeldträger einer kleineren Industriehalle aus Beton C30/37 und Betonstahl B500B. Der Träger wird durch seine Eigenlast g_{k1}, Ausbaulasten g_{k2} = 11,0 kN/m und durch die Verkehrseinwirkung q_k = 6,0 kN/m belastet. Die Lasten resultieren aus Decken, die sich auf die beiden Linienkonsolen des Trägers auflegen.

Die statische Nutzhöhe des Trägers beträgt d = 64,5 cm; die Betondeckung zu den Bügeln sei $c_{nom,bü}$ = 3,5 cm.

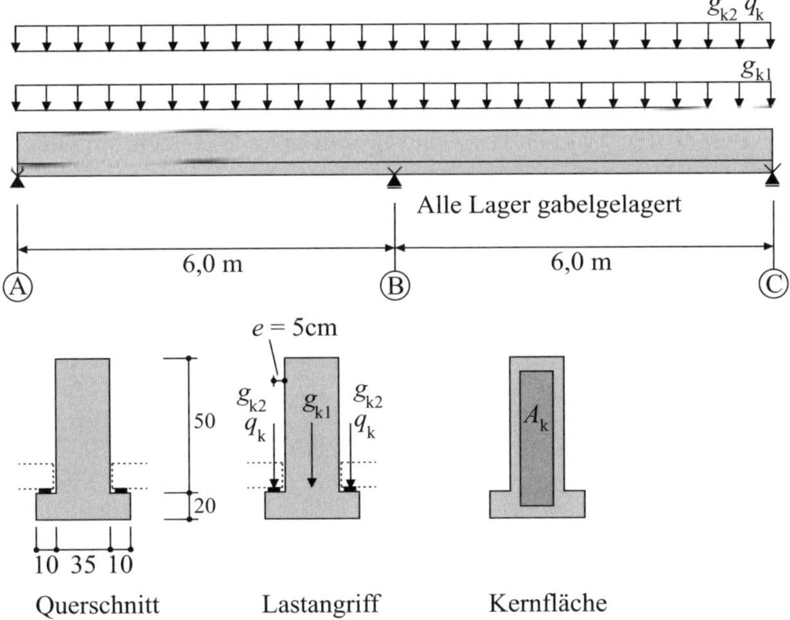

***Bild 2-1:** System*

Aufgabe 2.1:

Ermitteln Sie die maximalen Schnittgrößen (Auflagerkräfte und Querkraftverlauf) für den Auflagerbereich in Achse A getrennt nach ständigen und veränderlichen Einwirkungen.

Ermitteln Sie dazu zuerst die Eigenlast des Trägers g_{k1}. Die Lasten aus den Decken (g_{k2}, q_k), die auf den Linienkonsolen aufliegen, sind beidseitig (rechts und links) vorhanden.

Aufgabe 2.2:

Überprüfen Sie, ob bei einer senkrechten Querkraftbewehrung von $a_{sw} = 5{,}03$ cm²/m (Bügel ϕ8-20 cm) und einem Druckstrebenwinkel von $\theta = 30°$ alle erforderlichen Nachweise zur Sicherstellung der Querkrafttragfähigkeit im maßgebenden Bereich am Endauflager A eingehalten sind. Die Auflagerbreite beträgt $a = 30$ cm.

Aufgabe 2.3:

Infolge einer Nutzungsänderung wird lediglich die komplette linke Linienkonsole durch eine aufgelagerte Decke (g_{k2}, q_k) belastet. Stellen Sie zunächst den γ-fachen Torsionsmomenten- und Querkraftverlauf grafisch dar und führen Sie alle erforderlichen Nachweise für eine kombinierte Beanspruchung aus Torsion und Querkraft für den Träger im maßgebenden Bereich des Auflagers A. cotθ ist für die Torsionsbeanspruchung mit 45° anzunehmen.

Aufgabe 2.4:

Ermitteln Sie die Verankerungslänge der Biegezugbewehrung am Endauflager A. Gehen Sie von einer vorhandenen unteren Biegebewehrung (gerade Bewehrungsstäbe) von 8 ϕ10 im Feld und einer Druckstrebenneigung von $\theta = 30°$ aus; außerdem von senkrechten Bügeln. Entscheiden Sie sinnvoll, wie viel der Bewehrung Sie auf das Auflager führen. Die seitliche Betondeckung beträgt $c_{nom} = 3{,}5$ cm.

Lösung: **Aufgabe 2.1:**

Bestimmung der Eigenlast:

$g_{k1} = [2 \cdot 0{,}10\text{ m} \cdot 0{,}20\text{ m} + 0{,}35\text{ m} \cdot 0{,}70\text{ m}] \cdot 25\text{ kN/m}^2 = 7{,}13\text{ kN/m}$

Auflagerkräfte: — [1] Kap. 4, 1.4.1

Infolge Eigenlast g_{k1}:

$A_{gk1} = C_{gk1} = 0{,}375 \cdot 7{,}13\text{ kN/m} \cdot 6{,}0\text{ m} = 16{,}0\text{ kN}$

$B_{gk1} = 1{,}25 \cdot 7{,}13\text{ kN/m} \cdot 6{,}0\text{ m} = 53{,}5\text{ kN}$

Maßgebende Laststellung für die Bemessung im Auflagerbereich A

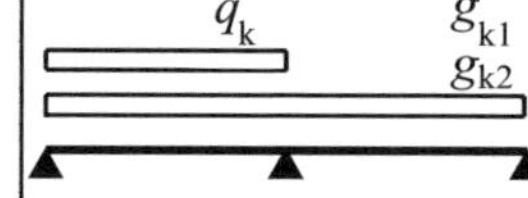

Infolge ständiger Ausbaulasten g_{k2}:

$A_{gk2} = C_{gk2} = 0{,}375 \cdot 2 \cdot 11{,}0\text{ kN/m} \cdot 6{,}0\text{ m} = 49{,}5\text{ kN}$

$B_{gk2} = 1{,}25 \cdot 2 \cdot 11{,}0\text{ kN/m} \cdot 6{,}0\text{ m} = 165{,}0\text{ kN}$

Infolge veränderlicher Lasten q_k (ein Feld; maßgebende Laststellung):

$A_{qk} = 0{,}438 \cdot 2 \cdot 6{,}0\text{ kN/m} \cdot 6{,}0\text{ m} = 31{,}5\text{ kN}$

$B_{qk} = 0{,}625 \cdot 2 \cdot 6{,}0\text{ kN/m} \cdot 6{,}0\text{ m} = 45{,}0\text{ kN}$

$C_{qk} = -0{,}063 \cdot 2 \cdot 6{,}0\text{ kN/m} \cdot 6{,}0\text{ m} = -4{,}5\text{ kN}$

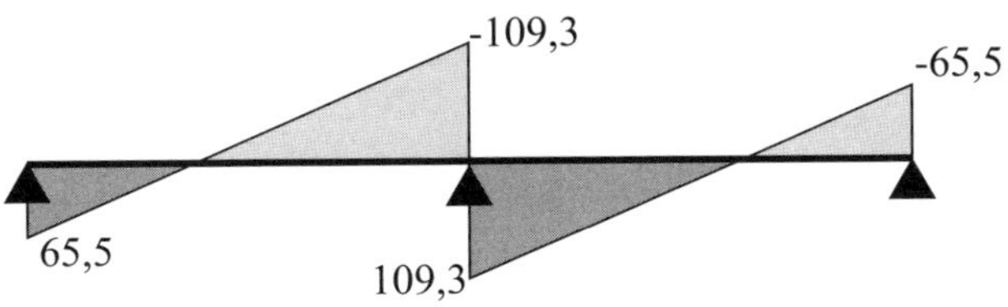

Bild 2-2: *Querkraftverlauf für g_{k1} und g_{k2} [kN]*

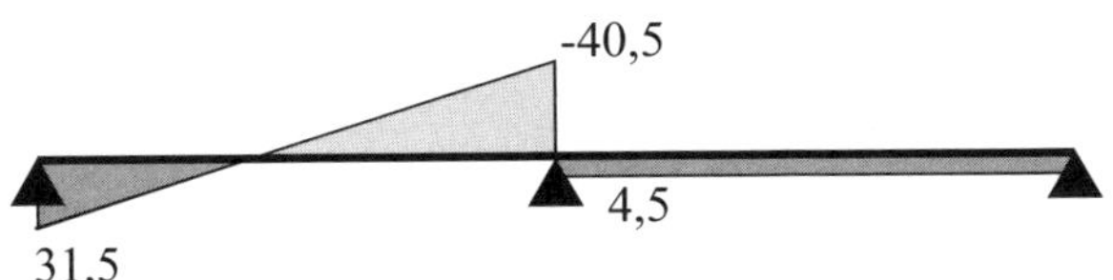

Bild 2-3: *Querkraftverlauf für q_k [kN]*

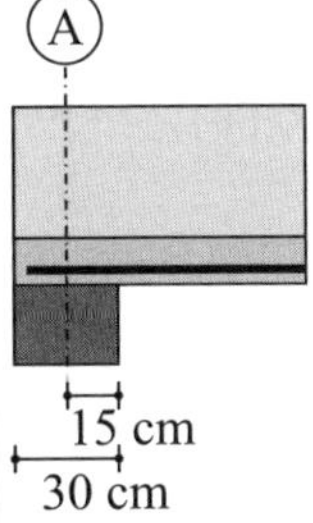

Lösung: **Aufgabe 2.2:**

Querkräfte infolge ständiger und veränderlicher Lasten:

In Achse A:

$V_{Ed} = 1{,}35 \cdot 65{,}5$ kN + $1{,}5 \cdot 31{,}5$ kN = 135,7 kN

Bei $x = d + a/2 = [64{,}5 + 30/2]$ cm = 79,5 cm vom Auflagerrand: EC2-1-1, 6.2.1(8)

$g_k = [7{,}13 + 2 \cdot 11{,}0]$ kN/m = 29,13 kN/m

$V_{Ed,red}(x = 0{,}79^5 \text{ m}) = 135{,}7 \text{ kN} - [(1{,}35 \cdot 29{,}13 + 1{,}5 \cdot 2 \cdot 6{,}0] \cdot x$ — $x = d + a/2$

$V_{Ed,red}(x = 0{,}79^5 \text{ m}) = 135{,}7 \text{ kN} - 45{,}6 \text{ kN} = 90{,}1 \text{ kN}$ — EC2-1-1, Gl. 6.9

Nachweis der Druckstrebe:

$V_{Ed} < V_{Rd,max}$ (beim Nachweis der Druckstrebe wird die Querkraft nicht abgemindert, EC2-1-1, NCI zu 6.2.1(8))

$V_{Rd,max} = \alpha_{cw} \cdot \nu_1 \cdot f_{cd} \cdot b_w \cdot z / [\cot\theta + \tan\theta]$

mit:

$\nu_1 = 0{,}75 \cdot \nu_2$

mit: $\nu_2 = (1{,}1 - f_{ck}/500) \leq 1{,}0$ [$\nu_2 = 1{,}04 \geq 1{,}0 \rightarrow$: $\nu_2 = 1{,}0$]

$\alpha_{cw} = 1{,}0$

$b_w = 0{,}35$ m

$z = 0{,}9 \cdot d = 0{,}9 \cdot 0{,}645$ m = 0,58 m (siehe Fußnote S. 4)

$f_{cd} = 0{,}85 \cdot 30 \text{ MN/m}^2 / 1{,}5 = 17{,}0 \text{ MN/m}^2$

darin ist $\alpha_{cc} = 0{,}85$ nach EC2-1-1, NDP zu 3.1.6 (2)

Geg.: $\theta = 30°$, senkrechte Bügel $\alpha = 90°$

EC2-1-1, NDP zu 6.2.3(3)

EC2-1-1, NDP zu 6.2.3(3)

EC2-1-1, Bild 6.5

EC2-1-1, 6.2.3(1)

EC2-1-1, Gl. 3.15

$V_{Rd,max} = 0{,}75 \cdot 1 \cdot 17 \text{ MN/m}^2 \cdot 0{,}35 \text{ m} \cdot 0{,}58 \text{ m} / [\cot(30°) + \tan(30°)]$

$V_{Rd,max} = 1{,}12 \text{ MN} > V_{Ed}$

Nachweis der Zugstrebe – Kontrolle der Querkraftbewehrung:
$V_{Ed,red} < V_{Rd,s}$
$V_{Rd,s} = a_{sw} \cdot f_{ywd} \cdot z \cdot \cot\theta$
$V_{Rd,s} = 5{,}03 \text{ cm}^2/\text{m} \cdot 435 \text{ MN/m}^2 \cdot 0{,}58 \text{ m} \cdot \cot(30°) \cdot 10^{-4}$
$V_{Rd,s} = 0{,}22 \text{ MN} > V_{Ed,red} = 0{,}09 \text{ MN}$
Die vorhandenen Bügel können die Querkräfte aufnehmen.

EC2-1-1, Gl. 6.8
EC2-1-1, NCI zu 6.2.1(8)
$f_{ywd} = 435 \text{ MN/m}^2$

Mindestquerkraftbewehrung:
$a_{sw,min} = \rho_{w,min} \cdot b_w \cdot \sin\alpha = 0{,}093 \cdot 35 \text{ cm} \cdot 1{,}0 = 3{,}26 \text{ cm}^2/\text{m}$
mit:
$\rho_{w,min} = 0{,}16 \cdot f_{ctm}/f_{yk} = 0{,}16 \cdot 2{,}9/500 = 0{,}093\ \%$

$a_{sw,min} = 0{,}093 \cdot 35 \text{ cm} = 3{,}26 \text{ cm}^2/\text{m} <$ vorh. $a_{sw} = 5{,}03 \text{ cm}^2/\text{m}$

EC2-1-1, Gl. 9.4
EC2-1-1, NDP zu 9.2.2(5)

Kontrolle des Bügelabstandes:
$V_{Ed,red} = 0{,}09 \text{ MN} < 0{,}3 \cdot V_{Rd,max} = 0{,}3 \cdot 1{,}12 \text{ MN} = 0{,}34 \text{ MN}$
$s_{l,max} \leq 0{,}7h$ oder 30 cm ($0{,}7h = 49{,}0$ cm)
$s_{l,max} = 30 \text{ cm} >$ vorh. $s = 20$ cm

EC2-1-1, NA. Tab. 9.1

Lösung: **Aufgabe 2.3:**

Ermittlung des Torsionsmomentes:
$m_{T,gd2} = 1{,}35 \cdot (0{,}05 \text{ m} + 0{,}175 \text{ m}) \cdot 11{,}0 \text{ kN/m} = 3{,}3 \text{ kNm/m}$
$m_{T,qd} = 1{,}5 \cdot (0{,}05 \text{ m} + 0{,}175 \text{ m}) \cdot 6{,}0 \text{ kN/m} = 2{,}0 \text{ kNm/m}$
$T_{Ad} = (3{,}3 + 2{,}0) \text{ kNm/m} \cdot 6{,}0 \text{ m}/2 = 15{,}9 \text{ kNm}$

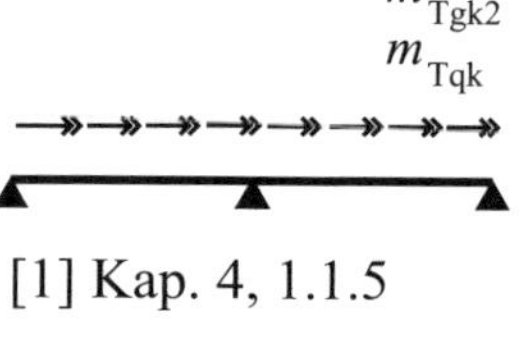

[1] Kap. 4, 1.1.5

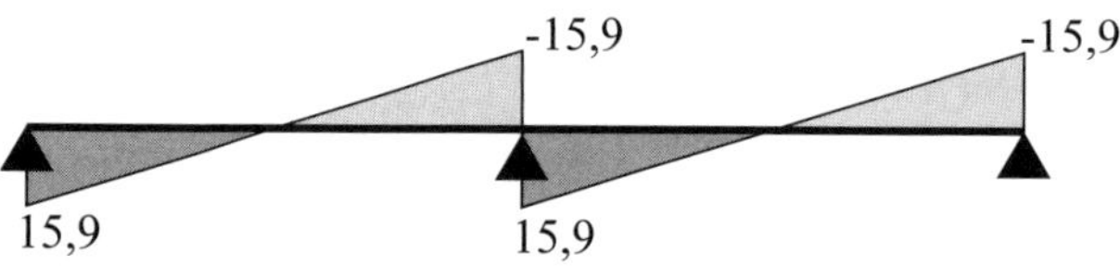

Bild 2-4: *Verlauf des Torsionsmomentes $m_{T,gd2} + m_{T,qd}$ [kNm]*

Ermittlung der Querkraft aus einseitiger Belastung:
$(g + q)_d = [1{,}35 \cdot [7{,}13 + 11{,}0] + 1{,}5 \cdot 6{,}0] \text{ kN/m} = 33{,}5 \text{ kN/m}$
$V_{Ed,A} = 0{,}375 \cdot 33{,}5 \text{ kN/m} \cdot 6{,}0 \text{ m}$
$V_{Ed,A} = 75{,}3 \text{ kN}$

[1] Kap. 4, 1.4.1

$V_{Ed,B} = 1{,}25 \cdot 33{,}5 \text{ kN/m} \cdot 6{,}0 \text{ m}$
$V_{Ed,B} = 251{,}3 \text{ kN}$

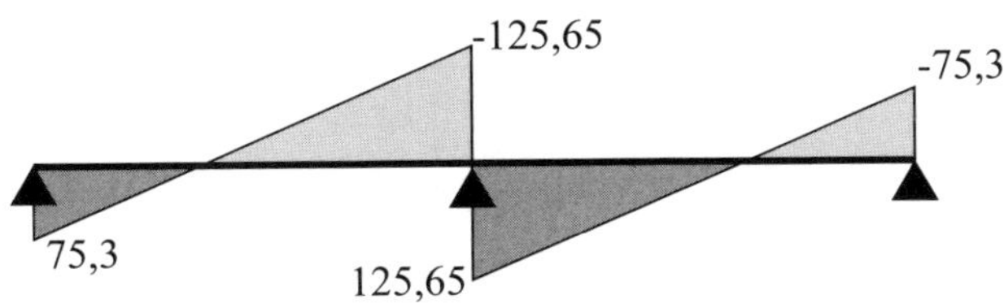

***Bild 2-5:** Querkraftverlauf [kN]*

Querkraft bei x = 79,5 cm vom Auflagerrand:
$V_{Ed,red}(x = 0{,}79^5\ m) = 75{,}3\ kN - 0{,}795\ m \cdot 33{,}5\ kN/m = 48{,}7\ kN$

Bestimmung der Kernfläche A_k und des Umfangs u_k:

EC2-1-1, Bild 6.11

Anmerkung: Es werden Bewehrungsstäbe $\phi 10$ als Torsionslängsbewehrung gewählt; die Konsolen werden vernachlässigt.

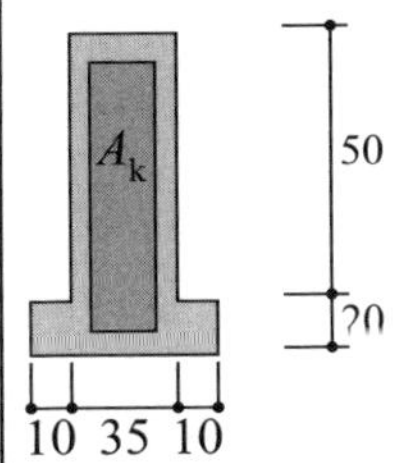

Kernfläche

$s = c_{nom,bü} + \phi_w + \phi/2 = 35\ mm + 10\ mm + 10/2\ mm = 50\ mm$
$t_{ef,i} = 2 \cdot s = 100\ mm$
$A_k = (35 - 2 \cdot 5{,}0)\ cm \cdot (70 - 2 \cdot 5{,}0)\ cm = 1500\ cm^2$
$u_k = 2 \cdot [(35 - 2 \cdot 5{,}0)\ cm + (70 - 2 \cdot 5{,}0)\ cm] = 170\ cm$

Überprüfung der Notwendigkeit von Querkraft- und Torsionsbewehrung nach EC2-1-1, NCI zu 6.3.2(5):

T_{Ed}, V_{Ed} am Auflager

$T_{Ed} \leq V_{Ed} \cdot b_w/4{,}5$
15,9 kNm > 75,3 kN·0,35 m/4,5 = 5,9 kNm

EC2-1-1, NCI zu 6.3.2(5)

Es ist Querkraft- und Torsionsbewehrung nötig.

Vereinfachter Nachweis unter Annahme von $\theta = 45°$:
Nach EC2-1-1, NCI zu 6.3.2(2) kann die erforderliche Torsionsbewehrung unter Annahme von $\theta = 45°$ ermittelt und zur erforderlichen Querkraftbewehrung addiert werden.

Torsionsbügelbewehrung:
erf. $a_{sw,T} = T_{Ed} \cdot \tan\theta / [f_{yd} \cdot 2A_k]$
$a_{sw,T} = 15{,}9\ kNm \cdot 10^{-3} \cdot \tan(45°)/[435\ MN/m^2 \cdot 2 \cdot 1500\ cm^2 \cdot 10^{-4}]$
$a_{sw,T} = 1{,}2 \cdot 10^{-4}\ m = 1{,}2\ cm^2/m$

EC2-1-1, Gl. NA. 6.28.1

erf. $a_{sw,T}$ wurde an einer Ersatzwand ermittelt und ist deshalb für den Balkenquerschnitt zu verdoppeln.

Erforderliche Querkraftbewehrung:
erf. $a_{sw,V} = V_{Ed,red}/[f_{ywd} \cdot z \cdot \cot\theta]$ — EC2-1-1, Gl. 6.8
$a_{sw,V} = 0{,}0487\,\mathrm{MN} \cdot 10^4/[435\,\mathrm{MN/m^2} \cdot 0{,}58\,\mathrm{m} \cdot \cot\theta] = 1{,}1\,\mathrm{cm^2/m}$ — $\theta = 30°$ s. Aufg. 2.2

Ermittlung der gesamten Bügelbewehrung:
$2 \cdot \text{erf. } a_{s,T} + \text{erf. } a_{sw,V} = 2 \cdot 1{,}2\,\mathrm{cm^2/m} + 1{,}1\,\mathrm{cm^2/m} = 3{,}5\,\mathrm{cm^2/m}$ — vorh. a_{sw} siehe Aufgabenstellung
$\rightarrow$: erf. $a_{sw,T+V} <$ vorh. $a_{sw} = 5{,}03\,\mathrm{cm^2/m}$

Die vorhandenen Bügel können die Belastungen aus Querkraft und Torsion aufnehmen.

Torsionslängsbewehrung:
erf. $A_{sl} = T_{Ed} \cdot u_k \cdot \cot\theta/[f_{yd} \cdot 2A_k]$ — EC2-1-1, Gl. 6.28
$A_{sl} = 15{,}9\,\mathrm{kNm} \cdot 10^{-3} \cdot 1{,}7\mathrm{m} \cdot \cot\theta/[435\,\mathrm{MN/m^2} \cdot 2 \cdot 1500\,\mathrm{cm^2} \cdot 10^{-4}]$ — Geg.: $\theta = 45°$
$A_{sl} = 2{,}1 \cdot 10^{-4}\,\mathrm{m^2} = 2{,}1\,\mathrm{cm^2}$

$\rightarrow$: umlaufend $\phi 10$ als Torsionsbewehrung (konstruktiv)

Nachweis der Druckstrebe infolge Querkraft: — EC2-1-1, Gl. 6.9
$V_{Rd,max} = 1{,}12\,\mathrm{MN}$ — siehe Aufgabe 2.2
$V_{Rd,max} > V_{Ed} = 75{,}3\,\mathrm{kN}$

Nachweis der Druckstrebe infolge Torsion:
$T_{Rd,max} = 2 \cdot v \cdot \alpha_{cw} \cdot f_{cd} \cdot A_k \cdot t_{ef,i} \cdot \sin\theta \cdot \cos\theta$ — EC2-1-1, Gl. 6.30
mit: — Geg.: $\theta = 45°$
$v = 0{,}525$ — EC2-1-1, NDP zu 6.2.2(6)

$\alpha_{cw} = 1{,}0$ — α_{cw} siehe Aufg. 2.2

$T_{Rd,max} = 2 \cdot 0{,}525 \cdot 17\,\mathrm{MN/m^2} \cdot 1500 \cdot 10^{-4}\mathrm{m^2} \cdot 0{,}10\,\mathrm{m} \cdot \sin\theta \cdot \cos\theta$
$T_{Rd,max} = 0{,}134\,\mathrm{MNm} = 134\,\mathrm{kNm} > T_{Ed} = 15{,}9\,\mathrm{kNm}$

Interaktion V/T: — EC2-1-1, Gl. NA. 6.29.1

$$\left[\frac{T_{Ed}}{T_{Rd,max}}\right]^2 + \left[\frac{V_{Ed}}{V_{Rd,max}}\right]^2 \leq 1{,}0$$

$$\left[\frac{15{,}9}{134}\right]^2 + \left[\frac{75{,}3}{1120}\right]^2 = 0{,}02 < 1{,}0$$

Lösung: **Aufgabe 2.4:**
Verankerung am Endauflager A:
Mindestens 25 % der Feldbewehrung sind nach EC2-1-1, 9.2.1.4(1) bzw. NDP zu 9.2.1.4(1) über das Auflager zu führen.

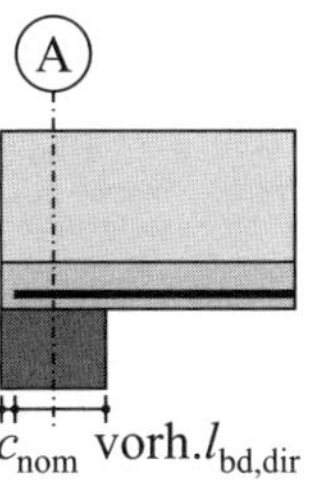

$a_l = 0{,}5 \cdot z \cdot (\cot\theta - \cot\alpha) = 0{,}5 \cdot 0{,}58\ \text{m} \cdot [\cot(30°) - \cot(90°)] = 0{,}5\ \text{m}$	EC2-1-1, Gl. 9.2
$F_{Ed} = V_{Ed} \cdot a_l / z = 135{,}7\ \text{kN} \cdot 0{,}50\ \text{m} / 0{,}58\ \text{m} = 117{,}0\ \text{kN}$ $F_{Ed} = 117{,}0\ \text{kN} \geq V_{Ed}/2 = 67{,}9\ \text{kN}$ erf. $A_s = F_{Ed}/f_{yd} = 117{,}0\ \text{kN}/43{,}5\ \text{kN/cm}^2 = 2{,}7\ \text{cm}^2$	EC2-1-1, Gl. NA.9.3
Von den vorhandenen 8 ϕ10 im Feld werden 4 ϕ10 über das Auflager geführt.	
Im Auflagerbereich liegen gute Verbundbedingungen vor.	EC2-1-1, Bild 8.2
$f_{bd} = 2{,}25 \cdot \eta_1 \cdot \eta_2 \cdot f_{ctd}$ mit:	EC2-1-1, Gl. 8.2
$\eta_1 = 1{,}0$ $\eta_2 = 1{,}0$	EC2-1-1, 8.4.2(2)
$f_{ctd} = \alpha_{ct} \cdot f_{ctk;0,05} / \gamma_C$ mit:	EC2-1-1, NCI zu 8.4.2(2)
$\alpha_{ct} = 1{,}0$	EC2-1-1, NDP zu 3.1.6(2)
$f_{ctk;0,05} = 2{,}0\ \text{MN/m}^2$ $\rightarrow: f_{bd} = 2{,}25 \cdot 1{,}0 \cdot 1{,}0 \cdot 1{,}0 \cdot 2{,}0\ \text{MN/m}^2/1{,}5 = 3{,}0\ \text{MN/m}^2$	EC2-1-1, Tab. 3.1
$l_{b,rqd} = (\phi/4) \cdot (\sigma_{sd}/f_{bd}) = (\phi/4) \cdot (f_{yd}/f_{bd})$ $l_{b,rqd} = (10\ \text{mm}/4) \cdot (435/3{,}0) \cdot 10^{-1} = 36{,}3\ \text{cm}$	EC2-1-1, Gl. 8.3 mit $\sigma_{sd} = f_{yd}$ nach NCI zu 8.4.4(1)
$l_{b,min} \geq \max. \begin{cases} 0{,}3 \cdot \alpha_1 \cdot l_{b,rqd} = 0{,}3 \cdot 1{,}0 \cdot 36{,}3\ \text{cm} = 10{,}9\ \text{cm} \\ 10\ \text{cm} \\ 6{,}7 \cdot \phi = 6{,}7 \cdot 1{,}0\ \text{cm} = 6{,}7\ \text{cm} \end{cases}$	EC2-1-1, Gl. 8.6 bzw. NCI zu 8.4.4(1) und Tab. 8.2, $\alpha_1 = \alpha_4 = 1{,}0$
$l_{bd} = \alpha_1 \cdot \alpha_2 \cdot \alpha_3 \cdot \alpha_4 \cdot \alpha_5 \cdot (A_{s,erf} / A_{s,vorh}) \cdot l_{b,rqd}$ mit:	EC2-1-1, Gl. 8.4 mit $A_{s,erf}/A_{s,vorh}$ nach [12]
$\alpha_2 = 1{,}0$ $\alpha_5 = 2/3$	EC2-1-1, NCI zu 8.4.4(2)

$A_{s,erf} / A_{s,vorh} = 2{,}7\ cm^2/3{,}14\ cm^2 = 0{,}86$

$l_{bd} = 2/3 \cdot 0{,}86 \cdot 36{,}3\ cm = 20{,}8\ cm > l_{b,min} = 10{,}9\ cm$

vorh. $l_{bd,dir} = 30{,}0\ cm - 3{,}5\ cm = 26{,}5\ cm > 20{,}8\ cm$ | Geg.: $c_{nom} = 3{,}5\ cm$

Beispiel 3: Stahlbetonträger für ein auskragendes Vordach

Gegeben sei ein Vordach eines Bürogebäudes. Der Architekt strebt Stahlbetonträger an, zwischen die Glasscheiben aufgelegt werden. Die Träger werden aus einem Beton C30/37 (E_{cm} = 33.000 N/mm²) und Betonstahl B500B (E_s = 200.000 N/mm²) hergestellt. Der Abstand der Träger beträgt $a = 3{,}0$ m. Das statische System des Kragträgers ist nachfolgend dargestellt; die Neigung bleibt unberücksichtigt. Die statische Höhe beträgt $d = 26$ cm.

Der Träger wird zusätzlich zu seiner Eigenlast g_{k1} durch die aufgelegten Glasscheiben $g_{k2} = 1{,}5$ kN/m und Schnee- bzw. Windlasten $q_k = 1{,}5$ kN/m belastet.

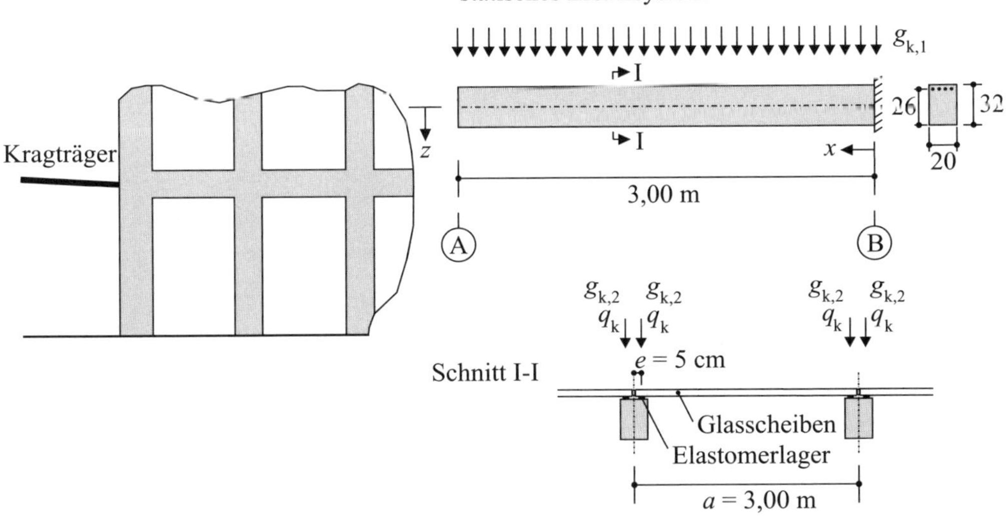

Bild 3-1: *System*

Aufgabe 3.1:

Ermitteln Sie den Querkraft- und den Momentenverlauf für eine gleichmäßige Belastung getrennt nach ständigen und veränderlichen charakteristischen Lasten. Die Lasten g_{k2} und q_k treten links und rechts gleichzeitig auf.

Aufgabe 3.2:

Ermitteln Sie den Druckstrebenwinkel θ.

Aufgabe 3.3:

Führen Sie eine Querkraftbemessung an der maßgebenden Stelle in Achse B durch. Weisen Sie im Einzelnen die Druck- und Zugstrebentragfähigkeit, die

Mindestquerkraftbewehrung sowie den Mindestbügelabstand nach. Verwenden Sie senkrechte Bügel.

Aufgabe 3.4:

Ihren statischen Untersuchungen und den angegebenen Einwirkungen lag ein Trägerabstand von a = 3,0 m zu Grunde. Der Architekt bittet Sie nun kurzfristig zu überprüfen, welchen Abstand a_1 die Träger maximal besitzen können, um mit einer Querkraftbewehrung von a_{sw} = 5,03 cm²/m ausgeführt werden zu können. Verformungen sollen unberücksichtigt bleiben.

Aufgabe 3.5:

Die linke Scheibe (siehe Bild 3-2) muss infolge eines Schadens ausgetauscht werden. Ermitteln Sie für den Kragträger den Torsionsmomentenverlauf infolge einer einseitigen Laststellung (g_{k2}, q_k) und geben Sie an, ob daraus eine zusätzliche Querkraft- und Torsionsbewehrung erforderlich ist. Als Biegelängsbewehrung sind 4 ϕ12 vorhanden.

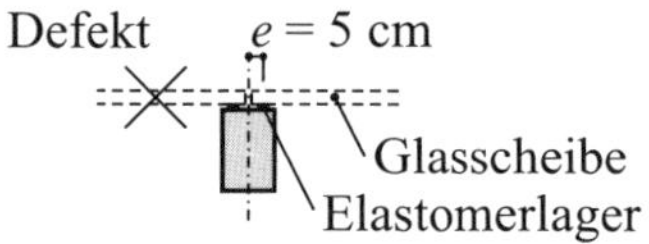

Bild 3-2: *Auswechslung einer Glasscheibe*

Aufgabe 3.6:

Ermitteln Sie den Druckstrebenwinkel für den Träger und führen Sie anschließend eine Bemessung für eine kombinierte Einwirkung aus Querkraft und Torsion durch. Berechnen Sie die Kernfläche A_k beim Torsionsnachweis mit einem Nennmaß der Bügel $c_{nom,bü}$ = 3,5 cm, Bügeln ϕ_w = 6 mm und umlaufenden Längseisen $\phi_{s,l}$ = 10 mm.

Aufgabe 3.7:

Kontrollieren Sie schließlich die vorhandene Rissbreite $w_{kal} \leq w_{k,zul}$ = 0,2 mm. Die maßgebende Lastbeanspruchung ergibt sich aus der *quasi-ständigen Einwirkungskombination* $E_{d,perm} = \Sigma[G_{k,j} + 0{,}5 \cdot Q_{k,i}]$ (ψ_2 wird dabei auf Bauherrenwunsch zu 0,5 festgelegt).

Lösung: **Aufgabe 3.1:**

Eigenlast g_{k1} = [0,32 m·0,20 m]·25 kN/m² = 1,60 kN/m

Auflagerkraft in Achse B: | [1] Kap. 4, 1.1.7

Infolge ständiger Lasten $g_{k1} + g_{k2}$:

B_{gk} = [1,60 kN/m + 2·1,50 kN/m]·3,0 m = 13,8 kN

Infolge veränderlicher Last q_k:
$B_{qk} = 2 \cdot 1{,}50$ kN/m$\cdot 3{,}0$ m $= 9{,}0$ kN

Querkraft- und Momentenverlauf für die ständigen und veränderlichen Lasten:

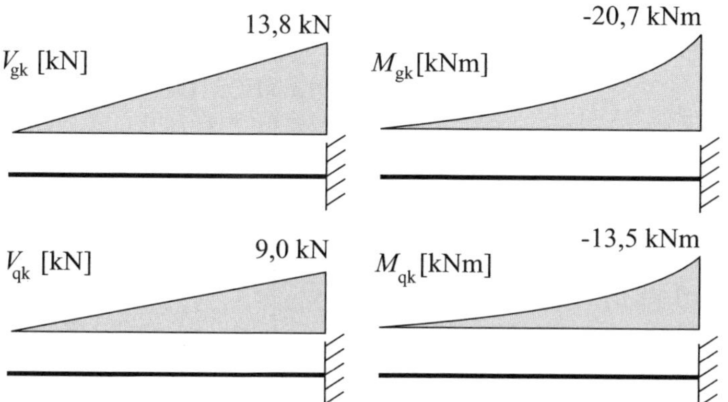

Bild 3-3: *Schnittgrößen infolge ständiger und veränderlicher Lasten*

Lösung: **Aufgabe 3.2:**

$$1{,}0 \leq \cot\theta \leq \frac{1{,}2}{1 - V_{Rd,cc} / V_{Ed,B,red}} \leq 3{,}0$$
EC2-1-1, Gl. 6.7aDE

$V_{Rd,cc} = c \cdot 0{,}48 \cdot f_{ck}^{1/3} \cdot b_w \cdot z$ (Bauteile ohne Normalkraft) — EC2-1-1, Gl. 6.7bDE

mit: $c = 0{,}5$
$b_w = 0{,}20$ m
$z = 0{,}9 \cdot d = 23{,}4$ cm (siehe Fußnote S. 4) — EC2-1-1, NCI zu 6.2.3(1)
$V_{Rd,cc} = 34{,}9$ kN

$V_{Ed,B,red}(x = 0{,}26\text{ m}) = 32{,}1\text{ kN} - [1{,}35 \cdot 4{,}6 + 1{,}5 \cdot 3]\text{ kN/m} \cdot 0{,}26\text{ m}$ — EC2-1-1, NCI zu 6.2.1(8)
$V_{Ed,B,red} = 29{,}35$ kN

$$\cot\theta = \frac{1{,}2}{1 - 34{,}9 / 29{,}35} = -6{,}35 \leq 0{,}58 \rightarrow: \cot\theta \text{ ist frei wählbar}$$

Nach EC2-1-1, NDP zu 6.2.3(2) wird $\cot\theta = 1{,}2$ gewählt.

Lösung: **Aufgabe 3.3:**

$V_{Ed} = [1{,}35 \cdot 13{,}8 + 1{,}5 \cdot 9{,}0]$ kN $= 32{,}13$ kN — vgl. Bild 3-3
$V_{Ed,B,red}(x = 0{,}26\text{ m}) = 29{,}35$ kN — vgl. Aufgabe 3.2

Nachweis der Druckstrebe:

EC2-1-1, Gl. 6.9

$V_{Ed} < V_{Rd,max}$ (beim Nachweis der Druckstrebe wird die Querkraft nicht abgemindert, EC2-1-1, NCI zu 6.2.1(8))

$V_{Rd,max} = \alpha_{cw} \cdot v_1 \cdot f_{cd} \cdot b_w \cdot z / [\cot\theta + \tan\theta]$

senkrechte Bügel mit $\alpha = 90°$

mit:

$v_1 = 0{,}75 \cdot v_2$

EC2-1-1, NDP zu 6.2.3(3)

mit: $v_2 = (1{,}1 - f_{ck}/500) \leq 1{,}0$ [$v_2 = 1{,}04 \geq 1{,}0 \rightarrow$: $v_2 = 1{,}0$]

$\alpha_{cw} = 1{,}0$

EC2-1-1, NDP zu 6.2.3(3)

$b_w = 0{,}2$ m

$z = 0{,}9 \cdot d = 23{,}4$ cm (siehe Fußnote S. 4)

EC2-1-1, 6.2.3(1)

$f_{cd} = 0{,}85 \cdot 30$ MN/m²/1,5 = 17,0 MN/m²

EC 2-1-1, Gl. 3.15

darin ist $\alpha_{cc} = 0{,}85$ nach EC2-1-1, NDP zu 3.1.6 (2)

$V_{Rd,max} = 0{,}75 \cdot 1{,}0 \cdot 1{,}0 \cdot 17{,}0$ MN/m²$\cdot 0{,}20$ m$\cdot 0{,}234$ m/[1,2+1/1,2]

$V_{Rd,max} = 0{,}293$ MN $> V_{Ed} = 0{,}032$ MN $\rightarrow$: Druckstrebe ok

Nachweis der Zugstrebe – Ermittlung der Querkraftbewehrung:

EC2-1-1, Gl. 6.8

$V_{Ed,red} < V_{Rd,s}$

EC2-1-1, NCI zu 6.2.1(8)

erf. $a_{sw} = V_{Ed,red} / [f_{ywd} \cdot z \cdot \cot\theta]$

erf. $a_{sw} = 0{,}029$ MN$\cdot 10^4$/[435 MN/m²$\cdot 0{,}234$ m$\cdot 1{,}2$] = 2,4 cm²/m

$f_{ywd} = 435$ MN/m²

gewählt: Bü ϕ6-20, vorh. $a_{sw} = 2{,}83$ cm²/m

Mindestbewehrung:

EC2-1-1, Gl. 9.4

$a_{sw,min} = \min \rho_w \cdot b_w \cdot \sin\alpha = 0{,}093 \cdot 20$ cm$\cdot 1{,}0 = 1{,}86$ cm²/m

mit:

$\rho_{w,min} = 0{,}16 \cdot f_{ctm}/f_{yk} = 0{,}16 \cdot 2{,}9/500 = 0{,}093$ %

EC2-1-1, Gl. 9.5aDE

$a_{sw,min} = 1{,}86$ cm²/m < vorh. $a_{sw} = 2{,}83$ cm²/m

Kontrolle des Bügelabstandes:

EC2-1-1, NA Tab. 9.1

$V_{Ed,B,red}/V_{Rd,max} = 0{,}029/0{,}293 = 0{,}1 < 0{,}3$

$s_{l,max} = 0{,}7h$ oder 30 cm ($0{,}7h = 0{,}22$ m)

$s_{l,max} = 30$ cm > vorh. $s = 20$ cm

Lösung: **Aufgabe 3.4:**

Es sei a_1 der zu ermittelnde maximale Abstand der Querträger.

Infolge ständiger Lasten $g_{k1} + g_{k2}$:

$B_{gk} = [1{,}60$ kN/m + (2$\cdot$1,50 kN/m$\cdot a_1$)/(3,0 m)]$\cdot$3,0 m

[1] Kap. 4, 1.1.7

$B_{gk} = 4{,}8$ kN + 3,0$\cdot a_1$ kN/m

$B_{gk} = 4{,}8\ \text{kN} + 3{,}0 \cdot a_1\ \text{kN/m}$

Infolge veränderlicher Last q_k:

$B_{qk} = 2 \cdot 1{,}50\ \text{kN/m} \cdot [a_1/3{,}0\ \text{m}] \cdot 3{,}0\ \text{m} = 3{,}0 \cdot a_1\ \text{kN/m}$

$V_{Ed} = [1{,}35 \cdot (4{,}8\ \text{kN} + 3{,}0 \cdot a_1\ \text{kN/m}) + 1{,}5 \cdot 3{,}0 \cdot a_1\ \text{kN/m}]$

$V_{Ed} = 6{,}48\ \text{kN} + 8{,}55 \cdot a_1\ \text{kN/m}$

$V_{Ed,B,red}(x = 0{,}26\ \text{m}) = V_{Ed} - V_{Ed} \cdot 0{,}26/3{,}0$

$V_{Ed,B,red}(x = 0{,}26\ \text{m}) = [6{,}48\ \text{kN} + 8{,}55 \cdot a_1\ \text{kN/m}] \cdot [1 - 0{,}26/3]$

$V_{Ed,B,red}(x = 0{,}26\ \text{m}) = 5{,}92\ \text{kN} + 7{,}81 \cdot a_1\ \text{kN/m}$

Nachweis der Zugstrebe:

$V_{Ed,B,red} \leq V_{Rd,s}$ — EC2-1-1, Gl. 6.8

$a_{sw} = V_{Ed,red}/[f_{ywd} \cdot z \cdot \cot\theta]$ — EC2-1-1, NCI zu 6.2.1(8)

vorh. $a_{sw} = 5{,}03\ \text{cm}^2/\text{m}$ (Bü ϕ8-20)

$5{,}03\ \text{cm}^2/\text{m} = V_{Ed,B,red} \cdot 10^4/[435\ \text{MN/m}^2 \cdot 0{,}234\ \text{m} \cdot 1{,}2]$ — $f_{ywd} = 435\ \text{MN/m}^2$

$V_{Ed,B,red} = 0{,}0614\ \text{MN} = 61{,}4\ \text{kN}$

Max. Abstand a_1 der Träger:

$61{,}4\ \text{kN} = 5{,}92\ \text{kN} + 7{,}81 \cdot a_1\ \text{kN/m}$

$a_1 = 7{,}10\ \text{m}$

Lösung: **Aufgabe 3.5:**

Torsionsmomentenverlauf:

$m_{Td} = [1{,}35 \cdot 1{,}50\ \text{kN/m} + 1{,}5 \cdot 1{,}5\ \text{kN/m}] \cdot 0{,}05\ \text{m} = 0{,}21\ \text{kNm/m}$ — [1] Kap. 4, 1.1.5

$M_{Td} = T_{Ed} = 0{,}21\ \text{kNm/m} \cdot 3{,}0\ \text{m} = 0{,}63\ \text{kNm}$

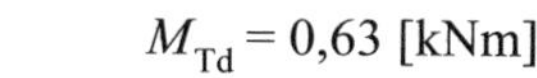

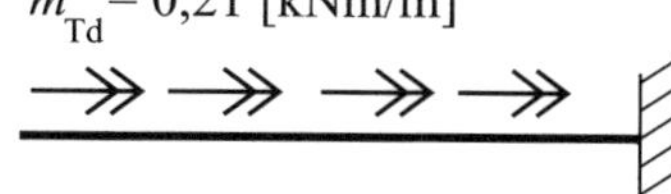

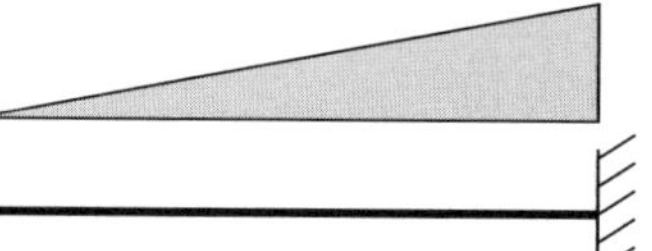

Bild 3-4: *Torsionsmomentenverlauf*

Überprüfen der Notwendigkeit einer Torsionsbewehrung:

$$T_{Ed} \leq \frac{V_{Ed} \cdot b_w}{4{,}5} \quad \text{(Bedingung 1)}$$

EC2-1-1, NA. Gl. 6.31.1

$$0{,}63\,\text{kNm} \leq \frac{32{,}1\,\text{kN} \cdot 0{,}2\,\text{m}}{4{,}5} = 1{,}43\,\text{kNm}$$

$$V_{\text{Ed}}\left[1+\frac{4{,}5\cdot T_{\text{Ed}}}{V_{\text{Ed}}\cdot b_{\text{w}}}\right]\leq V_{\text{Rd,c}} \text{ (Bedingung 2)}$$

EC2-1-1, NA. Gl. 6.31.2

$V_{\text{Rd,c}} = [C_{\text{Rd,c}}\cdot k\cdot(100\rho_{\text{l}}\cdot f_{\text{ck}})^{1/3}]\cdot b_{\text{w}}\cdot d$ — EC2-1-1, Gl. 6.2.a

mit:

$C_{\text{Rd,c}} = 0{,}15/\gamma_{\text{C}} = 0{,}10$ — EC2-1-1, NDP zu 6.2.2(1)

$k = 1 + (200/234)^{0{,}5} = 1{,}92 < 2{,}0$

$\rho_{\text{l}} = 4\cdot 1{,}13/[20\cdot 26] = 0{,}87\ \%$ — Geg.: 4 ϕ12

$f_{\text{ck}} = 30\ \text{MN/m}^2$

$V_{\text{Rd,c}} = [0{,}1\cdot 1{,}92\cdot(0{,}87\cdot 30\ \text{MN/m}^2)^{1/3}]\cdot 0{,}2\ \text{m}\cdot 0{,}26\ \text{m} = 0{,}03\ \text{MN}$

$$32{,}1\,\text{kN}\cdot\left[1+\frac{4{,}5\cdot 0{,}63\,\text{kNm}}{32{,}1\,\text{kN}\cdot 0{,}2\,\text{m}}\right]\leq 0{,}03\,\text{MN} = 30\,\text{kN}$$

$46{,}3\ \text{kN} > 30\ \text{kN}$

Es ist Querkraft- und Torsionsbewehrung erforderlich.

NA. Gl. 6.31.1 ist zwar eingehalten, NA. Gl. 6.31.2 jedoch nicht

Lösung: **Aufgabe 3.6:**

EC2-1-1, Bild 6.11

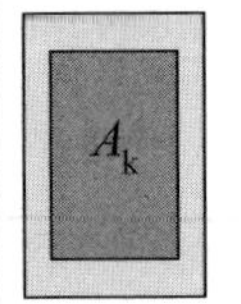

Achsabstände der Längsbewehrung von der Bauteiloberfläche:

$s = c_{\text{nom,bü}} + \phi_{\text{w}} + \phi/2 = [35 + 6 + 10/2]\ \text{mm} = 46\ \text{mm}$

$A_{\text{k}} = (20 - 2\cdot 4{,}6)\cdot(32 - 2\cdot 4{,}6)\ \text{cm}^2 = 246{,}2\ \text{cm}^2$

$u_{\text{k}} = 2\cdot[(20 - 2\cdot 4{,}6) + (32 - 2\cdot 4{,}6)]\ \text{cm} = 67{,}2\ \text{cm}$

$t_{\text{ef,i}} = 2\cdot s = 92\ \text{mm}$

$z_{\text{i}} = h_{\text{k}} = [32 - 2\cdot 4{,}6]\ \text{cm} = 22{,}8\ \text{cm}$

$$V_{\text{Ed,T}} = \frac{T_{\text{Ed}}\cdot z}{2\cdot A_{\text{k}}} = \frac{0{,}63\,\text{kNm}\cdot 0{,}228\,\text{m}}{2\cdot 0{,}0246\,\text{m}^2} = 2{,}9\ \text{kN}$$

EC2-1-1, Gl. 6.26 und Gl. 6.27; $z = h_{\text{k}}$

$$V_{\text{Ed,V}} = \frac{V_{\text{Ed}}\cdot t_{\text{eff}}}{b_{\text{w}}} = \frac{32{,}1\,\text{kN}\cdot 0{,}092\,\text{m}}{0{,}20\,\text{m}} = 14{,}7\ \text{kN}$$

EC2-1-1, NCI zu 6.3.2(2)

$V_{\text{Ed,T+V}} = 2{,}9\ \text{kN} + 14{,}7\ \text{kN} = 17{,}6\ \text{kN}$ — EC2-1-1, Gl. NA. 6.27.1

Bestimmung des Druckstrebenwinkels:

$$1{,}0 \leq \cot\theta \leq \frac{1{,}2}{1 - V_{\text{Rd,cc}}/V_{\text{Ed,T+V}}} \leq 3{,}0$$

EC2-1-1, Gl. 6.7aDE

$V_{\text{Rd,cc}} = c\cdot 0{,}48\cdot f_{\text{ck}}^{1/3}\cdot t_{\text{ef,i}}\cdot z$ (für Bauteile ohne Normalkraft) — EC2-1-1, NCI zu 6.3.2(2)

mit:

$c = 0{,}5$

$t_{ef,i} = 0{,}092$ m
$z = 0{,}9 \cdot d = 23{,}4$ cm (siehe Fußnote S. 4)

$V_{Rd,cc} = 16{,}1$ kN

$$\cot\theta = \frac{1{,}2}{1 - 16{,}4/17{,}6} = 17{,}6 \geq 3{,}0 \rightarrow\text{: gewählt wird } \cot\theta = 1{,}2$$

EC2-1-1, NDP zu 6.2.3(2)

Bügelbewehrung aus Querkraftbeanspruchung:
$V_{Ed,red} = 0{,}029$ MN
V_{Ed} siehe Aufgabe 3.2
$V_{Ed,red} < V_{Rd,s}$
EC2-1-1, Gl. 6.8
erf. $a_{sw,V} = V_{Ed,red}/[f_{ywd} \cdot z \cdot \cot\theta]$
erf. $a_{sw,V} = 0{,}029 \text{ MN} \cdot 10^4/[435 \text{MN/m}^2 \cdot 0{,}9 \cdot 0{,}26 \text{ m} \cdot 1{,}2]$
$f_{ywd} = 435$ MN/m²
erf. $a_{sw,V} = 2{,}37$ cm²/m

Bügelbewehrung aus Torsionsbeanspruchung:
erf. $a_{sw,T} = T_{Ed} \cdot \tan\theta\, /[f_{yd} \cdot 2A_k]$
erf. $a_{sw,T} = 0{,}63 \text{ kNm} \cdot 10 \cdot (1/1{,}20)/[435 \text{ MN/m}^2 \cdot 2 \cdot 246 \text{ cm}^2 \cdot 10^{-4}]$
EC2-1-1, Gl. NA. 6.28.1
erf. $a_{sw,T} = 0{,}25$ cm²/m

erf. $a_{sw,T}$ wurde an einer Ersatzwand ermittelt und ist deshalb für den Balkenquerschnitt zu verdoppeln.

erf. $a_{sw,T+V} = 2 \cdot a_{sw,T} + a_{sw,V} = 2 \cdot 0{,}25 \text{ cm}^2\text{/m} + 2{,}37 \text{ cm}^2\text{/m}$
erf. $a_{sw,T+V} = 2{,}87$ cm²/m (zweischnittig)
gewählt: Bü ϕ6-20; vorh. $a_{sw,T+V} = 2{,}83$ cm²/m

Torsionslängsbewehrung:
erf. $A_{sl} = T_{Ed} \cdot u_k \cdot \cot\theta/[f_{yd} \cdot 2A_k]$
EC2-1-1, Gl. 6.28
erf. $A_{sl} = 0{,}63 \text{ kNm} \cdot 0{,}67 \text{ m } 10^4 \cdot 1{,}2/[43{,}5 \text{ kN/cm}^2 \cdot 2 \cdot 246 \text{ cm}^2]$
erf. $A_{sl} = 0{,}24$ cm² (bzw. $a_{sl} = 0{,}35$ cm²/m)
Gewählt werden 4 ϕ10 als umlaufende Torsionsbewehrung.

Ermittlung der Druckstrebentragfähigkeit infolge Querkraft:
EC2-1-1, Gl. 6.9, senkrechte Bügel $\alpha = 90°$
$V_{Rd,max} = \alpha_{cw} \cdot v_1 \cdot f_{cd} \cdot b_w \cdot z/[\cot\theta + \tan\theta]$
mit:
$v_1 = 0{,}75 \cdot v_2$
EC2-1-1, NDP zu 6.2.3(3)
mit:
$v_2 = (1{,}1 - f_{ck}/500) \leq 1{,}0$ [$v_2 = 1{,}04 \geq 1{,}0 \rightarrow$: $v_2 = 1{,}0$]
$\alpha_{cw} = 1{,}0$

$b_w = 0{,}20$ m
$z = 0{,}9 \cdot d = 0{,}9 \cdot 0{,}26 \text{ m} = 0{,}234$ m (siehe Fußnote S. 4)
EC2-1-1, 6.2.3(1)

$f_{cd} = 0{,}85 \cdot 30\ \text{MN/m}^2/1{,}5 = 17{,}0\ \text{MN/m}^2$ — EC 2-1-1, Gl. 3.15

darin ist $\alpha_{cc} = 0{,}85$ nach EC2-1-1, NDP zu 3.1.6 (2)

$V_{Rd,max} = 0{,}75 \cdot 1{,}0 \cdot 1{,}0 \cdot 17\text{MN/m}^2 \cdot 0{,}2\ \text{m} \cdot 0{,}234\ \text{m}/[1{,}2+1/1{,}2]$ — $\cot\theta = 1{,}2$

$V_{Rd,max} = 0{,}293\ \text{MN} = 293\ \text{kN} > V_{Ed}$

Ermittlung der Druckstrebentragfähigkeit infolge Torsion: — EC2-1-1, Gl. 6.30

$T_{Rd,max} = 2 \cdot v \cdot \alpha_{cw} \cdot f_{cd} \cdot A_k \cdot t_{ef,i} \cdot \sin\theta \cdot \cos\theta$ — $\cot\theta = 1{,}2 \rightarrow \theta = 39{,}8°$

mit:

$v = 0{,}525$ — EC2-1-1, NDP zu 6.2.2(6)

$\alpha_{cw} = 1{,}0$ — EC2-1-1, NDP zu 6.2.3(3)

$T_{Rd,max} = 2 \cdot 0{,}525 \cdot 1{,}0 \cdot 17{,}0\ \text{MN/m}^2 \cdot A_k \cdot 0{,}092\ \text{m} \cdot \sin\theta \cdot \cos\theta$ — mit: $A_k = 246{,}2\ \text{cm}^2$

$T_{Rd,max} = 0{,}0199\ \text{MNm} = 19{,}9\ \text{kNm}$

$T_{Rd,max} > T_{Ed} = 0{,}63\ \text{kNm}$

Interaktion V/T: — EC2-1-1, Gl. NA. 6.29.1

$[T_{Ed}/T_{Rd,max}]^2 + [V_{Ed}/V_{Rd,max}]^2 \leq 1$

$[0{,}63/19{,}9]^2 + [32/293]^2 = 0{,}01 < 1$

Lösung: **Aufgabe 3.7:**

$M_{Ed,perm} = -[1{,}6\ \text{kNm} + 2 \cdot 1{,}5\ \text{kN/m} + 2 \cdot 0{,}5 \cdot 1{,}5\ \text{kN/m}] \cdot (3{,}0\ \text{m})^2/2$ — [1] Kap. 4, 1.1.7

$M_{Ed,perm} = -27{,}5\ \text{kNm}$

$$x = d \cdot (\sqrt{\alpha_e \rho_l (2 + \alpha_e \rho_l)} - \alpha_e \rho_l)$$ — [21] Kap.10, Tab.10.2

$\alpha_e = E_s/E_c = 200.000/33.000 = 6{,}06$ — Geg.: E_s, E_c

$\rho_l = A_{sl}/[b \cdot d] = 4{,}52\ \text{cm}^2/[20 \cdot 26]\ \text{cm}^2 = 0{,}87\ \%$ — Geg.: A_{sl}

$\alpha_e \cdot \rho_l = 0{,}053$

$$x = 26\ \text{cm} \cdot (\sqrt{0{,}053 \cdot (2 + 0{,}053)} - 0{,}053) = 7{,}20\ \text{cm}$$

$$z = d - x/3 = 26{,}0\ \text{cm} - 7{,}20/3\ \text{cm} = 23{,}6\ \text{cm}$$

$$\sigma_{s,perm} = \frac{M_{Ed,perm}}{A_s \cdot z} = \frac{|-27{,}5\,\text{kNm}|}{4{,}52\,\text{cm}^2 \cdot 0{,}236\,\text{m}} \cdot 10 = 257{,}8\,\text{N/mm}^2$$

$s_{r,max} = k_3 \cdot c + k_1 \cdot k_2 \cdot k_4 \cdot \phi / \rho_{p,eff}$ — EC2-1-1, Gl. 7.11

mit:

$k_3 = 0 \qquad k_1 \cdot k_2 = 1 \qquad k_4 = 1/3{,}6$ — EC2-1-1, NDP zu 7.3.4(3)

$$s_{r,max} = \frac{\phi}{3{,}6 \cdot \text{eff}\,\rho_l} \leq \frac{\sigma_s \cdot \phi}{3{,}6 \cdot f_{ct,eff}}$$

$f_{ct,eff} = f_{ctm} = 2{,}9\ \text{N/mm}^2$

EC2-1-1, NCI zu 7.3.2(2) und EC2-1-1, Tab. 3.1

$$h_{c,ef} = \min. \begin{cases} 2{,}53 \cdot (h - d) = 2{,}53 \cdot (32 - 26)\,\text{cm} = 15{,}18\ \text{cm} \\ (h - x)/3 = (32 - 7{,}20)\,\text{cm}/3 = 8{,}27\,\text{cm} \\ h/2 = 32\,\text{cm}/2 = 16\ \text{cm} \end{cases}$$

EC2-1-1, 7.3.2(3) und Bild 7.1 sowie NCI zu 7.3.2(3) und Bild NA.7.1d

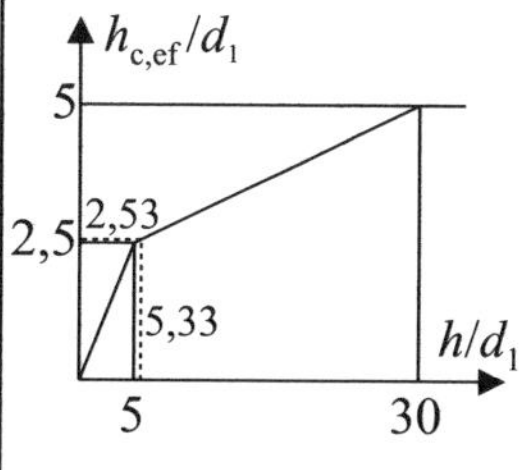

Anmerkung: $d_1 = h - d = 6$ cm wird vereinfachend mit der gegebenen statischen Höhe $d = 26$ cm berechnet und nicht über die gewählte Bewehrung bzw. vorhandene Betondeckung.
($c_{nom,bü} = 3{,}5$ cm + $\phi_w = 6$ mm + $\phi = 12$ mm = 5,3 cm ≈ 6 cm)

$A_{c,eff} = h_{eff} \cdot b_w = 8{,}27 \cdot 20\ \text{cm}^2 = 165{,}4\ \text{cm}^2$

$\rho_{p,eff} = A_s/A_{c,eff} = 4{,}52/165{,}4 = 0{,}027$

$$s_{r,max} = \frac{12\ \text{mm}}{3{,}6 \cdot 0{,}027} = 123{,}5\,\text{mm} \leq \frac{257{,}8\ \text{N/mm}^2 \cdot 12\,\text{mm}}{3{,}6 \cdot 2{,}9\ \text{N/mm}^2} = 296{,}3\,\text{mm}$$

EC2-1-1, NDP zu 7.3.4(3) und Gl. 7.11
Geg.: 4 ϕ12

$w_k = s_{r,max} \cdot (\varepsilon_{sm} - \varepsilon_{cm})$

EC2-1-1, Gl. 7.8

$$\varepsilon_{sm} - \varepsilon_{cm} = \frac{\sigma_{s,perm} - k_t \dfrac{f_{ct,eff}}{\rho_{p,eff}} \cdot (1 + \alpha_e \cdot \rho_{p,eff})}{E_s} \geq 0{,}6 \cdot \frac{\sigma_s}{E_s}$$

EC2-1-1, Gl. 7.9

mit:
$k_t = 0{,}4$

EC2-1-1, NCI zu 7.3.4(2)

$$\varepsilon_{sm} - \varepsilon_{cm} = \frac{257{,}8\ \text{N/mm}^2 - 0{,}4 \dfrac{2{,}9\ \text{N/mm}^2}{0{,}027} \cdot (1 + 6{,}06 \cdot 0{,}027)}{200.000\ \text{N/mm}^2}$$

$$\varepsilon_{sm} - \varepsilon_{cm} = 10{,}4 \cdot 10^{-4} \geq 0{,}6 \cdot \frac{257{,}8\ \text{N/mm}^2}{200.000\ \text{N/mm}^2} = 7{,}7 \cdot 10^{-4}$$

$w_k = 123{,}5\ \text{mm} \cdot 10{,}4 \cdot 10^{-4} = 0{,}13\ \text{mm} < w_{k,zul} = 0{,}2\ \text{mm}$

Beispiel 4: Einfeldträger aus Stahlbeton

Gegeben sei ein Stahlbetonträger mit einer Länge l_{eff} = 8,0 m innerhalb eines Bürogebäudes, der ein Atrium überspannt und als Passage dient. Der Träger unterliegt zusätzlich zu seiner Eigenlast g_{k1} einer veränderlichen Last von $q_k = 3{,}5$ kN/m². Die Ausbaulast des Trägers beträgt $g_{k2} = 1{,}5$ kN/m². Das System ist in Bild 4-1 dargestellt. Die Betongüte des Trägers ist C30/37; der verwendete Bewehrungsstahl hat die Güte 500B.

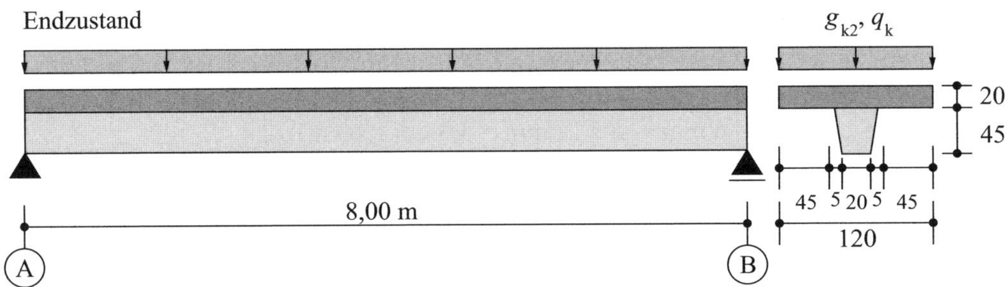

Bild 4-1: *System*

Aufgabe 4.1:

Zeichnen Sie den Querkraftverlauf unter den gegebenen (charakteristischen) Lasten für den Endzustand (inkl. Eigenlast g_{k1}). Bestimmen Sie außerdem die Querkraft bei $x = d$ infolge der Lasten g_{k1}, g_{k2} und q_k. Die statische Höhe d beträgt 60 cm. Ermitteln Sie die erforderliche Querkraftbewehrung und kontrollieren Sie die Mindestbewehrung.

Aufgabe 4.2:

Weisen Sie den Anschluss des Druckgurtes im Endzustand nach (erf. A_{sf}, $v_{Rd,max}$).

Aufgabe 4.3:

Bestimmen Sie für den Endzustand die Durchbiegung in Feldmitte im Zustand II aus den Krümmungen ($1/r_m$) infolge Last (kein Schwinden). Das Trägheitsmoment ist $I = 0{,}01$ m⁴ und die Kriechzahl $\varphi = 2{,}4$. Der Abstand des Schwerpunktes zum unteren Bauteilrand ist $z_{su} = 45{,}1$ cm. Als Biegebewehrung sind 3ϕ20 mm vorhanden. ψ_2 aus der quasi-ständigen EWK ist 0,6.

Aufgabe 4.4:

Im Bauzustand müssen über den Träger zwei Einzellast G_k = 35 kN abgefangen werden (Bild 4-2).

Überprüfen Sie, ob die für den Endzustand vorgesehene Bügelbewehrung (ϕ_w8-20) ausreichend ist. Der Druckstrebenwinkel ist cotθ = 1,2.

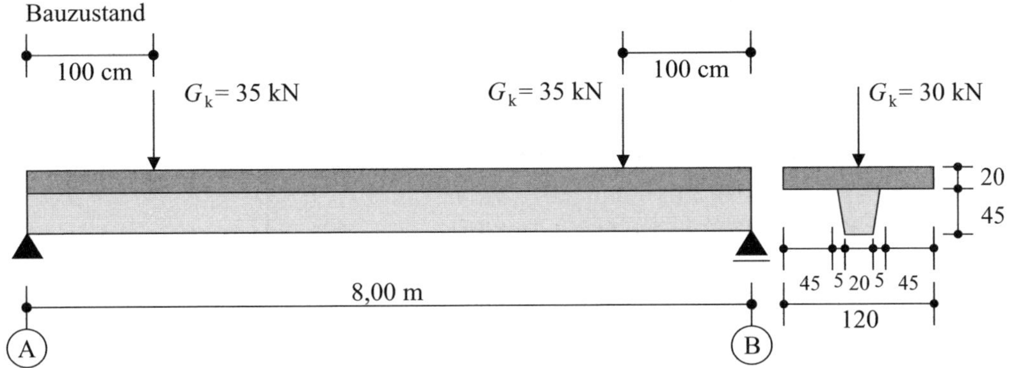

Bild 4-2: *Abfangung zweier Einzellasten*

Aufgabe 4.5:

Bild 4-3 zeigt, dass sich im Endzustand (ohne Einzellasten) der Lastfall Torsion einstellen kann.

a) Bestimmen Sie die Kernfläche A_k sowie den Umfang u_k. Gehen Sie von folgenden Werten aus: $c_{nom,w}$ = 20 mm, ϕ_w = 8 mm, ϕ_s = 10 mm.

b) Zeigen Sie, dass die vorhandene Bügelbewehrung (ϕ_w = 8-20) auch für eine kombinierte Beanspruchung aus Querkraft und Torsion ausreichend ist. Bestimmen Sie dazu den Druckstrebenwinkel θ. Als Bemessungsquerkraft verwenden Sie V_{Ed} = 70 kN.

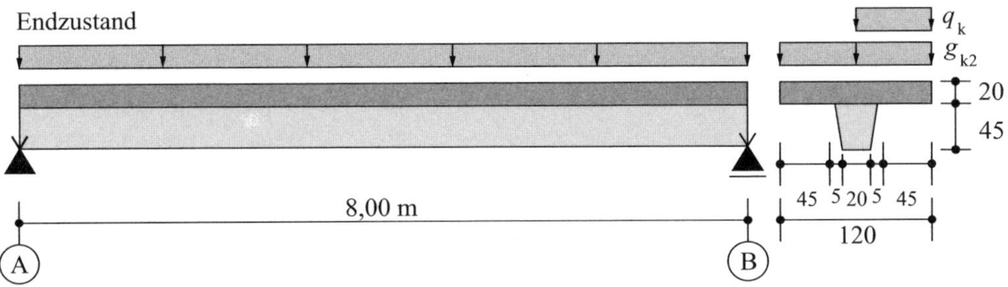

Bild 4-3: *Torsionsbeanspruchung*

Aufgabe 4.6:

Als Biegebewehrung werden 4ϕ16 eingebaut. Davon laufen 2 über die komplette Trägerlänge bis auf das Auflager und werden dort verankert; die anderen 2 werden im Feld zugelegt (gestaffelte Bewehrung ab 1,0 m von der Auflagerachse). Die Schnittgrößen bei x = 1,0 m lauten: M_{Ed} = 72,2 kNm, V_{Ed} = 61,9 kN. Konstruieren Sie die Zugkraftdeckungslinie und geben Sie alle erforderlichen Werte an. Es sei cotθ = 1,2.

Lösung: **Aufgabe 4.1:**

Eigenlast

$g_{k1} = 25\ \text{kN/m}^3 \cdot [1{,}2\ \text{m} \cdot 0{,}2\ \text{m} + 0{,}5 \cdot (0{,}3\ \text{m} + 0{,}2\ \text{m}) \cdot 0{,}45\ \text{m}]$

$g_{k1} = 8{,}81\ \text{kN/m}$

Bestimmung der Schnittgrößen in Achse A:

aus g_{k1}: $A_k = 8{,}81\ \text{kN/m} \cdot 8{,}0\ \text{m}/2 = 35{,}2\ \text{kN}$

aus g_{k2}: $A_k = 1{,}5\ \text{kN/m}^2 \cdot 1{,}2\ \text{m} \cdot 8{,}0\ \text{m}/2 = 7{,}2\ \text{kN}$

aus q_k: $A_k = 3{,}5\ \text{kN/m}^2 \cdot 1{,}2\ \text{m} \cdot 8{,}0\ \text{m}/2 = 16{,}8\ \text{kN}$

Querkraftverlauf

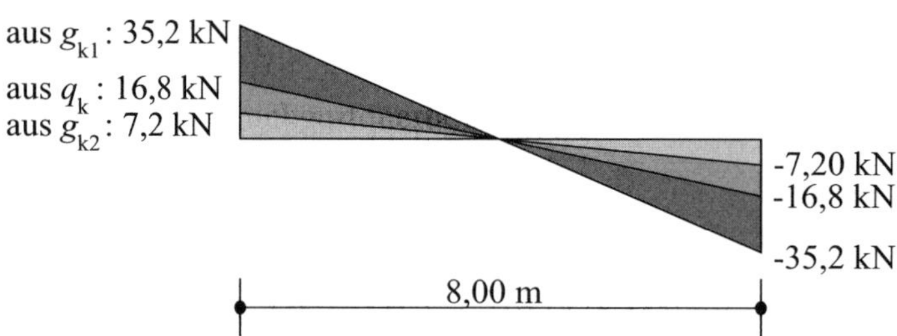

Bild 4-4: *Querkraftverlauf*

Querkraft bei $x = d$: — EC2-1-1, 6.2.1(8)

aus g_{k1}: $A_k = 35{,}2\ \text{kN} - 0{,}6\ \text{m} \cdot 8{,}81\ \text{kN/m} = 29{,}9\ \text{kN}$

aus g_{k2}: $A_k = 7{,}2\ \text{kN} - 0{,}6\ \text{m} \cdot 1{,}2\ \text{m} \cdot 1{,}5\ \text{kN/m}^2 = 6{,}1\ \text{kN}$

aus q_k: $A_k = 16{,}8\ \text{kN} - 0{,}6\ \text{m} \cdot 1{,}2\ \text{m} \cdot 3{,}5\ \text{kN/m}^2 = 14{,}3\ \text{kN}$

Bemessungsquerkraft:

$V_{Ed,red} = 1{,}35 \cdot [29{,}9\ + 6{,}1]\ \text{kN} + 1{,}5 \cdot 14{,}3\ \text{kN} = 70{,}1\ \text{kN}$

Ermittlung des Druckstrebenwinkels: — EC2-1-1, Gl. 6.7bDE

$V_{Rd,cc} = c \cdot 0{,}48 \cdot f_{ck}^{1/3} \cdot b_w \cdot z$ (für Bauteile ohne Normalkraft)

mit:

$c = 0{,}5$

$b_w = 20\ \text{cm} + [(30\ \text{cm} - 20\ \text{cm})/45\ \text{cm}] \cdot 5\ \text{cm} = 21{,}1\ \text{cm}$ — Breite auf Höhe der Bewehrung nach EC2-1-1, Bild 6.5

$z = 0{,}9 \cdot d = 0{,}9 \cdot 60 \text{ cm} = 54 \text{ cm}$

EC2-1-1, 6.2.3(1) für Bügel, die in der Druckzone verankert sind.

$V_{Rd,cc} = 0{,}5 \cdot 0{,}48 \cdot (30 \text{ MN/m}^2)^{1/3} \cdot 0{,}211 \text{ m} \cdot 0{,}54 \text{ m} \cdot 10^3$
$V_{Rd,cc} = 85 \text{ kN}$

$$1{,}0 \leq \cot\theta = \frac{1{,}2}{1 - V_{Rd,cc} / V_{Ed,red}} \leq 3{,}0$$

EC2-1-1, Gl. 6.7aDE

$\cot\theta = 1{,}2/[1 - 85/70{,}1] = -5{,}65$
$\rightarrow$: gewählt $\cot\theta = 1{,}2$ bzw. $\theta = 40°$

EC2-1-1, NDP zu 6.2.3(2)

Mindestbügelbewehrung:

EC2-1-1, Gl. 9.4

mit:
$\rho_{w,min} = 0{,}16 \cdot f_{ctm}/f_{yk} = 0{,}16 \cdot 2{,}9/500 = 0{,}093 \text{ \%}$

EC2-1-1, Gl. 9.5aDE

$a_{sw,min} = 0{,}093 \cdot 21{,}1 \text{ cm} = 2{,}0 \text{ cm}^2\text{/m}$

Bügelbewehrung aus Querkraftbeanspruchung:
$V_{Ed,red} = 70{,}1 \text{ kN} < V_{Rd,s}$
$a_{sw} = V_{Ed,red} / [f_{yd} \cdot z \cdot \cot\theta]$

EC2-1-1, Gl. 6.8

$a_{sw} = 0{,}07 \text{ MN} \cdot 10^4/[435 \text{MN/m}^2 \cdot 0{,}9 \cdot 0{,}6 \text{ m} \cdot 1{,}2] = 2{,}5 \text{ cm}^2\text{/m}$
erf. $a_{sw} > a_{sw,min} = 2{,}0 \text{ cm}^2\text{/m}$

gewählt: Bu ϕ8-20 $\rightarrow$ vorh. $a_{sw} = 5{,}02 \text{ cm}^2\text{/m} > 2{,}5 \text{ cm}^2\text{/m}$

Lösung: **Aufgabe 4.2:**

Mitwirkende Plattenbreite:
$b_{eff} = \sum b_{eff,i} + b_w$
mit $b_{eff,i} = 0{,}2 \cdot b_i + 0{,}1 \cdot l_0$

EC2-1-1, Gl. 5.7 mit $b_w = b_w + b_v$ nach [12]

$b_{1,2} = 0{,}5 \cdot (1{,}2 \text{ m} - 0{,}3 \text{ m}) = 0{,}45 \text{ m}$
$l_0 = l_{eff} = 8{,}0 \text{ m}$
$b_{eff1,2} = 0{,}2 \cdot 0{,}45 \text{ m} + 0{,}1 \cdot 8{,}0 \text{ m} = 0{,}89 \text{ m} < 0{,}2 \cdot l_0 = 1{,}60 \text{ m}$

EC2-1-1, Gl. 5.7a

$b_{eff1,2} > b_{1,2} = 0{,}45 \text{ m}$

EC2-1-1, Gl. 5.7b

$b_{eff} = 2 \cdot 0{,}45 \text{ m} + 0{,}3 \text{ m} = 1{,}2 \text{ m}$

Gurtabschnittslänge:
$\Delta x \leq 0{,}5 \cdot (l_{eff}/2) = 2{,}0 \text{ m}$

EC2-1-1, 6.2.4(3) und Bild 6.7

Ermittlung des Bemessungsmomentes M_{Ed} bei $\Delta x = 2{,}0$ m:

$M_{Ed,A}(x = 2{,}0\text{ m}) = [1{,}35 \cdot A_{gk} + 1{,}5 \cdot A_{qk}] \cdot 2{,}0$ m

A_{gk}, A_{qk} vgl. Aufg. 4.1

$M_{Ed}(x = 2{,}0\text{ m}) = 164{,}9$ kNm

$M_{Ed}(x = 2{,}0\text{ m}) = [164{,}9 - (1{,}35 \cdot 10{,}61 + 1{,}5 \cdot 4{,}2) \cdot (2{,}0\text{ m})^2/2]$ kNm

$g_{k1} + g_{k2} = 10{,}61$ kN/m

$M_{Ed}(x = 2{,}0\text{ m}) = 164{,}9\text{ kNm} - 41{,}2\text{ kNm} = 123{,}7$ kNm

$q_k = 4{,}2$ kN/m

Ermittlung der Längskraftdifferenz im Gurt:

$\sigma_{cd} = 0{,}124\text{ MNm}/[0{,}54\text{ m} \cdot 1{,}2\text{ m} \cdot 0{,}20\text{ m}] = 0{,}96\text{ MN/m}^2$

$F_{cd} = 0{,}96\text{ MN/m}^2 \cdot (1{,}20\text{ m} - 0{,}30\text{ m})/2 \cdot 0{,}20\text{ m} = 0{,}086$ MN

$F_{cd} = \Delta F_d$, da $M = 0$ in Achse A und B

Ermittlung der Längsschubspannung:

$v_{Ed} = \Delta F_d/[h_f \cdot \Delta x] = 0{,}086\text{ MN}/[0{,}20\text{ m} \cdot 2{,}0\text{ m}] = 0{,}216\text{ MN/m}^2$

EC2-1-1, Gl. 6.20

Erforderliche Druckgurtquerbewehrung:

$\cot\theta_f = 1{,}2$

EC2-1-1, NDP zu 6.2.4(4)

erf. $A_{sf}/s_f = v_{Ed} \cdot h_f/[f_{yd} \cdot \cot\theta_f]$

EC2-1-1, Gl. 6.21

erf. $A_{sf}/s_f = 0{,}216\text{ MN/m}^2 \cdot 0{,}2\text{ m} \cdot 10^4/[435\text{ MN/m}^2 \cdot 1{,}2]$

erf. $A_{sf}/s_f = 0{,}9\text{ cm}^2\text{/m}$

Es wird eine einheitliche Gurtquerbewehrung über die gesamte Trägerlänge angeordnet. Die beträgt jeweils erf. $A_{sf}/s_f = ½ \cdot 0{,}9\text{ cm}^2\text{/m} = 0{,}45\text{ cm}^2\text{/m}$ in der Biegedruck- bzw. Biegezugzone der Gurtplatte. Gewählt: ϕ8-20

Druckstrebenfestigkeit Beton:

$v_{Rd,max} = \nu \cdot f_{cd} \cdot \sin\theta_f \cdot \cos\theta_f$

EC2-1-1, Gl. 6.22

$\cot\theta_f = 1{,}2 \rightarrow \theta_f = 40° \rightarrow \sin\theta_f = 0{,}643 \rightarrow \cos\theta_f = 0{,}766$

$\nu = \nu_1$

EC2-1-1, NDP zu 6.2.4(4)

$\nu_1 = 0{,}75 \cdot \nu_2 = 1{,}0$

EC2-1-1, NDP zu 6.2.3(3)

$\nu_2 = (1{,}1 - f_{ck}/500) = (1{,}1 - 30/500) = 1{,}04 > 1{,}0$

$\nu = \nu_1 = 0{,}75 \cdot \nu_2 = 0{,}75$

$v_{Rd,max} = 0{,}75 \cdot 17\text{ MN/m}^2 \cdot 0{,}643 \cdot 0{,}766 = 6{,}28\text{ MN/m}^2$

$v_{Rd,max} > v_{Ed} = 0{,}216\text{ MN/m}^2$

Die Druckstrebe ist nachgewiesen.

Lösung: **Aufgabe 4.3:**

Durchbiegung in Feldmitte: | vgl. [5]

vorh. $f = k \cdot (1/r)_m \cdot l_{eff}^2$

Vorfaktor:

$k = 0{,}104$ | [5] Tab. 11.1

Bemessungsmoment unter der quasi-ständigen EWK:

$M_{perm} = [10{,}61 + 0{,}6 \cdot 4{,}2]$ kN/m·$(8{,}0$ m$)^2/8 = 105$ kNm | $g_{k1}+g_{k2} = 10{,}61$ kN/m; $q_k = 4{,}2$ kN/m

Effektiver E-Modul:

$$E_{c,eff} = \frac{E_{cm}}{1+\varphi(\infty,t_0)} = \frac{33.000\,\text{MN/m}^2}{1+2{,}4} = 9.706\,\text{MN/m}^2$$ | EC2-1-1, Gl. 7.20

Krümmung des ungerissenen Querschnitts $(1/r)_{I,M}$:

$(1/r)_I = M_{perm}/EI = 0{,}105$ MNm/[9.706 MN/m²·0,01 m⁴]

$(1/r)_I = 1{,}08 \cdot 10^{-3}$ m^{-1}

Krümmung des gerissenen Querschnitts $(1/r)_{II,M}$:

Rissmoment:

$W_u = I/z_{su} = 0{,}01$ m$^4/0{,}451$ m $= 0{,}022$ m^3 | EC2-1-1, NDP zu 9.2.1.1(1)

$M_{cr} = f_{ctm} \cdot W_u = 2{,}9$ MN/m$^2 \cdot 0{,}022$ m$^3 = 0{,}064$ MNm | f_{ctm} nach EC2-1-1, Tab. 3.1

b_w auf Höhe der Bewehrung:

$b_w = 20$ cm + [(30 cm - 20 cm)/45 cm]·5 cm = 21,1 cm | EC2-1-1, Bild 6.5

Vorhandener Bewehrungsgrad:

$\rho_l = A_s/[b_w \cdot d] = 9{,}42$ cm^2/[0,211 m·0,6 m] $= 7{,}44 \cdot 10^{-3}$

Verhältnis der E-Moduli:

$\alpha_e = E_s/E_{c,eff} = 200.000/9.706 = 20{,}61$ | $E_s = 200.000$ MN/m^2 aus EC2-1-1, 3.2.7(4)

Druckzonenhöhe im Zustand II:

$$x = d \cdot \left(\sqrt{\alpha_e \cdot \rho_l \cdot (2+\alpha_e \cdot \rho_l)} - \alpha_e \cdot \rho_l\right)$$ | [21] Kap.10, Tab. 10.2

mit

$\alpha_e \cdot \rho_l = 0{,}153$

$$x^{II} = 60\,\text{cm} \cdot \left(\sqrt{0{,}153 \cdot (2+0{,}153)} - 0{,}153\right) = 25{,}3\,\text{cm}$$

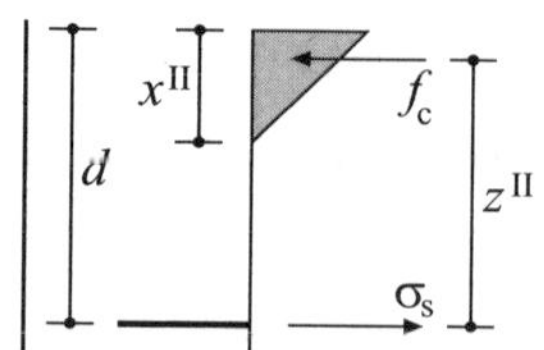

Innerer Hebelarm im Zustand II
$z^{II} = d - x^{II}/3 = 51{,}6$ cm

Betonstahlspannung:

$$\sigma_{s,perm} = \frac{M_{perm}}{A_s \cdot z^{II}} = \frac{0{,}105 \text{ MNm}}{9{,}42 \text{ m}^2 \cdot 51{,}6 \text{ m} \cdot 10^{-6}} = 216 \text{ MN/m}^2$$

Betonstahldehnung:
$\varepsilon_s = \sigma_s/E_s = 216/200.000 = 1{,}08 \cdot 10^{-3}$

Krümmung:
$(1/r)_{II} = \varepsilon_s/[d - x^{II}] = 1{,}08 \cdot 10^{-3}/[0{,}60 \text{ m} - 0{,}253 \text{ cm}]$
$(1/r)_{II} = 3{,}112 \cdot 10^{-3} \text{ m}^{-1}$

Überlagerung der Krümmungen $(1/r)_I$ und $(1/r)_{II}$ infolge Last:
$(1/r)_m = \zeta \cdot (1/r)_{II} + (1 - \zeta) \cdot (1/r)_I$

EC2-1-1, Gl. 7.18 mit $(1/r)_m = \alpha$

Verteilungsbeiwert ζ
$\zeta = 1 - \beta \cdot (M_{cr}/M_{perm})^2$
$\beta = 0{,}5$

EC2-1-1, Gl. 7.19 mit $\sigma_{sr}/\sigma_s = M_{cr}/M$ für Biegung und $\beta = 0{,}5$ nach EC2-1-1, 7.4.3(3)

$\zeta = 1 - 0{,}5 \cdot (0{,}064/0{,}105)^2 = 0{,}814$

$(1/r)_m = 0{,}814 \cdot 3{,}112 \cdot 10^{-3} \text{ m}^{-1} + (1 - 0{,}814) \cdot 1{,}08 \cdot 10^{-3} \text{ m}^{-1}$
$(1/r)_m = 2{,}73 \cdot 10^{-3} \text{ m}^{-1}$

Vorhandene Durchbiegung:
vorh. $f = 0{,}104 \cdot 2{,}73 \cdot 10^{-3} \text{ m}^{-1} \cdot (8{,}0 \text{ m})^2 = 0{,}018 \text{ m} = 18$ mm

Lösung: **Aufgabe 4.4:**

Querkraftanteil aus Eigenlast ($x = d$):
$V_{Ed,g} = 1{,}35 \cdot [8{,}81 \text{ kN/m} \cdot 8{,}0 \text{ m}/2 - 8{,}81 \text{ kN/m} \cdot 0{,}6 \text{ m}] = 40{,}4$ kN

EC2-1-1, 6.2.1(8)

Querkraftanteil aus Einzellast:
$a_v = 100$ cm
$\beta = 100/[2 \cdot 60 \text{ cm}] = 0{,}833$

EC2-1-1, 6.2.3(8) auflagernahe Einzellast, beachte auch NCI zu 6.2.3(8)

$V_{Ed,G} = 1{,}35 \cdot 35 \text{ kN} \cdot 0{,}833 = 39{,}4$ kN

Bemesungsquerkraft:
$V_{Ed} = 40{,}4 \text{ kN} + 39{,}4 \text{ kN} = 79{,}8 \text{ kN}$

Bügelbewehrung aus Querkraftbeanspruchung:

$V_{Ed,red} = 79{,}8 \text{ kN} < V_{Rd,s}$
erf. $a_{sw} = V_{Ed,red} / [f_{yd} \cdot z \cdot \cot\theta]$ — EC2-1-1, Gl. 6.8
erf. $a_{sw} = 0{,}08 \text{ MN} \cdot 10^4 / [435 \text{MN/m}^2 \cdot 0{,}9 \cdot 0{,}6 \text{ m} \cdot 1{,}2] = 2{,}84 \text{ cm}^2\text{/m}$
erf. $a_{sw} >$ vorh. $a_{sw} = 5{,}02 \text{ cm}^2\text{/m}$

Die Querkraftbewehrung ist ausreichend. — vorh. Bü ϕ8-20

Lösung: **Aufgabe 4.5:**

Teil a)
Effektiven Wandstärke $t_{ef,i}$:
$s = c_{nom,w} + \phi_w + \phi_s/2 = 20 \text{ mm} + 8 \text{ mm} + 10 \text{ mm}/2 = 33 \text{ mm}$ — EC2-1-1, Bild 6.11
$s \approx 35 \text{ mm}$
Anmerkung: Es werden $\phi_s = 10$ mm als Torsionslängsbewehrung verwendet.
$t_{ef} = 2 \cdot s = 70 \text{ mm}$

Breite b_o im Abstand $s = 3{,}5$ cm unterhalb des oberen Querschnittsrandes:
$b_o = [[(30 \text{ cm} - 20 \text{ cm})/45 \text{ cm} \cdot 61{,}5 \text{ cm}] - 2 \cdot 3{,}5 \text{ m}] + 20 \text{ cm}$
$b_o = 26{,}7 \text{ cm}$
Breite b_u im Abstand $s = 3{,}5$ cm oberhalb des unteren Querschnittsrandes:
$b_u = [[(30 \text{ cm} - 20 \text{ cm})/45 \text{ cm} \cdot 3{,}5 \text{ cm}] - 2 \cdot 3{,}5 \text{ m}] + 20 \text{ cm}$

$b_u = 13{,}8 \text{ cm}$

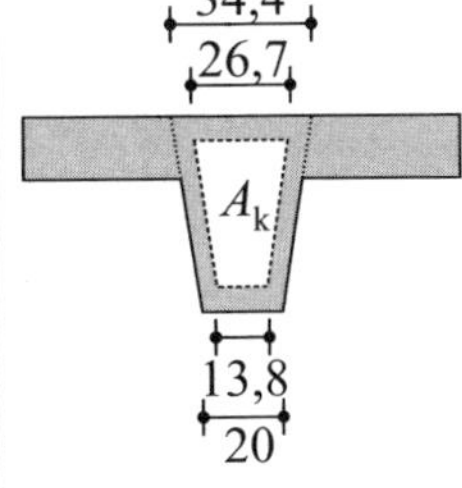

Kernfläche A_k:
$A_k = 0{,}5 \cdot [26{,}7 \text{ cm} + 13{,}8 \text{ cm}] \cdot [65 \text{ cm} - 2 \cdot 3{,}5 \text{ cm}] = 1174{,}5 \text{ cm}^2$

Teil b)
Ermittlung des Torsionsmomentes pro laufd. Meter:

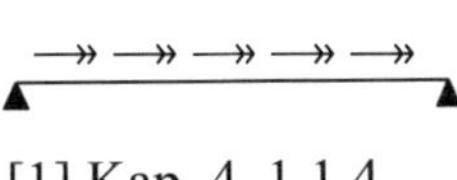

$m_T = 0{,}6 \text{ m} \cdot 3{,}5 \text{ kN/m} = 2{,}1 \text{ kNm/m}$ — [1] Kap. 4, 1.1.4

$T_{Ed} = 2{,}1 \text{ kNm/m} \cdot [8{,}0 \text{ m}/2] = 8{,}4 \text{ kNm}$

$$V_{\mathrm{Ed,T}} = \frac{T_{\mathrm{Ed}} \cdot z}{2 \cdot A_{\mathrm{k}}} = \frac{8{,}4\,\mathrm{kNm} \cdot (0{,}65\,\mathrm{m} - 0{,}07\,\mathrm{m})}{2 \cdot 0{,}1175\,\mathrm{m}^2} = 20{,}7\,\mathrm{kN}$$

EC2-1-1, Gl. 6.26 und Gl. 6.27 mit: $z = h_{\mathrm{k}}$

$$V_{\mathrm{Ed,T+V}} = V_{\mathrm{Ed,T}} + \frac{V_{\mathrm{Ed}} \cdot t_{\mathrm{ef}}}{b_{\mathrm{w}}}$$

EC2-1-1, Gl. NA. 6.27.1

mit:
b_{w} auf Höhe der Bewehrung:
$b_{\mathrm{w}} = 20$ cm $+ [(30$ cm $- 20$ cm$)/45$ cm$]\cdot 5$ cm $= 21{,}1$ cm

EC2-1-1, Bild 6.5

$$V_{\mathrm{Ed,T+V}} = 20{,}7\,\mathrm{kN} + \frac{70\,\mathrm{kN} \cdot 7\,\mathrm{cm}}{21{,}1\,\mathrm{cm}} = 43{,}9\,\mathrm{kN}$$

Bestimmung des Druckstrebenwinkels θ:
$V_{\mathrm{Rd,cc}} = 0{,}5 \cdot 0{,}48 \cdot 1{,}0 \cdot 30^{1/3} \cdot 0{,}07\ \mathrm{m} \cdot 0{,}54\ \mathrm{m} \cdot 10^3 = 28{,}2\ \mathrm{kN}$

EC2-1-1, Gl. 6.7bDE

mit:
t_{ef} statt b_{w}

EC2-1-1, NCI zu 6.3.2(2)

$1{,}0 \leq 1{,}2/[1 - V_{\mathrm{Rd,cc}}/V_{\mathrm{Ed,red}}] \leq 3{,}0$

EC2-1-1, Gl. 6.7aDE

$\cot\theta = 1{,}2/[1 - 28{,}2/43{,}9] = 3{,}35$ →: gewählt $\cot\theta = 1{,}2$

Bügelbewehrung aus Querkraftbeanspruchung:
$V_{\mathrm{Ed}} < V_{\mathrm{Rd,s}}$
erf. $a_{\mathrm{sw,V}} = V_{\mathrm{Ed}}/[f_{\mathrm{ywd}} \cdot z \cdot \cot\theta]$

EC2-1-1, Gl. 6.8

erf. $a_{\mathrm{sw,V}} = 0{,}07\ \mathrm{MN} \cdot 10^4/[435\ \mathrm{MN/m^2} \cdot 0{,}9 \cdot 0{,}6\ \mathrm{m} \cdot 1{,}2]$
erf. $a_{\mathrm{sw,V}} = 2{,}5\ \mathrm{cm^2/m}$

Bügelbewehrung aus Torsionsbeanspruchung:
erf. $a_{\mathrm{sw,T}} = T_{\mathrm{Ed}} \cdot \tan\theta/[f_{\mathrm{yd}} \cdot 2A_{\mathrm{k}}]$

EC2-1-1, Gl. NA. 6.28.1

erf. $a_{\mathrm{sw,T}} = 16{,}8\ \mathrm{kNm} \cdot 10 \cdot \tan 40°/[435\ \mathrm{MN/m^2} \cdot 2.350\ \mathrm{cm^2} \cdot 10^{-4}]$
erf. $a_{\mathrm{sw,T}} = 1{,}4\ \mathrm{cm^2/m}$

vorhanden: Bü ϕ8-20 →: $a_{\mathrm{sw}} = 5{,}03\ \mathrm{cm^2/m}$

$5{,}03\ \mathrm{cm^2/m} < [2 \cdot 1{,}4$ (aus T) $+ 2{,}5$ (aus V)$]\ \mathrm{cm^2/m} = 5{,}3\ \mathrm{cm^2/m}$

Die vorhandene Bewehrung ist für die getroffene Wahl $\cot\theta = 1{,}2$ <u>nicht</u> ausreichend.

Lösung: **Aufgabe 4.5:**

Auflagerkraft am Auflager A:

$V_{Ed,A} = [1{,}35 \cdot 10{,}61\ kN/m + 1{,}5 \cdot 4{,}2\ kN/m] \cdot 8{,}0\ m/2 = 82{,}5\ kN$	$g_{k1} + g_{k2} = 10{,}61\ kN/m$ $q_k = 4{,}2\ kN/m$
Versatzmaß: $a_l = [z/2] \cdot \cot\theta = [0{,}9 \cdot 0{,}6\ m/2] \cdot 1{,}2 = 32\ cm$	EC2-1-1, Gl. 9.2
Zu verankernde Zugkraft: $F_{sd} = V_{Ed} \cdot a_l / z = 82{,}5\ kN \cdot 0{,}32\ m/[0{,}9 \cdot 0{,}6\ m] = 48{,}9\ kN$	EC2-1-1, Gl. 9.3DE
Erforderliche Bewehrung: $A_{s,erf} = F_{sd}/f_{yd} = 48{,}9\ kN/[43{,}5\ kN/cm^2] = 1{,}1\ cm^2$	
Am Endauflager (unten) liegen gute Verbundbedingungen vor:	
$f_{bd} = 2{,}25 \cdot \eta_1 \cdot \eta_2 \cdot f_{ctd}$	EC2-1-1, Gl. 8.2
mit:	
$\eta_1 = \eta_2 = 1{,}0$	EC2-1-1, 8.4.2(2)
$f_{ctd} = \alpha_{ct} \cdot f_{ctk;0,05}/\gamma_C$	EC2-1-1, NCI zu 8.4.2(2)
mit:	
$\alpha_{ct} = 1{,}0$	EC2-1-1, NDP zu 3.1.6(2)
$f_{ctk;0,05} = 2{,}0\ MN/m^2$	EC2-1-1, Tab. 3.1
$\rightarrow: f_{bd} = 2{,}25 \cdot 2{,}0\ MN/m^2/1{,}5 = 3{,}0\ MN/m^2$	
$l_{b,rqd} = (\phi/4) \cdot (\sigma_{sd}/f_{bd})$ $l_{b,rqd} = (16\ mm/4) \cdot (435/3{,}0) \cdot 10^{-1} = 58{,}0\ cm$	EC2-1-1, Gl. 8.3 mit $\sigma_{sd} = f_{yd}$ nach NCI zu 8.4.4(1)
$l_{b,min} \geq \begin{cases} 0{,}3 \cdot \alpha_1 \cdot \alpha_4 \cdot l_{b,rqd} = 0{,}3 \cdot 1{,}0 \cdot 1{,}0 \cdot 58{,}0\,cm = 17{,}4\,cm \\ 6{,}7 \cdot \phi = 6{,}7 \cdot 1{,}6\,cm = 10{,}7\,cm \end{cases}$	EC2-1-1, Gl. 8.6 bzw. NCI zu 8.4.4(1)
$\alpha_1 = 1{,}0$ (gerade Stabenden) $\alpha_4 = 1{,}0$	EC2-1-1, Tab. 8.2
$l_{bd} = \alpha_1 \cdot \alpha_2 \cdot \alpha_3 \cdot \alpha_4 \cdot \alpha_5 \cdot (A_{s,erf}/A_{s,vorh}) \cdot l_{b,rqd}$	EC2-1-1, Gl. 8.4 mit
$\alpha_2 = 1{,}0$	$A_{s,erf}/A_{s,vorh}$ nach [12]
$\alpha_5 = 2/3$	EC2-1-1, Tab. 8.2

$l_{bd} = 1{,}0 \cdot 1{,}0 \cdot (2/3) \cdot (1{,}1/8{,}16) \cdot 58 \text{ cm} = 5{,}2 \text{ cm}$
$l_{bd} \leq l_{b,min} = 17{,}4 \text{ cm} \approx 18 \text{ cm}$

Es sind rechnerisch mindestens 18 cm Auflagertiefe (ab Vorderkante) erforderlich. Darüber hinaus ist noch die erforderliche Betondeckung zu berücksichtigen.

Zugkraft bei $x = 1{,}0$ m:
$F_{sd} = 72{,}2 \text{ kNm}/0{,}54 \text{ m} + 61{,}9 \text{ kN} \cdot 0{,}32 \text{ m}/0{,}54 \text{ m} = 170{,}4 \text{ kN}$ — geg.: $M_{Ed} = 72{,}2$ kNm, $V_{Ed} = 61{,}9$ kN
$A_{s,erf} = 170{,}4 \text{ kN}/43{,}5 \text{ kN/cm}^2 = 3{,}92 \text{ cm}^2$

Übertragbare Zugkraft:
$F_{sd} = 2 \cdot 2{,}01 \text{ cm}^2 \cdot 43{,}5 \text{ kN/cm}^2 = 174{,}9 \text{ kN} > 170{,}4 \text{ kN}$ — $2\phi16$ laufen durch

Verankerung außerhalb des Auflagers mit l_{bd}:
$l_{b,rqd} = (\phi/4) \cdot (\sigma_{sd}/f_{bd})$ — EC2-1-1, Gl. 8.3 mit $\sigma_{sd} = f_{yd}$ nach NCI zu 8.4.4(1)
$l_{b,rqd} = (16 \text{ mm}/4) \cdot (435 \text{ MN/m}^2/3 \text{ MN/m}^2) = 580 \text{ mm}$

$l_{bd} = \alpha_1 \cdot \alpha_2 \cdot \alpha_3 \cdot \alpha_4 \cdot \alpha_5 \cdot (A_{s,erf}/A_{s,vorh}) \cdot l_{b,rqd}$ — EC2-1-1, Gl. 8.4 mit $A_{s,erf}/A_{s,vorh}$ nach [12]

$\alpha_5 = 1{,}0$ (gerade Stabenden) — α_1 bis α_4 wie zuvor
$l_{bd} = 1{,}0 \cdot (3{,}92/8{,}04) \cdot 580 \text{ mm} = 28{,}2 \text{ cm}$
$l_{bd} = 28{,}2 \text{ cm} > l_{b,min} = 0{,}3 \cdot 58 \text{ cm} = 17{,}4 \text{ cm}$

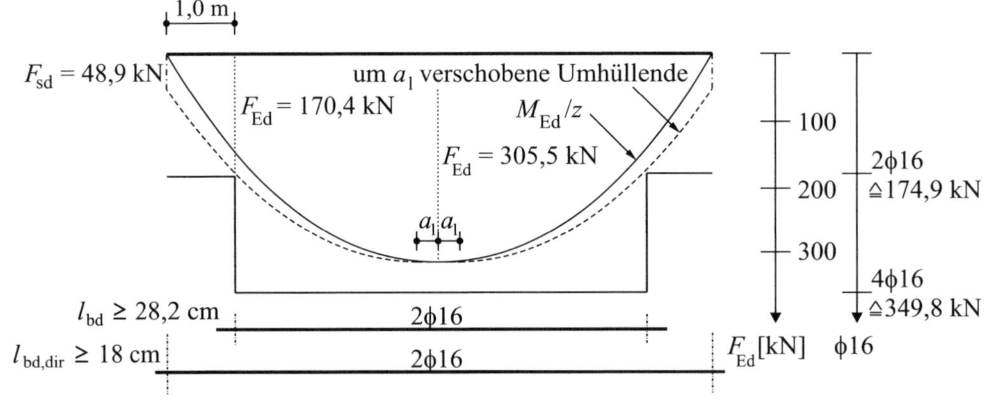

***Bild 4-5:** Zugkraftdeckung gem. EC2-1-1, Bild 9.2*

Beispiel 5: Einachsig gespannte Unterzugdecke

Gegeben ist ein Teil einer einachsig gespannten Unterzugdecke in Stahlbeton. Die Decke hat eine Stärke von $h_f = 20$ cm, die Unterzüge (inkl. Decke) eine Höhe von $h = 60$ cm und eine Breite von b = 30 cm. Decke und Unterzüge besitzen die Betonfestigkeit C30/37.

Die veränderlichen Lasten betragen q_k = 5,0 kN/m². Die ständigen Lasten aus Eigenlast g_{k1} sind zu ermitteln, die aus Aufbau betragen g_{k2} = 1,5 kN/m².

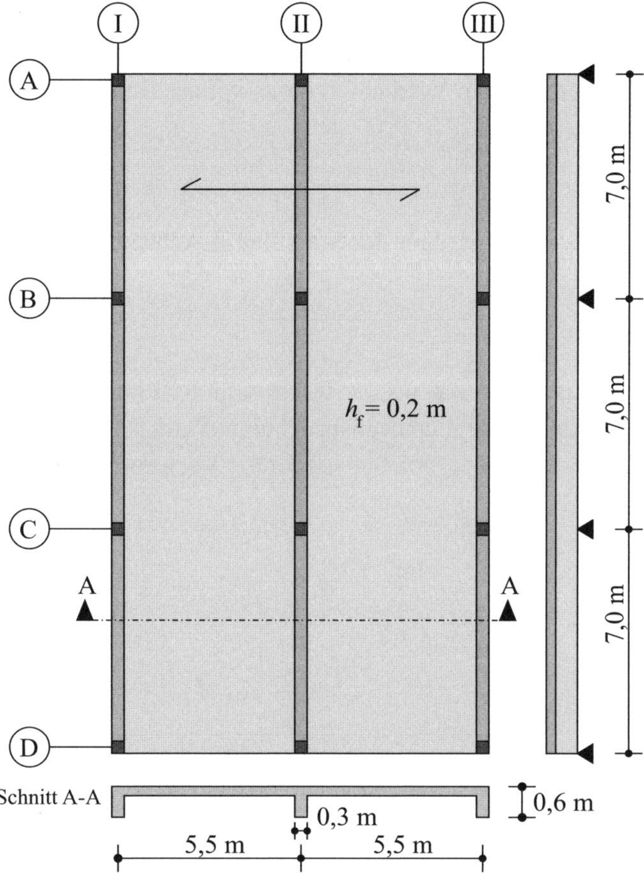

***Bild 5-1:** System*

Aufgabe 5.1:

a) Bestimmen Sie den Verlauf des Biegemomentes sowie der Querkraft für den Unterzug in Achse II. Setzen Sie den Lastfall Volllast (auch für die weiteren Aufgabenteile) an.

b) Bestimmen Sie die Biegezugbewehrung über dem Auflager in Achse B/II. Die statische Höhe ist $d = 0{,}54$ m.

c) Weisen Sie die Querbewehrung im Anschluss des Druckgurtes in Feld 1 zw. den Achsen A/II und B/II nach.

d) Bestimmen Sie die Verankerungslänge der unteren Bewehrung am Auflager in Achse B.

Aufgabe 5.2:

a) Bestimmen Sie die Querkraftbewehrung im Bereich des Auflagers A/II. Nehmen Sie den Druckstrebenwinkel dazu zu $\cot\theta = 1{,}2$ an.

b) Da der Unterzug in Achse II bis Unterkante Decke vorbetoniert wurde, ist die Verbundfuge nachzuweisen. Führen Sie den Nachweis am Endauflager A/II. Die Oberfläche des Unterzuges blieb nach dem Verdichten ohne weitere Behandlung. Die Biegezugbewehrung seien $\phi 20$.

Aufgabe 5.3:

Bestimmen Sie die maximale Biegebewehrung über der Stützung in Achse II. Die stat. Höhe der Decke ist $d = 15$ cm.

Aufgabe 5.4:

Kontrollieren Sie, ob die zulässige Rissbreite von $w_{k,zul} = 0{,}3$ mm in der Platte über der Achse II eingehalten wird. Die maßgebende Lastbeanspruchung ergibt sich aus der quasi-ständigen Einwirkungskombination $E_{d,perm} = \Sigma G_{k,j} + 0{,}5 \cdot Q_{k,i}$. Verwenden Sie den vereinfachten Ansatz nach EC2-1-1, 7.3.3.

Lösung: **Aufgabe 5.1:**

Teil a)

Eigenlast des Unterzuges ohne Platte:

$g_{k1} = 0{,}3 \text{ m} \cdot 0{,}4 \text{ m } 25 \text{ kN/m}^3 = 3{,}0 \text{ kN/m}$

Eigenlast der Platte:

$g_{k1} = 1{,}25 \cdot 5{,}5 \text{ m} \cdot 0{,}2 \text{ m } 25 \text{ kN/m}^3 = 34{,}4 \text{ kN/m}$

Aufbaulast:

$g_{k12} = 1{,}25 \cdot 5{,}5 \text{ m} \cdot 1{,}5 \text{ kN/m}^2 = 10{,}3 \text{ kN/m}$

Mittelauflager erhält 1,25-fache ständige Last (vgl. [1], Kap. 4, 1.4.1)

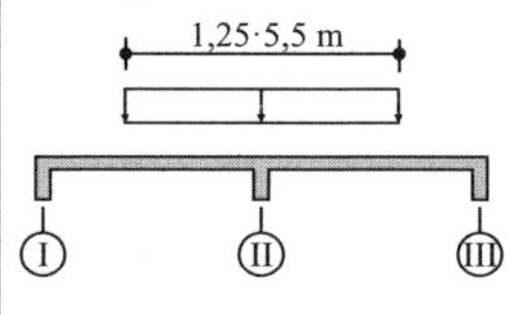

Aus ständigen Lasten (γ-fach):

$g_{d1} + g_{d2} = 1{,}35 \cdot (3{,}0 + 34{,}375 + 10{,}3) \text{ kN/m} = 64{,}4 \text{ kN/m}$

Aus veränderlichen Lasten (γ-fach):

$q_d = 1{,}5 \cdot (1{,}25 \cdot 5{,}5 \text{ m} \cdot 5{,}0 \text{ kN/m}^2) = 51{,}6 \text{ kN/m}$

Biegemomente im Feld und über der Stützung:

$M_{F1,Ed} = 0{,}08 \cdot [64{,}4\ kN/m + 51{,}6\ kN/m] \cdot (5{,}5\ m)^2 = 280{,}7\ kNm$

$M_{F2,Ed} = 0{,}025 \cdot [64{,}4\ kN/m + 51{,}6\ kN/m] \cdot (5{,}5\ m)^2 = 87{,}7\ kNm$

$M_{S1,Ed} = -0{,}1 \cdot [64{,}4\ kN/m + 51{,}6\ kN/m] \cdot (5{,}5\ m)^2 = -350{,}9\ kNm$

[1] Kap. 4, 1.4.1

Querkraftverlauf:

$V_{A,d} = 0{,}4 \cdot [64{,}4\ kN/m + 51{,}6\ kN/m] \cdot 5{,}5\ m = 255{,}2\ kN$

$V_{B,d,li} = -0{,}6 \cdot [64{,}4\ kN/m + 51{,}6\ kN/m] \cdot 5{,}5\ m = -382{,}8\ kN$

$V_{B,d,re} = 0{,}5 \cdot [64{,}4\ kN/m + 51{,}6\ kN/m] \cdot 5{,}5\ m = 319\ kN$

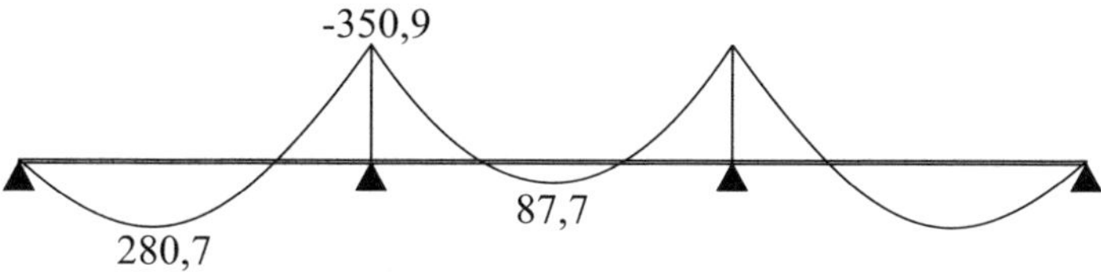

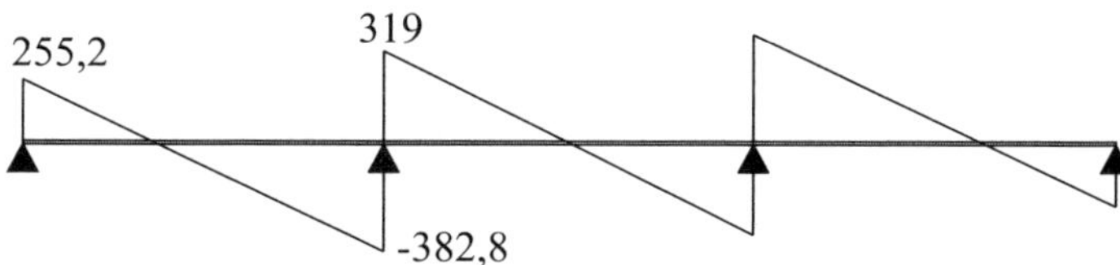

Bild 5-1: Verlauf Biegemoment und Querkraft

Teil b)

$M_{Ed} = -350{,}9\ kNm$

Vgl.: Aufgabe 5.1a

Die Zugzone liegt im Bereich des Auflagers B oben in der Platte → Ansatz der Druckzone mit $b = 0{,}3$ m.

$f_{cd} = 0{,}85 \cdot 30\ MN/m^2/1{,}5 = 17\ MN/m^2$

EC2-1-1, Gl. 3.15 und NDP zu 3.1.6(1)

$$\mu_{Eds} = \frac{M_{Ed}}{b \cdot d^2 \cdot f_{cd}} = \frac{-0{,}351\ MNm}{0{,}3\ m \cdot (0{,}54\ m)^2 \cdot 17\ MN/m^2} = 0{,}236$$

[1] Kap. 5, Tafel 2a

$\omega = 0{,}275$

erf. $A_s = \omega \cdot b \cdot d \cdot f_{cd}/f_{yd} = 0{,}275 \cdot 0{,}3 \cdot 0{,}54 \cdot 17 \cdot 10^4/435 = 17{,}4\ cm^2$

gewählt: 6ϕ20 → vorh. A_s = 18,9 cm²

Teil c)

Ermittlung von M_{max} und x_0:

Δx = halber Abstand von $M = 0$ und $M = M_{max}$

M_{max} befindet sich an der Stelle, an der die Querkraft $V = 0$ ist.

$x_0 = 255{,}2$ kN/[64,4 kN/m + 51,6 kN/m] = 2,2 m

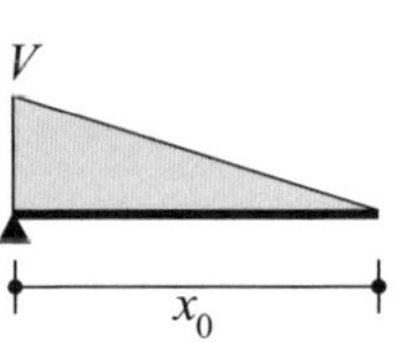

$\Delta x = x_0/2 = 2{,}2$ m/2 = 1,1 m

EC2-1-1, 6.2.4(3) und Bild 6.7

$M(\Delta x = 1{,}1\text{ m}) = M_{max} = A_d \cdot \Delta x - (g + q)_d \cdot \Delta x^2/2$

$M(\Delta x) = 255{,}2\text{ kN} \cdot 1{,}1\text{ m} - [(64{,}4 + 51{,}6)\text{ kN/m}] \cdot (1{,}1\text{ m})^2/2$

$M(\Delta x) = 210{,}5$ kNm

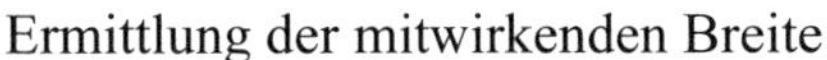

Ermittlung der mitwirkenden Breite:

$b_{eff} = \Sigma b_{eff,i} + b_w$

EC2-1-1, Gl. 5.7

mit

$b_{eff,i} = 0{,}2 \cdot b_i + 0{,}1 \cdot l_0$

$b_{1,2} = 0{,}5 \cdot (5{,}5\text{ m} - 0{,}3\text{ m}) = 2{,}6$ m

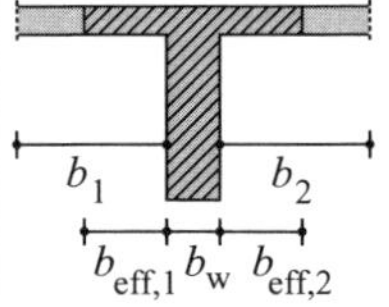

$l_0 = 0{,}85 \cdot l_{eff,1} = 0{,}85 \cdot 7{,}0\text{ m} = 5{,}95$ m

EC2-1-1, Bild 5.2

$b_{eff,1,2} = 0{,}2 \cdot 2{,}6\text{ m} + 0{,}1 \cdot 5{,}95 = 1{,}12\text{ m} \quad < 0{,}2 \cdot l_0 = 1{,}19\text{ m}$

$< b_{1,2} = 2{,}6$ m

EC2-1-1, Gl. 5.7a

$b_{eff} = 2 \cdot 1{,}12\text{ m} + 0{,}3\text{ m} = 2{,}54$ m

Druckkraft bei reiner Biegung:

$F_{cd} = M/z = 0{,}211\text{ MNm}/[0{,}9 \cdot 0{,}54\text{ m}] = 0{,}434$ MN

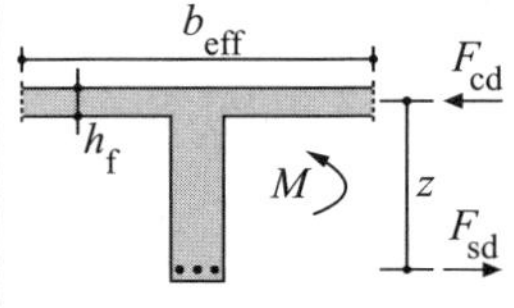

Druckspannung in der Gurtplatte:

$\sigma_{cd} = F_{cd}/[b_{eff} \cdot h_f] = 0{,}434\text{ MN}/[2{,}54\text{ m} \cdot 0{,}2\text{ m}] = 0{,}854\text{ MN/m}^2$

Einseitiger Gurtabschnitt:

$F_{cd} = 0{,}854\text{ MN/m}^2 \cdot (2{,}54\text{ m} - 0{,}3\text{ m})/2 \cdot 0{,}2\text{ m} = 0{,}191$ MN

Bei $M = 0$ am Punkt des Vorzeichenwechsels der Momentenlinien wird $F_{cd} = 0$.

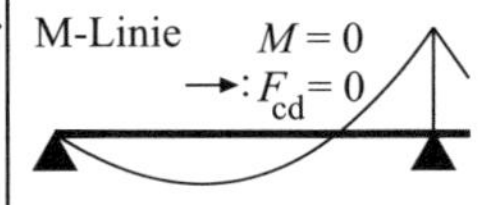

$\rightarrow \Delta F_{cd} = \Delta F_d = 0{,}191$ MN-0 = 0,191 MN

$v_{Ed} = \Delta F_d/[h_f \cdot \Delta x] = 0{,}191$ MN/[0,2 m·1,1 m] = 0,868 MN/m² — EC2-1-1, Gl. 6.20

Querbewehrung im Druckgurt:
erf. $A_{sf}/s_f = v_{Ed} \cdot h_f/[f_{yd} \cdot \cot\theta_f]$ — EC2-1-1, Gl. 6.21

$\cot\theta_f = 1{,}2$ — EC2-1-1, NDP zu 6.2.4(4)

erf. a_{sf} = 0,868 MN/m²·0,2 m·10⁴/[435 MN/m²·1,2] = 3,3 cm²/m

gewählt: Matten Q257 A (oben und unten)
$\rightarrow$ vorh. $a_{sf} = 2 \cdot 2{,}57$ cm² > 3,3 cm²

Teil d)
Maximales Biegemoment:
M_{Ed} = 280,8 kNm — Vgl.: Aufgabe 5.1a

Effektive Breite:
b_{eff} = 2,54 m — Vgl.: Aufgabe 5.1c

$$\mu_{Eds} = \frac{0{,}281\ \text{MNm}}{2{,}54\ \text{m} \cdot (0{,}54\ \text{m})^2 \cdot 17\ \text{MN/m}^2} = 0{,}022$$ [1] Kap. 5, Tafel 2a

$\xi = 0{,}046 \rightarrow x = 0{,}046 \cdot 54$ cm = 2,5 cm < h_f = 20 cm
$\omega = 0{,}022$

erf. $A_s = \omega \cdot b_{eff} \cdot d \cdot f_{cd}/f_{yd} = 0{,}022 \cdot 2{,}54 \cdot 0{,}54 \cdot 17/435 \cdot 10^4 = 11{,}8$ cm²

gewählt: 4ϕ20 $\rightarrow$ vorh. A_s = 12,6 cm²

Annahme: Die untere Bewehrung wird komplett auf das Auflager in Achse B geführt.
min. $l_{b,dir} \geq 6\phi = 6 \cdot 2{,}0$ cm = 12 cm — EC2-1-1, NCI zu 9.2.1.5(2)

Lösung: **Aufgabe 5.2:**

Teil a)
Maßgebende Querkraft im Auflagerbereich:
$V_{Ed,red} = V_{Ed,A} - (g+q)_d \cdot 0{,}54$ m — EC2-1-1, 6.2.1(8)

$V_{Ed,red} = 255{,}2\ kN - (64{,}4 + 51{,}6)\ kN/m \cdot 0{,}54\ m = 192{,}6\ kN$ — Vgl.: Aufgabe 5.1a

Bügelbewehrung aus Querkraftbeanspruchung: — EC2-1-1, Gl. 6.8

$V_{Ed,red} = 192{,}6\ kN < V_{Rd,s}$ — EC2-1-1, NCI zu 6.2.1(8)

$a_{sw} = V_{Ed,red} / [f_{ywd} \cdot z \cdot \cot\theta]$ — $f_{ywd} = 435\ MN/m^2$; Geg.: $\cot\theta = 1{,}2$

$a_{sw} = 0{,}193\ MN \cdot 10^4 / [435\ MN/m^2 \cdot 0{,}9 \cdot 0{,}54\ m \cdot 1{,}2] = 7{,}6\ cm^2/m$

gewählt: Bü ϕ10-12,5 $\rightarrow$ vorh. $a_{sw} = 12{,}6\ cm^2/m$

Teil b)

Oftmals wird der Nachweis der Verbundfuge bei der Bemessung von Unterzügen im Vorfeld nicht geführt. Daraus können auf der Baustelle Probleme resultieren, da die Bügelbewehrung und/oder die Oberflächenbeschaffenheit der Fuge mitunter nicht ausreichend sind oder nur mit erheblichem Aufwand hergestellt werden können. Vgl. auch [15].

Einstufung der Rauigkeitskategorie: glatt (keine Behandlung) — [6] Tab. H6.2

Bemessungswert der einwirkenden Schubkraft je Fläche:

$v_{Edi} = \beta \cdot V_{Ed} / [z \cdot b_i]$ — EC2-1-1, Gl. 6.24

Maßgebende Querkraft:

$V_{Ed,red} = V_{Ed,A} - (g+q)_d \cdot d$

Analog zu EC2-1-1, 6.2.1(8) kann die Querkraft nach EC2-1-1, Bild 10, reduziert werden. Dabei gilt die statische Höhe des Unterzuges bis UK Decke. Hier gegeben: $d_{UZ} = 36$ cm — [6] Bild H6-25

$V_{Ed,red} = 255{,}2\ kN - (64{,}4 + 51{,}6)\ kN/m \cdot 0{,}36\ m = 213{,}4\ kN$

Abminderungsfaktor β:

Die Fuge befindet sich unterhalb der Druckzone (vgl. Aufgabe 5.1c) $\rightarrow \beta = 1{,}0$ — vgl. [12]

Innerer Hebelarm (Querkraftbewehrung = Verbundbewehrung): — EC2-1-1, NCI zu 6.2.3(1) und 6.2.5(1)

$z = 0{,}9 \cdot d = 0{,}9 \cdot 54\ cm = 48{,}6\ cm < \max\{d - 2c_{v,l};\ d - c_{v,l} - 3\ cm\}$

Verlegemaß: $c_{v,l} = c_{min,b} + \Delta c_{dev} - \phi_w$	
$c_{min,b} = 20$ mm	EC2-1-1, Tab. 4.2; geg.: $\phi 20$
$\Delta c_{dev} = 10$ mm	EC2-1-1, NDP zu 4.4.1.3(1)
$c_{v,l} = 20$ mm + 10 mm + 12 mm = 42 mm	
$z = 48{,}6 \text{ cm} > \max. \begin{Bmatrix} 54 \text{ cm} - 2 \cdot 4{,}2 \text{ cm} = 45{,}6 \text{ cm} \\ 54 \text{ cm} - 4{,}2 \text{ cm} - 3 \text{ cm} = 46{,}8 \text{ cm} \end{Bmatrix}$ $z = 46{,}8$ cm maßgebend	
Breite der Fuge: $b_i = 30$ cm	EC2-1-1, Bild 6.8
Einwirkende Schubkraft: $v_{Edi} = \beta \cdot V_{Ed}/[z \cdot b_i] = 1{,}0 \cdot 213{,}4 \text{ kN}/[0{,}468 \text{ m} \cdot 0{,}3 \text{ m}] = 1.520 \text{ kN/m}^2$	
Aufnehmbare Schubkraft ohne Verbundbewehrung: $v_{Rdi,c} = c \cdot f_{ctd} + \mu \cdot \sigma_n$ (Anteile: Adhäsion und Reibung)	EC2-1-1, Gl. 6.25
Anteil infolge Adhäsion: $c = 0{,}2$ (da die Oberfläche nach dem Verdichten ohne weitere Behandlung blieb). Anteil infolge Reibung: $\mu \cdot \sigma_n = 0$ (da Zugspannungen im Bereich der Fuge auftreten).	[6] Tab. H6.3
$f_{ctd} = 0{,}85 \cdot 2{,}0 \text{ MN/m}^2/1{,}5 = 1{,}13 \text{ MN/m}^2$	EC2-1-1, Gl. 3.16 und NDP zu 3.1.6(2)
$v_{Rdi,c} = 0{,}20 \cdot 1{,}13 \text{ MN/m}^2 + 0 = 0{,}226 \text{ MN/m}^2$ $v_{Rdi,c} < v_{Edi} \rightarrow$: Verbundbewehrung erforderlich	
Erforderliche Verbundbewehrung: $v_{Rdi} = v_{Rdi,c} + \rho\, f_{yd}\, (1{,}2 \cdot \mu \cdot \sin\alpha + \cos\alpha) \leq 0{,}5 \cdot \nu \cdot f_{cd}$ $a_s \geq [(v_{Edi} - v_{Rdi,c}) \cdot b_i]/[f_{yd} \cdot (1{,}2 \cdot \mu \cdot \sin\alpha + \cos\alpha)]$	EC2-1-1, Gl. 6.25 und NCI zu 6.2.5(1) $\mu = 0{,}6$ nach [6] Tab. H6.3
$a_s \geq [(1{,}52 - 0{,}226) \cdot 0{,}3 \text{ MN/m}]/[435 \text{MN/m}^2 \cdot (1{,}2 \cdot 0{,}6 \cdot 1{,}0)] \cdot 10^4$ $a_s \geq 12{,}4 \text{ cm}^2\text{/m}$	
Bügelbewehrung $\phi 10$-12,5 cm mit vorh. $a_{sw} = 12{,}6 \text{ cm}^2\text{/m}$ sind ausreichend.	

Kontrolle: $v_{Edi} < 0{,}5\ v \cdot f_{cd} = v_{Rdj,max}$

$v_{Edi} = 1{,}52\ \text{MN/m}^2 < 0{,}5 \cdot 0{,}2 \cdot 0{,}85 \cdot 30\ \text{MN/m}^2/1{,}5 = 1{,}7\ \text{MN/m}^2$

EC2-1-1, Gl. 6.25
v = 0,2 nach [6] Tab. H6.3 bzw. NDP zu 6.2.2(6)

Lösung: **Aufgabe 5.3:**

$g_{k1} = 0{,}2\ \text{m} \cdot 1{,}0\ \text{m/m} \cdot 25\ \text{kN/m}^3 = 5\ \text{kN/m}^2$

$g_{k2} = 1{,}5\ \text{kN/m}^2 \cdot 1{,}0\ \text{m/m} = 1{,}5\ \text{kN/m}^2$

$q_k = 5\ \text{kN/m}^2 \cdot 1{,}0\ \text{m/m} = 5{,}0\ \text{kN/m}^2$

max $m_{Ed,S} = -0{,}125 \cdot [1{,}35 \cdot 6{,}5\ \text{kN/m}^2 + 1{,}5 \cdot 5\ \text{kN/m}^2] \cdot (5{,}5\ \text{m})^2$

max $m_{Ed,S} = -61{,}5\ \text{kNm/m}$

[1] Kap. 4

$f_{cd} = 0{,}85 \cdot 30\ \text{MN/m}^2/1{,}5 = 17\ \text{MN/m}^2$

EC2-1-1, Gl. 3.15 und NDP zu 3.1.6(1)

$$\mu_{Eds} = \frac{0{,}0615\ \text{MNm}}{1{,}0\ \text{m} \cdot (0{,}15\ \text{m})^2 \cdot 17\ \text{MN/m}^2} = 0{,}161$$

[1] Kap. 5, Tafel 2a

$\omega = 0{,}177$

erf. $a_s = [1/435\ \text{MN/m}^2] \cdot 0{,}177 \cdot 1{,}0\ \text{m} \cdot 0{,}15\ \text{m} \cdot 17\ \text{MN/m}^2 \cdot 10^4$

erf. $a_s = 10{,}4\ \text{cm}^2/\text{m}$

Stababstand der vorhandenen Matte Q 257A $s = 15$ cm

→ gewählt: ϕ12-15

→ vorh. $a_s = [7{,}5 + 2{,}57]\ \text{cm}^2/\text{m} = 10{,}1\ \text{cm}^2 \approx$ erf. $a_s = 10{,}4\ \text{cm}^2$

Vgl.: Aufgabe 5.1c

Lösung: **Aufgabe 5.4:**

Vereinfachtes Verfahren:

max $m_{Ed,S} = -0{,}125 \cdot [6{,}5\ \text{kN/m}^2 + 0{,}5 \cdot 5\ \text{kN/m}^2] \cdot (5{,}5\ \text{m})^2$

max $m_{Ed,S} = -34{,}0\ \text{kNm/m}$

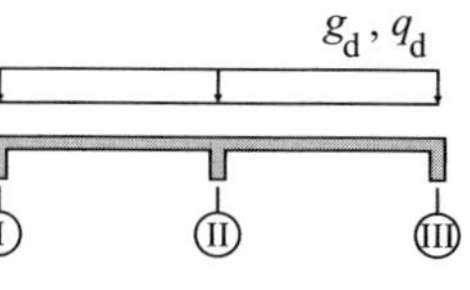

$x = d \cdot (\sqrt{\alpha_e \rho_l (2 + \alpha_e \rho_l)} - \alpha_e \rho_l)$

[21] Kap. 10, Tab. 10.2

$\alpha_e = E_s/E_{cm} = 200.000/33.000 = 6{,}06$

$\rho_l = a_{sl}/[b \cdot d] = 10{,}1\ \text{cm}^2/[100 \cdot 15\ \text{cm}^2] = 0{,}67\ \%$

Vgl. Aufgabe 5.3

$\alpha_e \cdot \rho_l = 0{,}041$

$$x = 15\,\text{cm} \cdot (\sqrt{0{,}041 \cdot (2 + 0{,}041)} - 0{,}041) = 3{,}7\ \text{cm}$$

$$z = d - x/3 = 15\ \text{cm} - 3{,}7/3\ \text{cm} = 13{,}8\ \text{cm}$$

$$\sigma_{\text{s,perm}} = \frac{M_{\text{Ed,perm}}}{A_{\text{s}} \cdot z} = \frac{|-34\,\text{kNm}|}{10{,}1\,\text{cm}^2 \cdot 0{,}138\,\text{m}} = 243{,}9\,\text{N/mm}^2$$

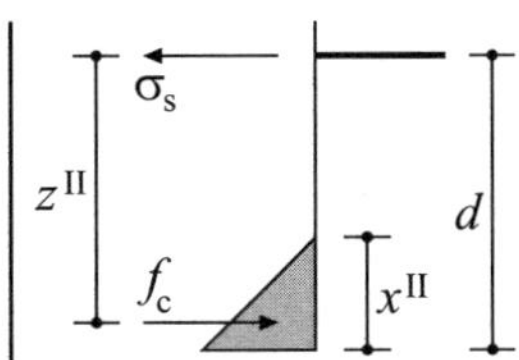

zul. $\phi_s^* = 3{,}48 \cdot 10^6 \cdot w_k/\sigma_s^2 = 3{,}48 \cdot 10^6 \cdot 0{,}3\ \text{mm}/[243{,}9\ \text{N/mm}^2]^2$

zul. $\phi_s^* = 17{,}6$ mm

EC2-1-1, Tab. 7.2DE, Index a

zul. ϕ_s^* > vorh. $\phi_s = 10$ mm bzw. $\phi_s = 7$ mm (Matte Q 257 A)

Die zulässige Rissbreite ist eingehalten.

Beispiel 6: Stahlbetontrog über einen Fluss

Über einem kleinen Fluss muss ein offener gabelgelagerter Trog in Stahlbetonbauweise errichtet werden, in dem zwei Rohre einer Fernwärmeleitung verlaufen. In den Rohren befindet sich eine Flüssigkeit. Die Betongüte des Trogs beträgt C35/45. Die Abmessungen können der nachfolgenden Abbildung entnommen werden. Die veränderlichen Lasten infolge der Rohrfüllungen betragen $q_{k1} = q_{k2} = 5{,}0$ kN/m. Die ständigen Lasten aus Eigenlast g_{k1} sind zu ermitteln, die aus Aufbau betragen $g_{k2} = 2{,}0$ kN/m.

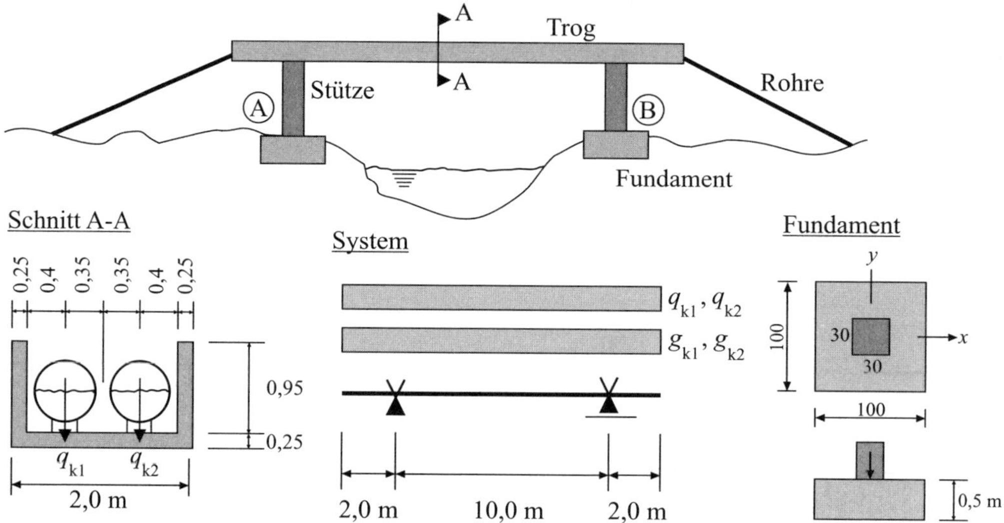

***Bild 6-1:** System*

Aufgabe 6.1:

a) Stellen Sie den Biegemomentenverlauf aus dem Lastfall Volllast im ULS dar. Hierbei sind beide Rohre auf ganzer Troglänge ($l_{ges} = 14$ m) gefüllt.

b) Stellen Sie den Verlauf der Bemessungsquerkraft im ULS dar. Beachten Sie, dass beide Rohre über die komplette Länge ($l_{ges} = 14{,}0$ m) gefüllt sind.

c) Stellen Sie den Verlauf des Torsionsmomentes im ULS dar. Dieses resultiert aus einer halbseitigen Belastung (nur ein Rohr gefüllt) über die komplette Länge.

Aufgabe 6.2:

a) Bestimmen Sie die erforderliche Biegebewehrung in Feldmitte. Gehen Sie hierbei von einem Randabstand der Bügelbewehrung von $c_{nom,w} = 4{,}0$ cm, einem Bügeldurchmesser $\phi_w = 8$ mm und einer Längsbewehrung von $\phi_{s,l} = 20$ mm aus. Die stat. Höhe des Stegs beträgt vereinfachend $d = 115$ cm. Auf die Ermittlung von b_{eff} soll vereinfachend verzichtet werden.

b) Ermitteln Sie für den rechten Steg die Kernfläche A_k und den Kernumfang u_k.

c) Ermitteln Sie den Druckstrebenwinkel θ infolge der kombinierten Beanspruchung aus Querkraft und Torsion. Die Querkraft wird nur über die Stege des Troges abgetragen. Berechnen Sie den Druckstrebenwinkel sowohl für den Anteil aus Querkraft wie auch den Anteil aus Torsion in Anlehnung an EC2-1-1, 6.2.1(8).

d) Bestimmen Sie für den rechten Steg die erforderliche Bügelbewehrung $a_{sw,V+T}$ aus Querkraft und Torsion.

Aufgabe 6.3:

Bestimmen Sie für den Lastfall Volllast die Länge, mit der die obere Bewehrung vom Auflager A in das Feld zu führen ist.

Aufgabe 6.4:

Führen Sie den Nachweis zur Begrenzung der Rissbreite infolge Lastbeanspruchung (beide Rohre auf voller Länge gefüllt) in Feldmitte. Ermitteln Sie dazu zuerst das Biegemoment infolge quasi-ständiger Einwirkungskombination $E_{d,perm}$. $\psi_{2,i}$ ist zu 0,8 gegeben. Es sei $w_k = 0{,}2$ mm. Bestimmen Sie außerdem den rechnerischen Abstand der Risse. Setzen Sie rechnerisch die vorhandene Biegebewehrung der Stege sowie ϕ12-15 cm in der Platte an.

Aufgabe 6.5:

Bestimmen Sie für das Einzelfundament die stat. erforderliche Bewehrung (Menge, Durchmesser) in x-Richtung. Die Betongüte ist C30/37. Die stat. Höhe beträgt $d_m = 45$ cm. Das Fundament soll Belastungsreserven besitzen und ist mit $N_{Ed} = 700$ kN zu bemessen.

Lösung: **Aufgabe 6.1:**

Teil a)

Eigenlast:

$g_{k1} = (2 \cdot 0{,}25 \cdot 0{,}95 + 2{,}0 \cdot 0{,}25)\ \text{m}^2 \cdot 25\ \text{kN/m}^3 = 24{,}4\ \text{kN/m}$

Aus ständigen Lasten (γ-fach):

$g_{d1} + g_{d2} = 1{,}35 \cdot (24{,}4 + 2{,}0)\ \text{kN/m} = 35{,}6\ \text{kN/m}$

Aus veränderlichen Lasten (γ-fach):

$q_{d1} + q_{d2} = 1{,}5 \cdot (5{,}0 \cdot 2{,}0) = 15\ \text{kN/m}$

$M_{Stütz} = -(g+q) \cdot l^2/2 = -(35{,}6 + 15)\ \text{kN/m} \cdot (2{,}0\ \text{m})^2/2 = -101{,}2\ \text{kNm}$ — Beide Rohre sind gefüllt.

$M_{Feld} = M_{Stütz} + (g+q) \cdot l^2/8$

$M_{Feld} = -101{,}2 \text{ kNm} + (35{,}6 + 15) \text{ kN/m} \cdot (10{,}0 \text{ m})^2/8 = 531{,}3 \text{ kNm}$

Momentenverlauf M_{Ed} [kNm]

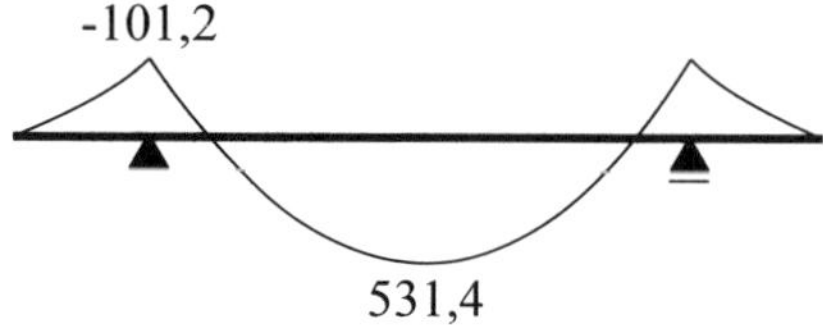

Bild 6-2: *Momentenverlauf*

Teil b)

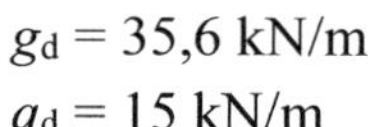

$A_d = B_d = 7{,}0 \text{ m} \cdot (35{,}6 + 15) \text{ kN/m} = 354{,}2 \text{ kN}$

$V_{A,li} = -V_{B,re} = 2{,}0 \text{ m} \cdot (35{,}6 + 15) \text{ kN/m} = 101{,}2 \text{ kN}$

$V_{A,re} = -V_{B,li} = 101{,}2 \text{ kN} - 354{,}2 \text{ kN} = -253{,}0 \text{ kN}$

Querkraftverlauf V_{Ed} [kN]

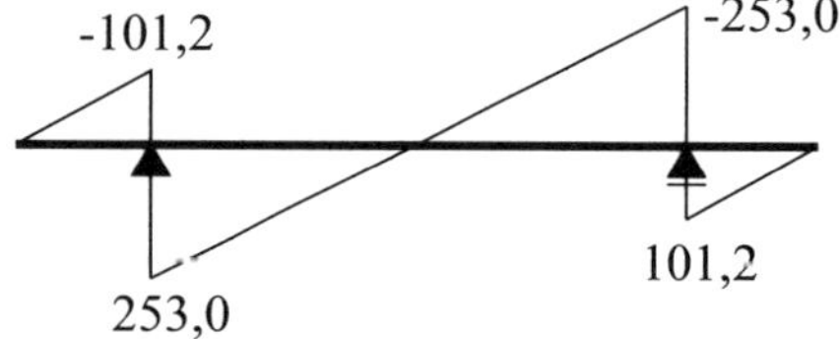

Bild 6-3: *Querkraftverlauf*

Teil c)

$m_{td} = 1{,}5 \cdot 5{,}0 \text{ kN} \cdot 0{,}35 \text{ m} = 2{,}63 \text{ kNm/m}$

$M_{T,A} = M_{T,B} = 7{,}0 \text{ m} \cdot 2{,}63 \text{ kN/m} = 18{,}4 \text{ kNm}$

$M_{T,A,li} = -M_{T,B,re} = 2{,}0 \text{ m} \cdot 2{,}63 \text{ kN/m} = 5{,}26 \text{ kNm}$

$M_{T,A,re} = -M_{T,B,li} = 5{,}26 \text{ kNm} - 18{,}4 \text{ kNm} = -13{,}1 \text{ kNm}$

Torsionsmomentenverlauf T_{Ed} [kNm]

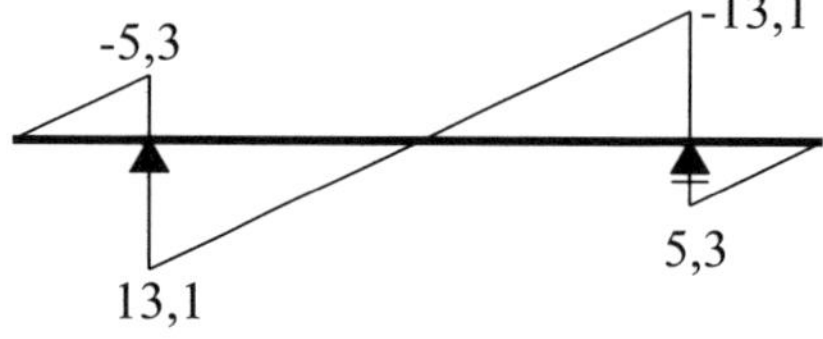

Bild 6-4: *Torsionsmomentenverlauf*

Lösung: **Aufgabe 6.2:**

Teil a)

Ansatz beider Stege.

$f_{cd} = \alpha \cdot f_{ck}/\gamma_C = 0{,}85 \cdot 35\ \text{MN/m}^2/1{,}5 = 19{,}8\ \text{MN/m}^2$ — EC2-1-1, Gl. 3.15 und NDP zu 3.1.6(1)

$$\mu_{Eds} = \frac{M_{Eds}}{b \cdot d^2 \cdot f_{cd}} = \frac{531 \cdot 10^{-3}\ \text{MNm}}{2 \cdot 0{,}25\ \text{m} \cdot (1{,}15\ \text{m})^2 \cdot 19{,}8\ \text{MN/m}^2} = 0{,}041$$

[1] Kap. 5, Tafel 2a

$\omega = 0{,}041$

erf. $A_s = \omega \cdot b \cdot d \cdot f_{cd}/f_{yd} = 0{,}041 \cdot 0{,}5 \cdot 1{,}15 \cdot 19{,}8/435 \cdot 10^4 = 10{,}7\ \text{cm}^2$

gewählt: $4\phi 20$ (2 je Steg)

vorh. $A_s = 4 \cdot 3{,}14\ \text{cm}^2 = 12{,}6\ \text{cm}^2 > 10{,}9\ \text{cm}^2 = A_{s,erf}$

Teil b)

Achsabstand der Längsbewehrung von der Bauteiloberfläche:

$s = c_{nom,w} + \phi_w + \phi_s/2 = 4\ \text{cm} + 0{,}8\ \text{cm} + 1\ \text{cm} = 5{,}8\ \text{cm}$ — Geg.: $c = 4{,}0$ cm

$t_{ef} = 2 \cdot s = 2 \cdot 5{,}8\ \text{cm} = 11{,}6\ \text{cm}$ — EC2-1-1, Bild 6.11 und NCI zu 6.3.2(1)

$A_k = (25 - 11{,}6) \cdot (120 - 11{,}6)\ \text{cm}^2 = 1452{,}6\ \text{cm}^2$

$u_k = 2 \cdot [25 - 11{,}6 + 120 - 11{,}6]\ \text{cm} = 243{,}6\ \text{cm}$

Teil c)

Der Druckstrebenwinkel wird sowohl für den Anteil aus Querkraft ($V_{Ed,red}$ vgl. EC2-1-1, 6.2.1(8)) als auch für den Anteil aus Torsion ($T_{Ed,red}$ bei $1{,}0 \cdot d$ vom Auflagerrand) ermittelt.

$V_{Ed,red} = V_{Ed,A,re} - (g + q)_d \cdot 1{,}15\ \text{m}$

$V_{Ed,red} = 0{,}5 \cdot [253{,}0\ \text{kN} - (35{,}6+15{,}0)\ \text{kN/m} \cdot 1{,}15\ \text{m}] = 97{,}4\ \text{kN}$ — Ansatz: 1 Steg

$$V_{Ed,V} = \frac{97{,}4\ \text{kN} \cdot 0{,}116\ \text{m}}{0{,}25\ \text{m}} = 45{,}2\ \text{kN}$$

EC2-1-1, NCI zu 6.3.2(2)

$T_{Ed,red} = T_{Ed,A,re} - m_{td} \cdot 1{,}15\ \text{m}$

$T_{Ed,red} = 13{,}1\ \text{kNm} - 2{,}63\ \text{kNm/m} \cdot 1{,}15\ \text{m} = 10{,}0\ \text{kNm}$

$$V_{Ed,T,i} = \frac{T_{Ed} \cdot z_i}{2 \cdot A_k} = \frac{10\ \text{kN} \cdot (1{,}2\ \text{m} - 2 \cdot 0{,}116\ \text{m})}{2 \cdot 0{,}1453\ \text{m}^2} = 33{,}3\ \text{kN}$$

EC2-1-1, Gl. 6.26 und Gl. 6.27

$V_{Ed,T+V} = 33{,}3\ \text{kN} + 45{,}2\ \text{kN} = 78{,}5\ \text{kN}$ — EC2-1-1, Gl. NA.6.27.1

$V_{Rd,cc} = c \cdot 0{,}48 \cdot \eta_1 \cdot f_{ck}^{1/3} \cdot t_{ef,i} \cdot z$	EC2-1-1, Gl. 6.7bDE mit NCI zu 6.3.2(2)
mit: $c = 0{,}5$ $\eta_1 = 1{,}0$ $t_{ef,i} = 0{,}116$ m $z = 0{,}9 \cdot d = 0{,}9 \cdot 115 = 103{,}5$ cm	
$V_{Rd,cc} = 0{,}5 \cdot 0{,}48 \cdot 1{,}0 \cdot (35\ \text{MN/m}^2)^{1/3} \cdot 0{,}116\ \text{m} \cdot 1{,}035\ \text{m} \cdot 10^3$ $V_{Rd,cc} = 94{,}3$ kN	
$1{,}0 \leq \cot\theta \leq \frac{1{,}2}{1 - V_{Rd,cc}/V_{Ed,T+V}} = \frac{1{,}2}{1 - 94{,}3/78{,}5} = -4{,}97$	EC2-1-1, Gl. 6.7aDE
→: gewählt $\cot\theta = 1{,}73$ bzw. $\theta = 30°$	EC2-1-1, NDP zu 6.2.3(2)
Teil d) Bügelbewehrung aus Querkraftbeanspruchung:	
$V_{Ed,red} = 97{,}4\ \text{kN} < V_{Rd,s}$	Vgl. Aufgabe 6.1c
$a_{sw,V} = V_{Ed,red}/[f_{yd} \cdot z \cdot \cot\theta]$	EC2-1-1, Gl. 6.8
$a_{sw,V} = 0{,}0974\ \text{MN} \cdot 10^4/[435\ \text{MN/m}^2 \cdot 1{,}035\ \text{m} \cdot 1{,}73] = 1{,}3\ \text{cm}^2/\text{m}$	EC2-1-1, NCI zu 6.2.1(8) $f_{ywd} = 435\ \text{MN/m}^2$
Bügelbewehrung aus Torsionsbeanspruchung:	
$M_{Td} = T_{Ed,ed} = 10$ kNm	Vgl. Aufgabe 6.1c
erf. $a_{sw,T} = T_{Ed}/[f_{yd} \cdot 2A_k \cdot \cot\theta]$	EC2-1-1, Gl. NA. 6.28.1
erf. $a_{sw,T} = 10\ \text{kNm} \cdot 10/[435\ \text{MN/m}^2 \cdot 2 \cdot 1452{,}6\ \text{cm}^2 \cdot 1{,}73 \cdot 10^{-4}]$ erf. $a_{sw,T} = 0{,}46\ \text{cm}^2/\text{m}$ (Achtung: nur ein Schenkel anrechenbar) erf. $a_{sw,T+V} = 2 \cdot a_{sw,T} + a_{sw,V} = 2 \cdot 0{,}46\ \text{cm}^2/\text{m} + 1{,}3\ \text{cm}^2/\text{m}$ erf. $a_{sw,T+V} = 2{,}2\ \text{cm}^2/\text{m}$ (zweischnittig) → gew. Bü ϕ8-30 vorh. $a_{sw,T+V} = 3{,}35\ \text{cm}^2/\text{m}$	
Lösung: **Aufgabe 6.3:** Biegebemessung in Achse A (oben):	
$f_{cd} = \alpha \cdot f_{ck}/\gamma_C = 0{,}85 \cdot 35\ \text{MN/m}^2/1{,}5 = 19{,}8\ \text{MN/m}^2$	EC 2-1-1, Gl. 3.15
$\mu_{Eds} = \frac{M_{Eds}}{b \cdot d^2 \cdot f_{cd}} = \frac{101{,}2 \cdot 10^{-3}\ \text{MNm}}{2 \cdot 0{,}25\ \text{m} \cdot (1{,}15\ \text{m})^2 \cdot 19{,}8\ \text{MN/m}^2} = 0{,}008$	[1] Kap. 5, Tafel 2a Ansatz: 2 Stege

$\omega = 0{,}01$

erf. $A_s = \omega \cdot b \cdot d \cdot f_{cd}/f_{yd} = 0{,}01 \cdot 0{,}5 \cdot 1{,}15 \cdot 19{,}8/[435 \cdot 10^4] = 2{,}6\ \text{cm}^2$

gewählt: 2ϕ12 je Steg

vorh. $A_s = 2 \times 1{,}13\ \text{cm}^2 = 2{,}26\ \text{cm}^2 > 0{,}5 \cdot 2{,}6\ \text{cm}^2 = A_{s,erf}$

Abstand des Momentennullpunktes vom Auflager A:

$M_{Ed}(x_0) = V_{Ed,A,re} \cdot x_0 - (g+q)_d \cdot x_0^2/2 - M_{Ed,A}$

$M_{Ed}(x_0) = 253\ \text{kN} \cdot x_0 - 50{,}6\ \text{kN/m} \cdot x_0^2/2 - 101{,}2\ \text{kNm} = 0$

$x_0^2 - 10 \cdot x_0 + 4{,}0 = 0$

$$x_0 = \frac{10}{2} - \sqrt{\left(\frac{10}{2}\right)^2 - 4} = 0{,}42\ \text{m}$$

Versatzmaß:	
$a_l = [z/2] \cdot \cot\theta = [0{,}9 \cdot 1{,}15\ \text{m}/2] \cdot 1{,}73 = 90\ \text{cm}$	EC2-1-1, Gl. 9.2
Am Auflager (oben) liegen mäßige Verbundbedingungen vor:	
$f_{bd} = 2{,}25 \cdot \eta_1 \cdot \eta_2 \cdot f_{ctd}$	EC2-1-1, Gl. 8.2
mit:	
$\eta_1 = 0{,}7$ (mäßige Verbundbedingungen)	EC2-1-1, 8.4.2(2)
$\eta_2 = 1{,}0$	EC2-1-1, 8.4.2(2)
$f_{ctd} = \alpha_{ct} \cdot f_{ctk;0,05}/\gamma_C$	EC2-1-1, NCI zu 8.4.2(2)
mit:	
$\alpha_{ct} = 1{,}0$	EC2-1-1, NDP zu 3.1.6(2)
$f_{ctk;0,05} = 2{,}2\ \text{MN/m}^2$	EC2-1-1, Tab.3.1
$\rightarrow$: $f_{bd} = 0{,}7 \cdot 2{,}25 \cdot 2{,}2\ \text{MN/m}^2/1{,}5 = 2{,}31\ \text{MN/m}^2$	
$l_{b,rqd} = (\phi/4) \cdot (\sigma_{sd}/f_{bd})$ $l_{b,rqd} = (12\ \text{mm}/4) \cdot (435/2{,}31) \cdot 10^{-1} = 56{,}5\ \text{cm}$	EC2-1-1, Gl. 8.3 mit $\sigma_{sd} = f_{yd}$ nach NCI zu 8.4.4(1)
$l_{b,min} \geq \begin{cases} 0{,}3 \cdot \alpha_1 \cdot \alpha_4 \cdot l_{b,rqd} = 0{,}3 \cdot 1{,}0 \cdot 1{,}0 \cdot 56{,}5\,\text{cm} = 17{,}0\,\text{cm} \\ 6{,}7 \cdot \phi = 6{,}7 \cdot 1{,}2\,\text{cm} = 8\,\text{cm} \end{cases}$	EC2-1-1, Gl. 8.6 bzw. NCI zu 8.4.4(1)
$\alpha_1 = 1{,}0$ (gerade Stabenden)	EC2-1-1, Tab. 8.2
$\alpha_4 = 1{,}0$	

Länge der Bewehrungsstäbe (ab Achse A):
$l_{ges} = x_0 + a_l + l_{b,min} = 0{,}42\ \text{m} + 0{,}9\ \text{m} + 0{,}17\ \text{m} = 1{,}49\ \text{m}$

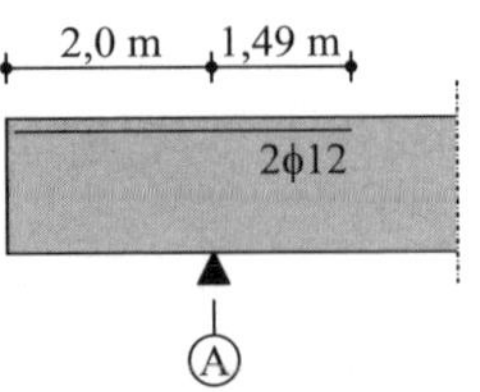

Lösung: **Aufgabe 6.4:**

$M_{Stütze} = -(g+q)\cdot l^2/2 = -(24{,}4 + 2{,}0 + 0{,}8\cdot 10)\ \text{kN/m}\cdot(2{,}0\ \text{m})^2/2$ — Geg. $\psi_{2,i} = 0{,}8$

$M_{Stütze} = -68{,}8\ \text{kNm}$

$M_{Feld} = M_{Stütze} + (g+q)\cdot l^2/8$

$M_{Feld} = -68{,}8\ \text{kNm} + (26{,}4 + 0{,}8\cdot 10)\ \text{kN/m}\cdot(10{,}0\ \text{m})^2/8$

$M_{Feld} = 361{,}2\ \text{kNm}$

$$x = d\cdot\left(\sqrt{\alpha_e\rho_l(2+\alpha_e\rho_l)} - \alpha_e\rho_l\right)$$

[21] Kap. 10, Tab. 10.2

$E_s = 200.000\ \text{MN/m}^2$ — EC2-1-1, 3.2.7(4)

$E_{cm} = 34.000\ \text{MN/m}^2$ — EC2-1-1, Tab. 3.1

$\alpha_e = E_s/E_c = 200.000/34.000 = 5{,}88$

$A_{sl} = 4\cdot\pi\cdot 2{,}0^2/4 + [(2{,}0 - 0{,}5)\ \text{m}/0{,}15\ \text{m}]\cdot\pi\cdot 1{,}2^2/4 = 23{,}9\ \text{cm}^2$

$\rho = A_s/[b_w\cdot d] = 23{,}9\ \text{cm}^2/[2\cdot 25\cdot 115\ \text{cm}^2] = 0{,}42\ \%$

Vgl. Aufgabe 6.2b sowie Aufgabenstellung

$$x = 115\ \text{cm}\cdot\left(\sqrt{5{,}88\cdot 0{,}042\cdot(2+5{,}88\cdot 0{,}042)} - 5{,}88\cdot 0{,}042\right)$$

$x = 57{,}3\ \text{cm}$

$z = d - x/3 = 115\ \text{cm} - 57{,}3\ \text{cm}/3 = 95{,}9\ \text{cm}$

$$\text{vorh. }\sigma_{s,perm} = \frac{M_{Ed,perm}}{A_s\cdot z} = \frac{361{,}2\ \text{kNm}}{23{,}9\ \text{cm}^2\cdot 0{,}959\ \text{m}}\cdot 10 = 157{,}6\ \text{N/mm}^2$$

Exakte Ermittlung von σ_s nach EC2-1-1, Tabelle 7.2DE Index a:

$$\sigma_S = \sqrt{w_k\frac{3{,}48\cdot 10^6}{\phi_s^*}}$$

mit:

$\phi_s = [4\cdot 20\ \text{mm} + 10\cdot 12\ \text{mm}]/14 = 14{,}29\ \text{mm}$

$\phi_s^* = \phi_s\cdot 2{,}9/f_{ct,eff} = 14{,}29\ \text{mm}\cdot 2{,}9/3{,}2 = 12{,}95\ \text{mm}$ — EC2-1-1, Gl. 7.6DE

$$\text{zul. }\sigma_S = \sqrt{w_k\frac{3{,}48\cdot 10^6}{\phi_s^*}} = \sqrt{0{,}2\cdot\frac{3{,}48\cdot 10^6}{12{,}95}} = 232\ \text{N/mm}^2$$

$f_{ct,eff} = f_{ctm}$ nach EC2-1-1, NCI zu 7.3.2(2)

zul. $\sigma_s = 232$ N/mm² > vorh. $\sigma_s = 157{,}6$ N/mm²

Die vorhandene Biegebewehrung ($4\phi20 + 10\phi12$) ist ausreichend, um eine Rissbreite von $w_k = 0{,}2$ mm zu gewährleisten.

Ermittlung des Rissabstandes:

$$s_{r,max} \leq \frac{\sigma_s \cdot \phi}{3{,}6 \cdot f_{ct,eff}} = \frac{157{,}6\ \text{N/mm}^2 \cdot 14{,}29\ \text{mm}}{3{,}6 \cdot 3{,}2\ \text{N/mm}^2} = 19{,}5\ \text{cm}$$

Der rechn. Rissabstand $s_{r,max}$ beträgt 19,5 cm.

Lösung: **Aufgabe 6.5:**
Gegeben ist: $N_{Ed} = 700$ kN (Belastungsreserve)

Bemessungsmoment nach DAfStb Heft 240 [4]:

$$M_{Ed} = \frac{N_{Ed} \cdot b_y}{8} \cdot \left(1 - \frac{c_y}{b_y}\right) = \frac{700\ \text{kN} \cdot 1\ \text{m}}{8} \cdot \left(1 - \frac{0{,}3}{1}\right) = 61{,}3\ \text{kNm}$$

[4] Kap. 2.5, Gl. 2.9

[4] Kap. 2.5, Tafel 2.9

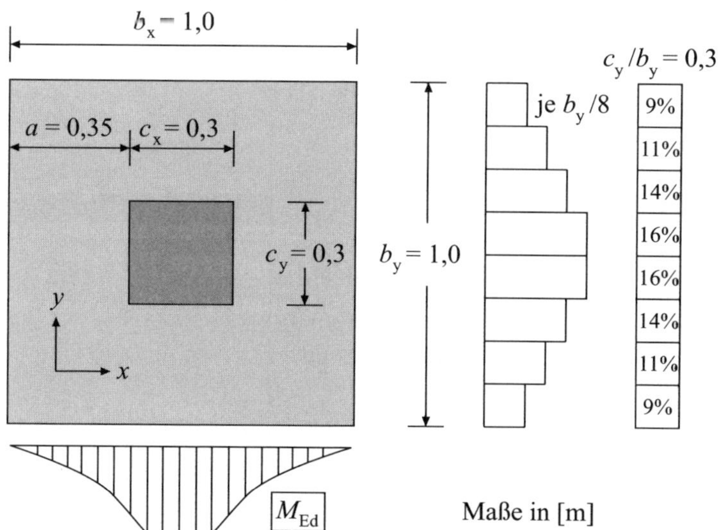

Bild 6-5: *Biegebemessung Fundament*

Biegebemessung:

Geg.: C30/37

$$\mu_{Eds} = \frac{M_{Ed}}{b \cdot d^2 \cdot f_{cd}} = \frac{0{,}0613\ \text{MNm}}{1{,}0\ \text{m} \cdot (0{,}45\ \text{m})^2 \cdot 17\ \text{MN/m}^2} = 0{,}018$$

[1] Kap. 5, Tafel 2a

$\omega = 0{,}012$

erf. $A_s = \omega \cdot b \cdot d \cdot f_{cd}/f_{yd} = 0{,}018 \cdot (1{,}0 \cdot 0{,}45 \cdot 17)$ MN/435 MN/m²
erf. $A_s = 3{,}17$ cm²

Verteilung in den Streifen:
$a_{s1} = a_{s8} = 0{,}09 \cdot 3{,}17$ cm² $= 0{,}29$ cm²
$a_{s2} = a_{s7} = 0{,}11 \cdot 3{,}17$ cm² $= 0{,}35$ cm²
$a_{s3} = a_{s6} = 0{,}14 \cdot 3{,}17$ cm² $= 0{,}44$ cm²
$a_{s4} = a_{s5} = 0{,}16 \cdot 3{,}17$ cm² $= 0{,}51$ cm²

Mindestbewehrung: | EC2-1-1, NDP zu 9.2.1.1 (1)

$f_{ctm} = 2{,}9$ MN/m² | EC2-1-1, Tab. 3.1
$W = 1{,}0 \text{ m} \cdot (0{,}5 \text{ m})^2/6 = 0{,}042 \text{ m}^3$
$M_{cr} = 2{,}9 \text{ MN/m}^2 \cdot 0{,}042 \text{ m}^3 \cdot 10^3 = 121{,}8$ kNm
$z = 0{,}9 \cdot 0{,}45 \text{ m} = 0{,}405$ m

$A_{s,min} = M_{cr}/[z \cdot f_{yk}] = 121{,}8 \text{ kNm}/[0{,}405 \text{ m} \cdot 50 \text{ kN/cm}^2]$
$A_{s,min} = 6{,}0 \text{ cm}^2 > 3{,}17 \text{ cm}^2 \rightarrow$ Mindestbewehrung maßgebend

Es wird eine Mindestbewehrung von ϕ12-10 cm eingelegt.

Durchstanznachweis:
Schlankheit: $\lambda = a_\lambda/d_m = 0{,}35 \text{ m}/0{,}45 \text{ m} = 0{,}78 < 2{,}0$ | EC2-1-1, NCI zu 6.4.4(2)

Die Bestimmung von a_{crit} (Bild 6-6) erfolgt iterativ mit Hilfe eines Tabellenkalkulationsprogrammes (Bild 6-7) und wird nachfolgend an der maßgebenden Stelle $a_{crit} = 0{,}16$ m gezeigt.

EC2-1-1, Bild NA.6.21.1

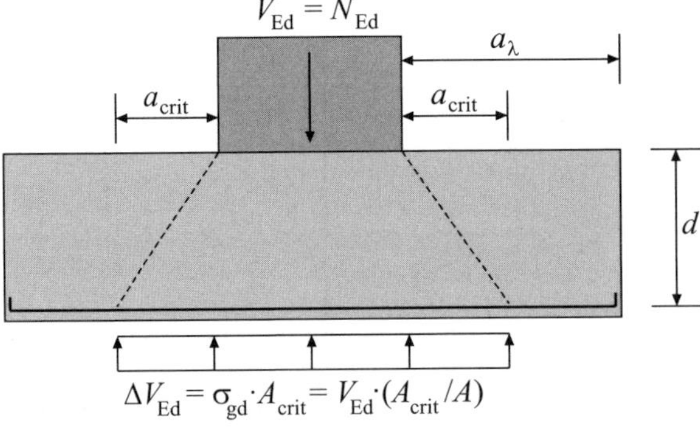

***Bild 6-6:** Durchstanzen eines Einzelfundamentes*

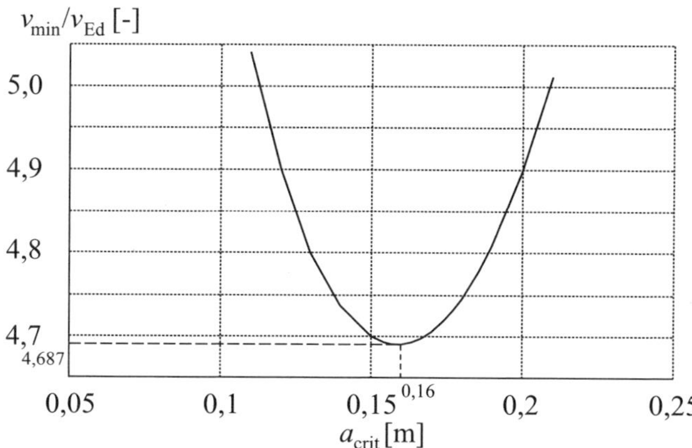

Bild 6-7: *Iterative Berechnung des kritischen Rundschnitts*

Vorhandene Durchstanzlast:

$a_{crit} = 0{,}16$ m

$u_1 = 2 \cdot (c_x + c_y) + 2 \cdot \pi \cdot a_{crit} = 2 \cdot (0{,}3\text{ m} + 0{,}3\text{ m}) + 2 \cdot \pi \cdot 0{,}16\text{ m}$ — EC2-1-1, NCI zu 6.4.2(2)

$u_1 = 2{,}205$ m

$A_{crit} = c_x \cdot c_y + 2 \cdot a_{crit} \cdot (c_x + c_y) + \pi \cdot a^2_{crit} = 0{,}362\text{ m}^2$

$V_{Ed,red} = V_{Ed} \cdot [1 - A_{crit}/A] = 0{,}7\text{ MN} \cdot [1 - 0{,}362/(1 \cdot 1)] = 0{,}446\text{ MN}$ — EC2-1-1, Gl. 6.48 bzw. [14]

$v_{Ed} = \beta \cdot V_{Ed,red}/[u_1 \cdot d_m]$ — EC2-1-1, Gl. 6.49 und NCI zu 6.4.4(2)

$v_{Ed} = 1{,}1 \cdot 0{,}446\text{ MN}/[2{,}205\text{ m} \cdot 0{,}45\text{ m}] = 0{,}495\text{ MN/m}^2$

Aufnahmbare Durchstanzlast ohne Durchstanzbewehrung:

$v_{Rd,c} = C_{Rd,c} \cdot k \cdot (100 \cdot \rho_l \cdot f_{ck})^{1/3} \cdot (2 \cdot d_m/a_{crit})$ — EC2-1-1, Gl. 6.50

mit:

$C_{Rd,c} = 0{,}15/\gamma_c = 0{,}15/1{,}5 = 0{,}1$ — EC2-1-1, NCI zu 6.4.4(2)

$k = 1 + [200/d_m]^{0,5} = 1 + [200/450]^{0,5} = 1{,}667$

$\rho_l = 11{,}3\text{ cm}^2/[100\text{ cm} \cdot 45\text{ cm}] = 0{,}00251$

$f_{ck} = 30\text{ MN/m}^2$

$v_{Rd,c} = 0{,}1 \cdot 1{,}667 \cdot (100 \cdot 0{,}00251 \cdot 30\text{ MN/m}^2)^{1/3} \cdot (2 \cdot 0{,}45\text{ m}/0{,}16\text{ m})$

$v_{Rd,c} = 1{,}838\text{ MN/m}^2$

$v_{min} = (\kappa_1/\gamma_c) \cdot k^{3/2} \cdot f_{ck}^{1/2} \cdot (2 \cdot d_m/a_{crit})$ — EC2-1-1, Gl. 6.50 und Gl. 6.3aDE

mit:

$\kappa_1 = 0{,}0525$ (für $d_m \leq 0{,}6$ m)

$v_{min} = (0{,}0525/1{,}5)\cdot 1{,}667^{3/2}\cdot[30\ \text{MN/m}^2]^{1/2}\cdot(2\cdot 0{,}45\ \text{m}/0{,}16\ \text{m})$

$v_{min} = 2{,}320\ \text{MN/m}^2 > v_{Rd,c} \rightarrow v_{min}$ ist maßgebend

Nachweis im maßgebenden kritischen Rundschnitt:
$v_{Ed} = 0{,}495\ \text{MN/m}^2 < v_{min} = 2{,}320\ \text{MN/m}^2$

$a_{crit} = 0{,}16$ m

Es ist keine Durchstanzbewehrung notwendig.

Ergänzung zu Bild 6-7:
$v_{min}/v_{Ed} = 2{,}32\ \text{MN/m}^2 / 0{,}495\ \text{MN/m}^2 = 4{,}687$

Beispiel 7: Rissbreitennachweise für eine Stahlbetonstützwand

Gegeben ist eine Widerlagerwand einer Brücke aus Stahlbeton (C35/45 und B500B mit einem E-Modul E_s = 200.000 N/mm²). Die Stützwand hat eine Höhe von $h_1 = 4{,}0$ m ab Oberkante Bodenplatte. Ihre Dicke beträgt $h = 30$ cm. Die statische Nutzhöhe kann zu d = 25 cm angenommen werden. Im Bauzustand wird die Wand lediglich durch ihre Eigenlast g_{k1} und Erddruck e_k belastet.

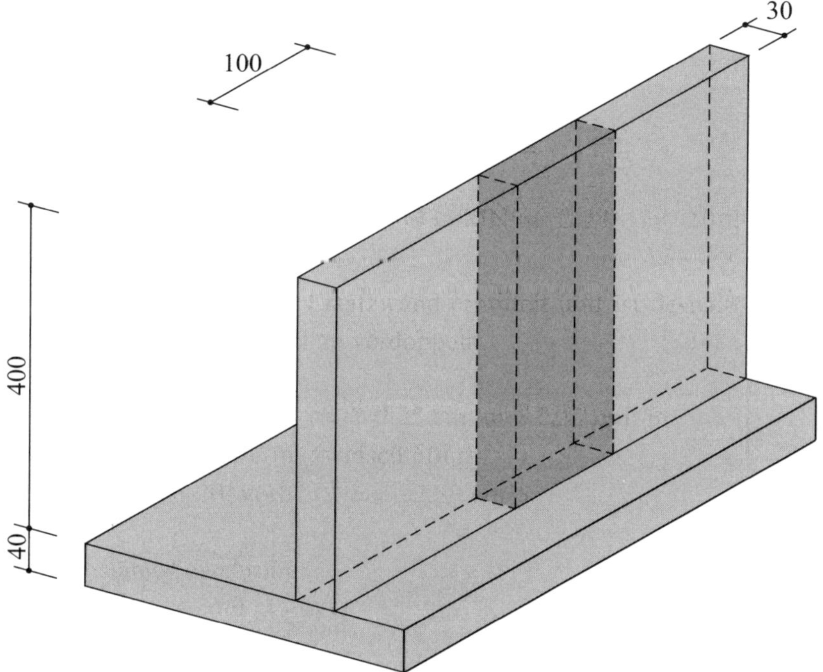

***Bild** 7-1: System*

Aufgabe 7.1:

Die dargestellte Widerlagerwand wird auf das bereits erhärtete Fundament betoniert. Ermitteln Sie für die Stahlbetonwand die Mindestbewehrung zur Begrenzung der Erstrissbreite auf zul. w_k = 0,2 mm infolge zentrischen Zwangs aus abfließender Hydratationswärme. Gehen Sie dabei davon aus, dass die Rissbildung innerhalb der ersten 3 Tage stattfindet und somit die maximale Betonzugfestigkeit $f_{ct,eff} = 0{,}5 \cdot f_{ctm}$ beträgt. Als Bewehrung sind Stäbe ϕ = 14 mm vorgesehen.

Aufgabe 7.2:

Führen Sie für die dargestellte Widerlagerwand im Bauzustand (auf der sicheren Seite liegend soll lediglich der Erddruck e_k wirken) den Nachweis zur Begrenzung der Rissbreite infolge Lastbeanspruchung an der Einspannstelle. Ermitteln Sie dazu zuerst das Moment infolge der *quasi-ständigen Einwirkungskombination* und $\psi_2 = 0{,}6$. Gehen Sie von einer Bewehrung von ϕ12-10 und zul. $w_k = 0{,}2$ mm aus.

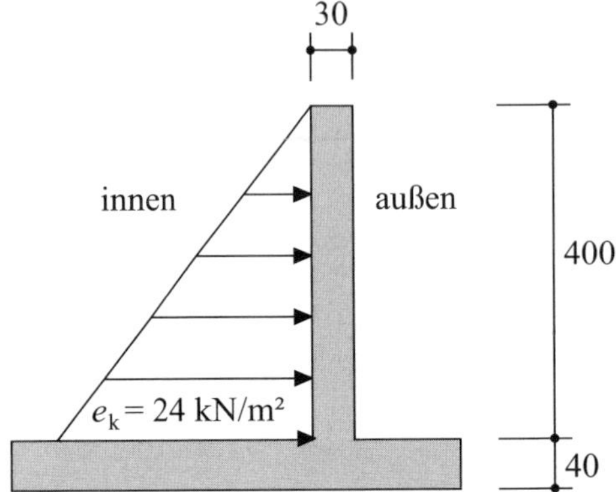

Bild 7-2: *Statisches System*

Aufgabe 7.3:

Fertigen Sie exemplarisch eine Bewehrungsskizze an, aus der ersichtlich ist, welche Bewehrung infolge Zwangs- (Aufgabe 7.1) bzw. Lastbeanspruchung (Aufgabe 7.2) anzuordnen ist.

Lösung: **Aufgabe 7.1:**	
Abfließende Hydratationswärme →: Zeitpunkt der Erstrissbildung und Betonzugfestigkeit kann näher vorhergesagt werden.	Geg.: t = 3 Tage
C35/45 → $f_{ct,eff} = f_{ctm} \cdot 0{,}5 = 3{,}2\ \text{MN/m}^2 \cdot 0{,}5 = 1{,}60\ \text{MN/m}^2$	EC2-1-1, Tab. 3.1 und EC2-1-1, NCI zu 7.3.2(2)
$k_1 = 2h^*/3h$ (für eine Zugnormalkraft)	EC2-1-1, 7.3.2(2)
mit:	
$h^* = h$ für $h < 1{,}0$ m	
$k_c = 0{,}4 \cdot \left[1 + \dfrac{\sigma_c}{k_1 \cdot f_{ct,eff}}\right] \leq 1$	EC2-1-1, Gl. 7.2
mit:	
$\sigma_c = f_{ct,eff}$	EC2-1-1, NCI zu 7.3.2(2)

$$k_c = 0{,}4 \cdot \left[1 + \frac{f_{ct,eff}}{2/3 \cdot f_{ct,eff}}\right] = 1{,}0$$

$k = 0{,}8 \cdot 1{,}0 = 0{,}8$ — EC2-1-1, 7.3.2(2) und NCI zu 7.3.2(2)

$A_{ct} = 0{,}3\ \text{m} \cdot 1{,}00\ \text{m} = 0{,}30\ \text{m}^2/\text{m}$ — Fläche der Betonzugzone

Da $f_{ct,eff}$ = 1,60 MN/m² ≠ 2,9 MN/m² ist, muss der Bewehrungsstabdurchmesser modifiziert werden.

$$\frac{\phi_s}{\phi_s^*} = \frac{k_c \cdot k \cdot h_{cr}}{8(h-d)} \cdot \frac{f_{ct,eff}}{2{,}9} = \frac{1 \cdot 0{,}8 \cdot 0{,}3 \cdot 1{,}6}{8(0{,}3-0{,}25) \cdot 2{,}9} = 0{,}33 \geq \frac{f_{ct,eff}}{2{,}9} = 0{,}55$$

EC2-1-1, Gl. 7.7DE und [10]

→: $\phi_s^* = 14\ \text{mm}/0{,}55 = 25{,}5\ \text{mm}$ — Geg.: $\phi_s = 14$ mm

Ermittlung von σ_s mittels EC2-1-1, Tabelle 7.2DE: — EC2-1-1, Tab. 7.2DE

$\sigma_s \approx 166\ \text{N/mm}^2$

Exakte Ermittlung von σ_s nach EC2-1-1, Tabelle 7.2DE Index a:

$$\sigma_s = \sqrt{w_k \frac{3{,}48 \cdot 10^6}{\phi_s^*}} = \sqrt{0{,}2 \cdot \frac{3{,}48 \cdot 10^6}{25{,}5}} = 165{,}2\,\text{MN/m}^2$$

Mindestbewehrung zur Begrenzung der Rissbreite: — EC2-1-1, Gl. 7.1

$a_{s,min} = k_c \cdot k \cdot f_{ct,eff} \cdot A_{ct}/\sigma_s$

$a_{s,min} = 1{,}0 \cdot 0{,}8 \cdot 1{,}60\ \text{MN/m}^2 \cdot 0{,}3\ \text{m}^2/\text{m} \cdot 10^4/[165{,}2\ \text{MN/m}^2]$

$a_{s,min} = 23{,}4\ \text{cm}^2/\text{m}$

gewählt: 2 × ϕ14-13 = 23,7 cm²/m

Es werden ϕ14 alle 13 cm innen und außen als horizontale (waagerechte) Bewehrung angeordnet.

Lösung: **Aufgabe 7.2:**

$M_{Ed,perm} = -(1/6) \cdot 0{,}6 \cdot 24{,}0\ \text{kN/m} \cdot (4{,}0\ \text{m})^2 = -38{,}4\ \text{kNm}$ — [1] Kap. 4, 1.1.7

$x = d \cdot (\sqrt{\alpha_e \cdot \rho_l \cdot (2 + \alpha_e \cdot \rho_l)} - \alpha_e \cdot \rho_l)$ — [21] Kap. 10, Tab.10.2

$\alpha_e = E_s/E_c = 200.000/34.000 = 5{,}88$

mit:

$E_s = 200.000\ \text{MN/m}^2$ — EC2-1-1, 3.2.7(4)

E_c = 34.000 MN/m² — EC2-1-1, Tab. 3.1

$\rho_l = A_{sl}/[b \cdot d]$ = 11,3 cm²/(100·25) cm² = 0,452 % — Geg.: ϕ12-10

$$x = 25 \cdot \left(\sqrt{5{,}88 \cdot 0{,}0045 \cdot (2 + 5{,}88 \cdot 0{,}0045)} - 5{,}88 \cdot 0{,}0045\right)$$

x = 5,13 cm

$z = d - x/3$ = 25,0 cm - 5,12 cm/3 = 23,29 cm

Nachweis auf Gebrauchslastniveau

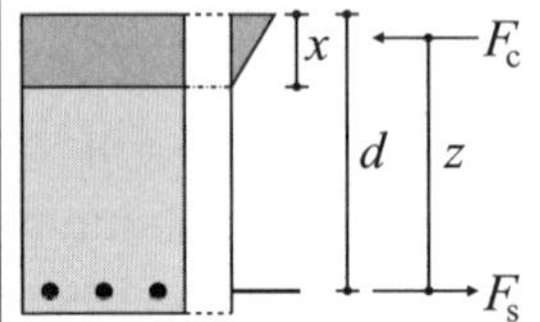

$$\text{vorh.}\,\sigma_{s,perm} = \frac{M_{Ed,perm}}{A_s \cdot z} = \frac{38{,}4\,\text{kNm/m}}{11{,}3\,\text{cm}^2/\text{m} \cdot 0{,}233\,\text{m}} \cdot 10 = 146\ \text{N/mm}^2$$

$\phi_s^* = \phi_s \cdot 2{,}9/f_{ct,eff}$ = 12 mm·2,9/3,2 = 11,6 mm

Geg.: ϕ_s = 12 mm
$f_{ct,eff} = f_{ctm}$ nach EC2-1-1, NCI zu 7.3.2(2)

Ermittlung von σ_s mittels EC2-1-1, Tabelle 7.2DE:
zul. $\sigma_s \approx$ 245 N/mm²

Exakte Ermittlung von σ_s nach EC2-1-1, Tabelle 7.2DE Index a:

$$\sigma_s = \sqrt{w_k \frac{3{,}48 \cdot 10^6}{\phi_s^*}} = \sqrt{0{,}2 \cdot \frac{3{,}48 \cdot 10^6}{11{,}6}}$$

zul. σ_s = 245 N/mm²

zul. σ_s = 245 N/mm² > vorh. σ_s = 146 N/mm² für w_k = 0,2 mm

ϕ12-10 sind ausreichend, um eine Rissbreite von w_k = 0,2 mm zu gewährleisten

Lösung: **Aufgabe 7.3:**

Die Bewehrungsskizze zu Aufgabe 7.3 kann der folgenden Seite entnommen werden.

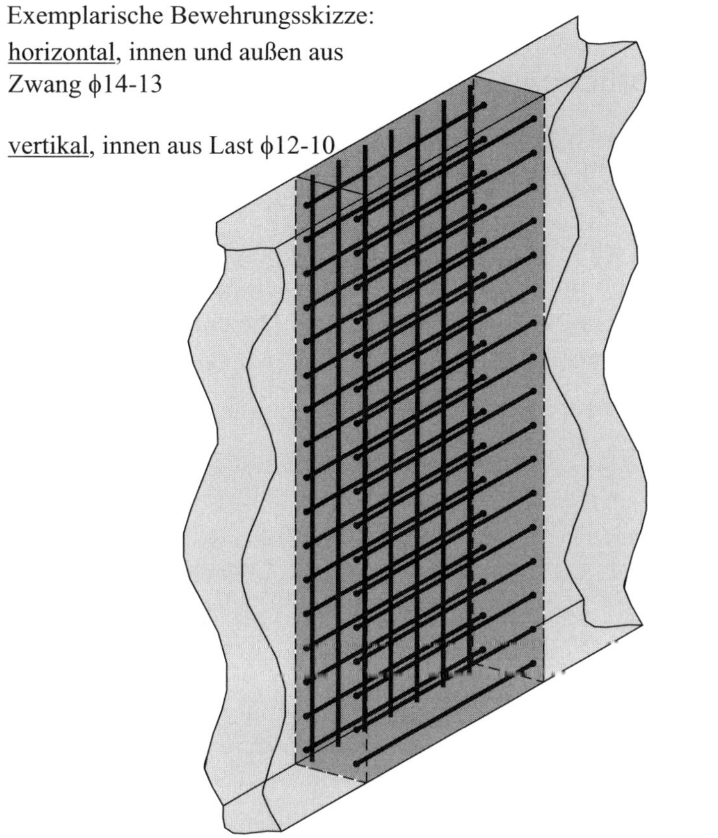

Bild 7-3: *Exemplarische Anordnung der Bewehrung für einen ausgesuchten Wandabschnitt*

Beispiel 8: Hohlkastenbrücke in Mischbauweise

Die dargestellte 2-feldrige Hohlkastenbrücke aus C40/50 ist durch interne Spannglieder in der Boden- und Fahrbahnplatte zentrisch und durch externe Spannglieder polygonal vorgespannt. Die interne Vorspannung im nachträglichen Verbund P_{int} besteht aus 12 Litzen mit je 21 cm². Die externen Spannglieder sollen eine Querschnittsfläche von 21 cm² je Spannglied haben. Die Spannkraftverluste infolge Schwinden, Kriechen und Relaxation betragen für alle Spannglieder 15 %.

Es soll für alle Lastfälle: $\gamma_P = r_{inf} = r_{sup} = 1{,}0$ gelten.

Längssystem:

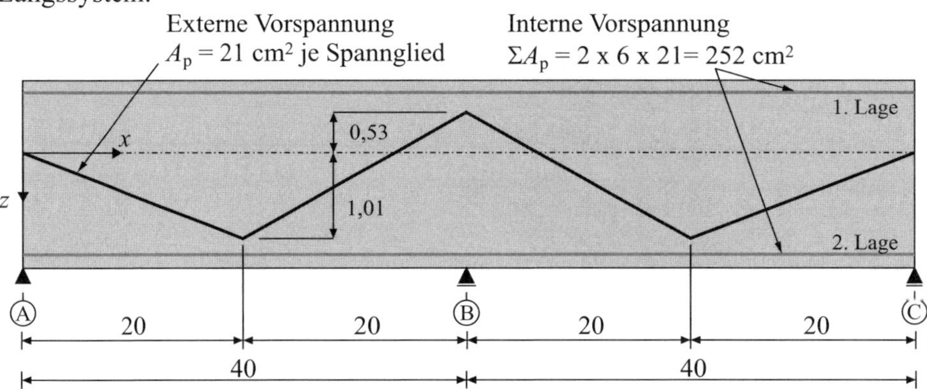

Bild 8-1: *System*

Querschnitt:

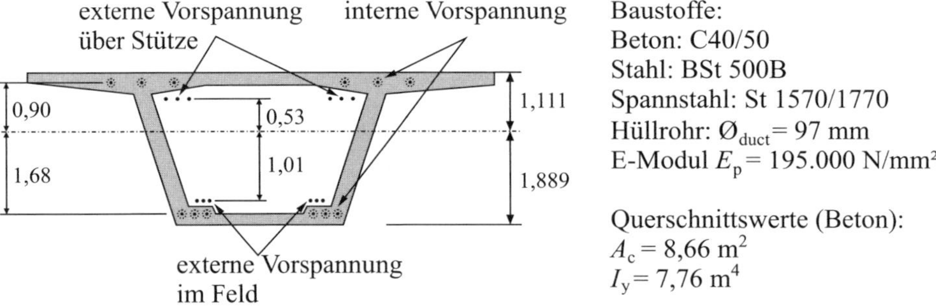

Baustoffe:
Beton: C40/50
Stahl: BSt 500B
Spannstahl: St 1570/1770
Hüllrohr: $Ø_{duct}$= 97 mm
E-Modul E_p= 195.000 N/mm²

Querschnittswerte (Beton):
$A_c = 8{,}66$ m²
$I_y = 7{,}76$ m⁴

Bild 8-2: *Querschnitt (mit externen Spanngliedern im Stütz- und Feldbereich)*

Momente aus äußeren Lasten im Endzustand:

Feldmoment:	M_{gk} = 24,4 MNm	Stützmoment:	M_{gk} = -49,00 MNm
(x = 20 m)	M_{Qk} = 6,50 MNm	(x = 40 m)	M_{Qk} = -3,01 MNm
	M_{qk} = 5,72 MNm		M_{qk} = -7,75 MNm

Aufgabe 8.1:

Bestimmen Sie die vertikalen Umlenkkräfte aus der externen Vorspannung und berechnen Sie die Momente im Feld (x = 20 m) und über der Stütze (x = 40 m) in Abhängigkeit von P_{ext}. Zeichnen Sie am Zweifeldträger alle Lasten aus der externen Vorspannung, welche auf das Bauwerk wirken, an und stellen Sie die Momentenlinie grafisch dar.

Aufgabe 8.2:

Bestimmen Sie die Momente aus interner Vorspannung im Feld und über der Stütze getrennt für die obere und untere Lage der Spannglieder und skizzieren Sie den Momentverlauf $M_{p,ges}$ getrennt für beide Lagen. Verwenden Sie dazu sowohl für die obere Lage eine Einheitslast P_{int1} = 1 MN als auch für die untere Lage P_{int2} = 1 MN. Geben Sie sowohl die Gesamtmomente als auch die statisch bestimmten und unbestimmten Anteile an.

Aufgabe 8.3:

Legen Sie die externe Vorspannung so aus, dass weder über der Stütze noch im Feld Zugspannungen unter den quasi-ständigen Lasten (ψ = 0,2) im Endzustand $t \rightarrow \infty$ auftreten. Berücksichtigen Sie dabei die vorhandene interne Vorspannung. Geben Sie die Anzahl der erforderlichen externen Spannglieder an. Die Biegemomente aus äußeren Lasten sind zuvor angegeben. Die Spannung in den Spanngliedern zum Zeitpunkt t = 0 beträgt: σ_{pm0} = 1275 N/mm^2.

Aufgabe 8.4:

Führen Sie eine Biegebemessung im Bereich der Stütze durch. Dabei ist der Spannungszuwachs in den externen (P_{ext}) als auch den unteren internen Spanngliedern (P_{int2}) zu vernachlässigen. Die Betondeckung beträgt $c_{nom,bü}$ = 5 cm, als Bügel sind ϕ_w = 12 mm und als Längsbewehrung ϕ = 20 mm vorhanden. Die Momente aus äußeren Lasten sind angegeben. Als mitwirkende Gesamtbreite der Druckzone verwenden Sie b_{eff} = 3,30 m. Die Bodenplatte ist im Stützbereich auf h = 0,9 m verstärkt.

Aufgabe 8.5:

Der Anspannplan sieht vor, dass zuerst die oberen exzentrisch geführten Spannglieder (P_{int1}) und dann die unteren exzentrisch geführten Spannglieder (P_{int2}) angespannt werden. Welche Überspannung müssen die Spannglieder P_{int1} erfahren, damit nach dem Spannen von P_{int2} alle internen Spannglieder eine Spannung von $\sigma_{pm0} = 0{,}85 \cdot f_{p0,1k}$ = 1275 MN/m^2 aufweisen? Berücksichtigen Sie nur den Normalkraftanteil. Stellen Sie das Spannen mit einer Skizze dar.

Lösung: **Aufgabe 8.1:**

Lasten aus externer Vorspannung P_{ext}:

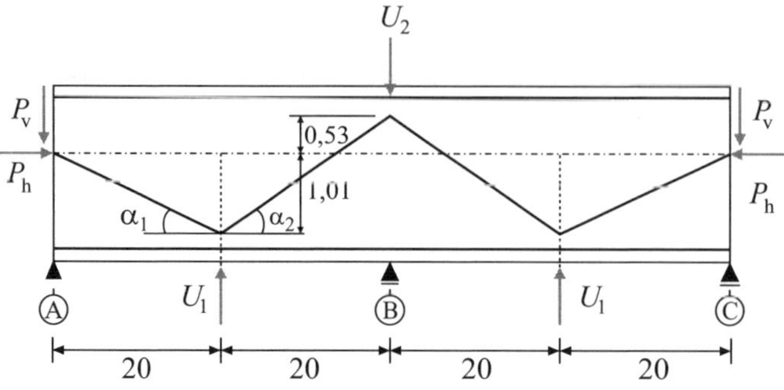

Bild 8-3: *Lasten infolge* P_{ext}

$\sin\alpha_1 = 1{,}01/20 = 0{,}0505$
$\sin\alpha_2 = (0{,}53+1{,}01)/20 = 0{,}077$

$U_1 = P_{ext}\cdot(0{,}0505 + 0{,}077) = 0{,}1275\cdot P_{ext}$
$U_2 = P_{ext}\cdot(0{,}077 + 0{,}077) = 0{,}154\cdot P_{ext}$

Feldmoment (x = 20 m): [1] Kap. 4, 1.4.1
$M_{F,p,ext} = -0{,}156\cdot U_1\cdot l = -0{,}156\cdot 0{,}1275\cdot P_{ext}\cdot 40\text{ m} = -0{,}796\cdot P_{ext}$
Stützmoment (x = 40 m):
$M_{S,p,ext} = 0{,}188\cdot U_1\cdot l = 0{,}188\cdot 0{,}1275\cdot P_{ext}\cdot 40\text{ m} = 0{,}959\cdot P_{ext}$

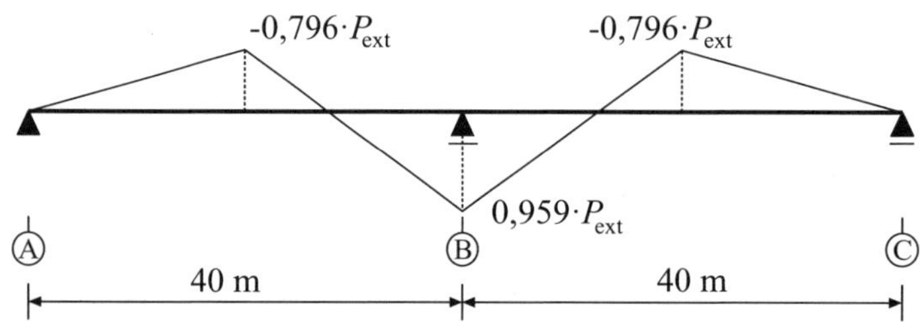

Bild 8-4: *Momentenverlauf infolge* P_{ext}

Lösung: **Aufgabe 8.2:**

exzentrische Vorspannung oben ($P_{int,1}$):
M_{Rand} aus oberer exzentrischer Vorspannung $P_{int,1}$:
$M_{Rand} = 0{,}9\text{ m}\cdot P_{int,1} = 0{,}9\cdot P_{int,1}$

Momente über der Stützung (x = 40 m) [1] Kap. 4, 1.4.5
$M_{p,ges} = -0{,}5\cdot 0{,}9\cdot P_{int,1} = -0{,}45\cdot P_{int,1} = M_{p,dir} + M_{p,ind}$

$M_{p,dir} = 0{,}9 \cdot P_{int,1}$
$M_{p,ind} = M_{p,ges} - M_{p,dir} = -0{,}45 \cdot P_{int1} - 0{,}9 \cdot P_{int1} = -1{,}35 \cdot P_{int1}$

Momente im Feld ($x = 20$ m)
$M_{p,ges} = [0{,}9 \cdot P_{int1} + 0{,}45 \cdot P_{int1}]/2 - 0{,}45 \cdot P_{int1} = 0{,}225 \cdot P_{int1}$
$M_{p,dir} = 0{,}9 \cdot P_{int1}$
$M_{p,ind} = M_{p,ges} - M_{p,dir} = 0{,}225 \cdot P_{int1} - 0{,}9 \cdot P_{int1} = -0{,}675 \cdot P_{int1}$

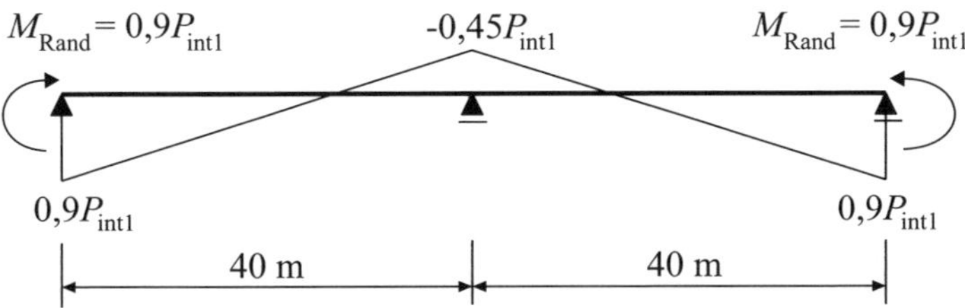

Bild 8-5: *Momentenverlauf $M_{p,ges}$ infolge P_{int1}*

exzentrische Vorspannung unten (P_{int2}):
M_{Rand} aus unterer exzentrischer Vorspannung P_{int2}:
$M_{Rand} = -1{,}68\ \text{m} \cdot P_{int2} = -1{,}68 \cdot P_{int2}$

Momente über der Stützung ($x = 40$ m) [1] Kap. 4, 1.4.5
$M_{p,ges} = -0{,}5 \cdot (-1{,}68) \cdot P_{int2} = 0{,}84 \cdot P_{int2} = M_{p,dir} + M_{p,ind}$
$M_{p,dir} = -1{,}68 \cdot P_{int2}$
$M_{p,ind} = M_{p,ges} - M_{p,dir} = 0{,}84 \cdot P_{int2} - (-1{,}68) \cdot P_{int2} = 2{,}52 \cdot P_{int2}$

Momente im Feld ($x = 20$ m)
$M_{p,ges} = [1{,}68 \cdot P_{int2} + 0{,}84 \cdot P_{int2}]/2 - 1{,}68 \cdot P_{int2} = -0{,}42 \cdot P_{int2}$
$M_{p,dir} = -1{,}68 \cdot P_{int2}$
$M_{p,ind} = M_{p,ges} - M_{p,dir} = -0{,}42 \cdot P_{int2} - (-1{,}68) \cdot P_{int2} = 1{,}26 \cdot P_{int2}$

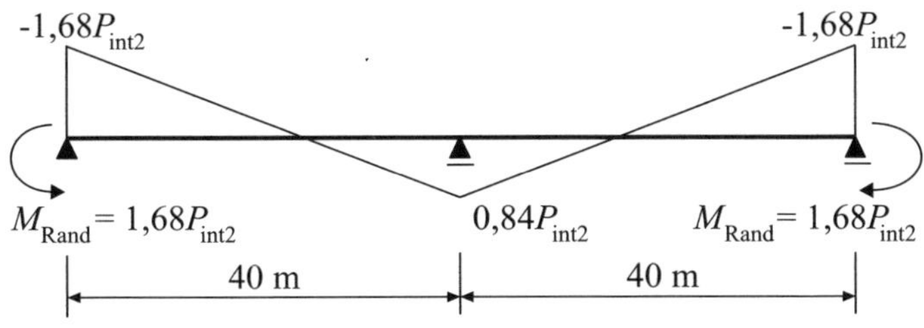

Bild 8-6: *Momentenverlauf $M_{p,ges}$ infolge P_{int2}*

Lösung: **Aufgabe 8.3:**

Moment aus äußeren Lasten
im Feld ($x = 20$ m):
$M_{\text{quasi-ständig}} = [24{,}4 + 0{,}2\cdot(6{,}5 + 5{,}72)]$ MNm $= 26{,}84$ MNm

Geg.: $\psi = 0{,}2$

über der Stützung ($x = 40$ m):
$M_{\text{quasi-ständig}} = [-49{,}0 + 0{,}2\cdot(-3{,}01 - 7{,}75)]$ MNm $= -51{,}15$ MNm

Externe Vorspannung zum Zeitpunkt $t = \infty$:
Normalkraft:
$P_{\text{m}\infty,\text{ext}} = 0{,}85\cdot P_{\text{m0,ext}}$

Geg.: 15 % Verluste aus K+S+R

Moment in Feldmitte ($x = 20$ m):
$M_{\text{p,ext}} = -0{,}796\cdot 0{,}85\cdot P_{\text{m0,ext}} = -0{,}677\cdot P_{\text{m0,ext}}$

Moment über der Stütze ($x = 40$ m):
$M_{\text{p,ext}} = 0{,}959\cdot 0{,}85\cdot P_{\text{m0,ext}} = 0{,}815\cdot P_{\text{m0,ext}}$

Interne Vorspannung (je 6 Spannglieder oben und unten) zum Zeitpunkt $t = \infty$:
Normalkraft:
$P_{\text{int1}} = 6\cdot 0{,}85\cdot 127{,}5\ \text{kN/cm}^2\cdot 21\ \text{cm}^2\cdot 10^{-3} = 13{,}66$ MN
$P_{\text{int2}} = 6\cdot 0{,}85\cdot 127{,}5\ \text{kN/cm}^2\cdot 21\ \text{cm}^2\cdot 10^{-3} = 13{,}66$ MN

Geg.: 12 Spannglieder mit je $A_\text{p} = 21\ \text{cm}^2$

Geg.: 15 % Verluste aus K+S+R

Moment in Feldmitte ($x = 20$ m):
$M_{\text{p,int1}} = 0{,}225\cdot P_{\text{int1}} = 3{,}07$ MNm
$M_{\text{p,int2}} = -0{,}42\cdot P_{\text{int2}} = -5{,}74$ MNm

Moment über der Stütze ($x = 40$ m):
$M_{\text{p,int1}} = -0{,}45\cdot P_{\text{int1}} = -6{,}15$ MNm
$M_{\text{p,int2}} = 0{,}84\cdot P_{\text{int2}} = 11{,}47$ MNm

Widerstandsmomente:
$W_{\text{oben}} = I_\text{c}/z_\text{o} = 7{,}76\ \text{m}^4/[-1{,}111\ \text{m}] = -6{,}99\ \text{m}^3$
$W_{\text{unten}} = I_\text{c}/z_\text{u} = 7{,}76\ \text{m}^4/[1{,}889\ \text{m}] = 4{,}11\ \text{m}^3$

Geg.: I_c, z_o, z_u

Nachweis im Feld:

$$\frac{P_{\text{int1}} + P_{\text{int2}} + P_{\text{m0,ext}}}{A_\text{c}} + \frac{M_{\text{quasi}}}{W_\text{u}} + \frac{M_{\text{p,int1}} + M_{\text{p,int2}} + M_{\text{p,ext}}}{W_\text{u}} < 0$$

$$\frac{-27{,}32 - 0{,}85\cdot P_{\text{m0,ext}}}{8{,}66} + \frac{26{,}84}{4{,}11} + \frac{3{,}07 - 5{,}74 - 0{,}677\cdot P_{\text{m0,ext}}}{4{,}11} < 0$$

$-3{,}155 - 0{,}098\cdot P_{\text{m0,ext}} + 6{,}530 - 0{,}650 - 0{,}165\cdot P_{\text{m0,ext}} < 0$

$2{,}725 - 0{,}263\cdot P_{\text{m0,ext}} < 0$

$P_{m0,ext} > 10{,}361$ MN

$$n = \frac{P_{m0,ext}}{\sigma_{pm0} \cdot A_p} = \frac{10.361\,\text{kN}}{127{,}5\,\text{kN/cm}^2 \cdot 21\,\text{cm}^2} = 3{,}87$$

Nachweis über der Stütze:

$$\frac{P_{int1} + P_{int2} + P_{m0,ext}}{A_c} + \frac{M_{quasi}}{W_o} + \frac{M_{p,int1} + M_{p,int2} + M_{p,ext}}{W_o} < 0$$

$$\frac{-27{,}32 - 0{,}85 \cdot P_{m0,ext}}{8{,}66} + \frac{-51{,}15 - 6{,}15 + 11{,}47 + 0{,}815 \cdot P_{m0,ext}}{-6{,}99} < 0$$

$-3{,}155 - 0{,}098 \cdot P_{m0,ext} + 7{,}318 - 0{,}761 - 0{,}117 \cdot P_{m0,ext} < 0$

$3{,}402 - 0{,}215 \cdot P_{m0,ext} < 0$

$P_{m0,ext} > 15{,}823$ MN

$$n = \frac{P_{m0,ext}}{\sigma_{pm0} \cdot A_p} = \frac{15.823\,\text{kN}}{127{,}5\,\text{kN/cm}^2 \cdot 21\,\text{cm}^2} = 5{,}91$$

Es werden 6 externe Spannglieder.

Lösung: **Aufgabe 8.4:**

Externe Vorspannung zum Zeitpunkt $t = \infty$:
$P_{ext}^{SLS} = 6 \cdot 21\ \text{cm}^2 \cdot 0{,}85 \cdot 127{,}5\ \text{kN/cm}^2 \cdot 10^{-3} = 13{,}66$ MN
$M_{p,ext}^{SLS}$ ($x = 40$ m) $= 0{,}959$ m$\cdot 13{,}66$ MN $= 13{,}10$ MNm

6 externe Spannglieder

Interne Vorspannung (je 6 Spannglieder oben und unten) zum Zeitpunkt $t = \infty$:
$P_{int1} = 6 \cdot 0{,}85 \cdot 127{,}5\ \text{kN/cm}^2 \cdot 21\ \text{cm}^2 = 13{,}66$ MN
$M_{p,int1}(x = 40\ \text{m}) = -0{,}45 \cdot P_{int1} = -6{,}147$ MNm

$P_{int2} = 6 \cdot 0{,}85 \cdot 127{,}5\ \text{kN/cm}^2 \cdot 21\ \text{cm}^2 = 13{,}66$ MN
$M_{p,int2}(x = 40\ \text{m}) = 0{,}84 \cdot P_{int2} = 11{,}47$ MNm

Die Biegebemessung erfolgt, indem die externe und interne Vorspannung als äußere Lasten angesetzt werden. Die externe und untere interne Vorspannung (P_{ext} und P_{int2}) im SLS (Spannungszuwächse werden vereinfachend vernachlässigt), die interne obere Vorspannung (P_{int1}) im ULS (der Spannungszuwachs bei $M_{p,dir}$ wird berücksichtigt).

[20] Kap. 8.2.1.2

Annahme: Der obere, interne Spannstahl fließt.
$P_{int1}^{ULS} = 1500/1{,}15 \cdot 6 \cdot 21 \cdot 10^{-4} = 16{,}44$ MN

Im ULS: $f_{pd} = f_{p0,1k}/\gamma_S$
EC2-1-1, Bild 3.10
und EC2-1-1, 3.3.6(6)

$P_{int2}^{SLS} = 13{,}66$ MN

Vgl. Aufgabe 8.3

$M_{p,int1}^{ULS} = M_{p,int1,dir} + M_{p,int1,ind}$
$M_{p,int1,dir} = P_{int1}^{ULS} \cdot z_p = (-16{,}44 \text{ MN}) \cdot (-0{,}9 \text{ m}) = 14{,}80$ MNm
$M_{p,int1,ind} = -1{,}35 \cdot 13{,}66 \text{ MNm} = -18{,}44$ MNm

Vgl. Aufgabe 8.2 mit P_{int1} = 13,66 MN nach Aufgabe 8.3

$M_{p,int,1}^{ULS} = 14{,}80 \text{ MNm} - 18{,}44 \text{ MNm} = -3{,}64$ MNm

$M_{p,int,2}^{SLS} = 0{,}84 \cdot P_{int,2}^{SLS} = 0{,}84 \text{ m} \cdot 13{,}66 \text{ MN} = 11{,}47$ MNm

gegeben:
$M_{g,k}(x = 40 \text{ m}) = -49{,}0$ MNm
$M_{q,k}(x = 40 \text{ m}) = -[7{,}75 \text{ MNm} + 3{,}01 \text{ MNm}] = -10{,}76$ MNm

$\rightarrow$: $M_{Ed,g+q} = [-1{,}35 \cdot 49{,}0 - 1{,}5 \cdot 10{,}76] \text{ MNm} = -82{,}29$ MNm

Bemessungsmoment:
$M_{Ed} = M_{Ed,g+q} + M_{p,int1}^{ULS} + M_{p,ext}^{SLS} + M_{p.int2}^{SLS}$
$M_{Ed} = [-82{,}29 - 3{,}64 + 13{,}1 + 11{,}47] \text{ MNm} = -61{,}36$ MNm

Bemessungsmoment bezogen auf die Stahllage:
$z_s = z_o - c_{nom,bü} - \phi_w - \phi/2 = [1{,}11 - 0{,}05 - 0{,}012 - 0{,}02/2] \text{ m} \approx 1{,}04$ m

Geg.: ϕ_w, ϕ, $c_{nom,bü}$

$M_{Eds} = M_{Ed} + (P_{int2}^{SLS} + P_{ext}^{SLS} + P_{int1}^{ULS}) \cdot z_s$
$M_{Eds} = |-52{,}63| \text{ MNm} + (13{,}66 + 13{,}66 + 16{,}44) \text{ MN} \cdot 1{,}04$ m
$M_{Eds} = 106{,}9$ MNm

Statische Höhe:
$d = h - c_{nom,bü} - \phi_w - \phi/2 = [3{,}0 - 0{,}05 - 0{,}012 - 0{,}02/2] \text{ m} \approx 2{,}93$ m

$$\mu = \frac{106{,}9 \text{ MNm}}{3{,}3 \text{ m} \cdot (2{,}93 \text{ m})^2 \cdot 0{,}85 \cdot 40 \text{ MN/m}^2 / 1{,}5} = 0{,}166$$

Geg.: C40/50, b_{eff}
[1] Kap. 5, Tafel 2a
EC2-1-1, Gl. 3.15 und NDP zu 3.1.6(1)

$\rightarrow \omega \approx 0{,}183$; $\varepsilon_{c2} = -3{,}5$ ‰; $\varepsilon_{s1} = 11{,}98$ ‰

Kontrolle der Druckzonenhöhe:
$x \approx \xi \cdot d = 0{,}226 \cdot 293 \text{ cm} = 66{,}2 \text{ cm} < h = 90$ cm
Nulllinie in der Bodenplatte, Bemessungstafel anwendbar.

Erforderliche Betonstahlbewehrung:

$N_{Ed} = P_{int2}^{SLS} + P_{ext}^{SLS} + P_{int1}^{ULS}$

$N_{Ed} = [13,66 + 13,66 + 16,44]$ MN = 43,76 MN

$A_s = (1/435 \text{ MN/m}^2)\cdot[0,183\cdot 3,3\cdot 2,93\cdot 0,85\cdot 40/1,5 - 43,76]$ MN

$A_s = (1/435 \text{ MN/m}^2)\cdot[40,1 - 43,76] \text{ MN}\cdot 10^4 < 0$

Es ist keine Betonstahlbewehrung nötig.

Kontrolle der Spannstahldehnungen $\varepsilon_{p,int1}$ im ULS:

Vordehnung:

$\varepsilon_{p,int1}^{(0)} = 13,66/[195.000\cdot 6\cdot 21\cdot 10^{-4}] = 5,56$ ‰

$\Delta\varepsilon_{p,int1}/[90 + 122,7] = \varepsilon_{c2}/66,2$

$\Delta\varepsilon_{p,int1} = 11,25$ ‰

$\varepsilon_p^{ULS} = \Delta\varepsilon_{p,int1} + \varepsilon_p^{(0)} = 11,25 + 5,56 = 16,81$ ‰ $> \varepsilon_{p,y} = 6,7$ ‰

→: Spannstahl fließt, Annahme korrekt.

Kontrolle der Spannstahldehnungen $\varepsilon_{p,int2}$:

$\Delta\varepsilon_{p,int2}/[66,2 - 21] = \varepsilon_{c2}/66,2$

$\Delta\varepsilon_{p,int2} = -2,39$ ‰

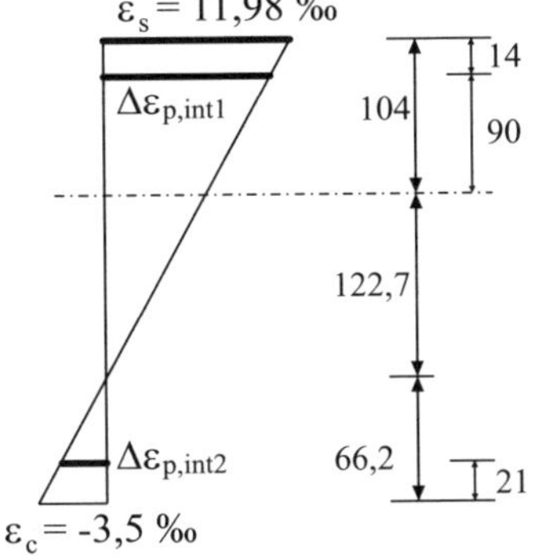

***Bild 8-7:** Dehnungsverlauf*

$P_{int2} = 2,39\cdot 6\cdot 21 \text{ cm}^2\cdot 195.000 \text{ N/mm}^2\cdot 10^{-4} = 5.872 \text{ kN} \approx 5,9$ MN

$P_{int2} = 5,9 \text{ MN} < 13,66$ MN (getroffene Annahme)

Ansatz für P_{int2} nicht korrekt, die Berechnung wird mit $P_{int2} = 5,9$ MN wiederholt.

$M_{p,int2}^{SLS} = 0{,}84 \cdot P_{int2}^{SLS} = 0{,}84 \cdot 5{,}9 \text{ MN} = 4{,}96 \text{ MNm}$

Bemessungsmoment:
$M_{Ed} = M_{Ed,g+q} + M_{p,int1}^{ULS} + M_{p,ext}^{SLS} + M_{p.int2}^{SLS}$

$M_{Ed} = [-82{,}29 - 3{,}64 + 13{,}1 + 4{,}96] \text{ MNm} = -67{,}87 \text{ MNm}$

Bemessungsmoment bezogen auf die Stahllage:
$M_{Eds} = M_{Ed} + (P_{int2}^{SLS} + P_{ext}^{SLS} + P_{int1}^{ULS}) \cdot z_s$

$M_{Eds} = |-59{,}14 \text{ MNm}| + (5{,}9 + 13{,}66 + 16{,}44) \cdot 1{,}04 \text{ MNm}$

$M_{Eds} = 105{,}3 \text{ MNm}$

$$\mu = \frac{105{,}3 \text{ MNm}}{3{,}3 \text{ m} \cdot (2{,}93 \text{ m})^2 \cdot 0{,}85 \cdot 40 \text{ MN/m}^2 / 1{,}5} = 0{,}164$$

Geg.: C40/50, b_{eff}
[1] Kap. 5, Tafel 2a
EC2-1-1, Gl. 3.15 und NDP zu 3.1.6(1)

$\rightarrow \omega \approx 0{,}181;\ \varepsilon_{c2} = -3{,}5\ ‰;\ \varepsilon_{s1} = 12{,}2\ ‰$

→ Kontrolle der Druckzonenhöhe
$x \approx \xi \cdot d = 0{,}223 \cdot 293 \text{ cm} = 65{,}3 \text{ cm} < h = 90 \text{ cm}$
Nulllinie in der Bodenplatte, das Anwenden der Bemessungstafel ist zulässig.

Kontrolle der Spannstahldehnungen $\varepsilon_{p,int2}$:
$\Delta\varepsilon_{p,int2}/[65{,}3 - 21] = \varepsilon_{c2}/65{,}3$
$\Delta\varepsilon_{p,int2} = -2{,}37\ ‰ \approx -2{,}4\ ‰$
Die Dehnung entspricht der getroffenen Annahme.

Kontrolle der Spannstahldehnungen $\varepsilon_{p,int1}$ im ULS:
Vordehnung:
$\varepsilon_{p,int1}^{(0)} = 13{,}66/[195000 \cdot 6 \cdot 21 \cdot 10^{-4}] = 5{,}56\ ‰$
$\Delta\varepsilon_{p,int1}/[90 + 123{,}6] = \varepsilon_{c2}/65{,}3$
$\Delta\varepsilon_{p,int1} = 11{,}45\ ‰$

$\varepsilon_p^{ULS} = \Delta\varepsilon_{p,int1} + \varepsilon_p^{(0)} = 11{,}45 + 5{,}56 = 17{,}01\ ‰ > \varepsilon_{p,y} = 6{,}7\ ‰$

→: Spannstahl fließt, Annahme korrekt.

Kontrolle der Dehnungen im internen oberen Spannglied (P_{int1}):
$\varepsilon_p^{(0)} + 25\,‰ = 30{,}6\,‰ \leq 0{,}9\cdot\varepsilon_{uk} = 0{,}9\cdot 35\,‰ = 31{,}5\,‰$

EC2-1-1, NDP zu 3.3.6(7) und [9]

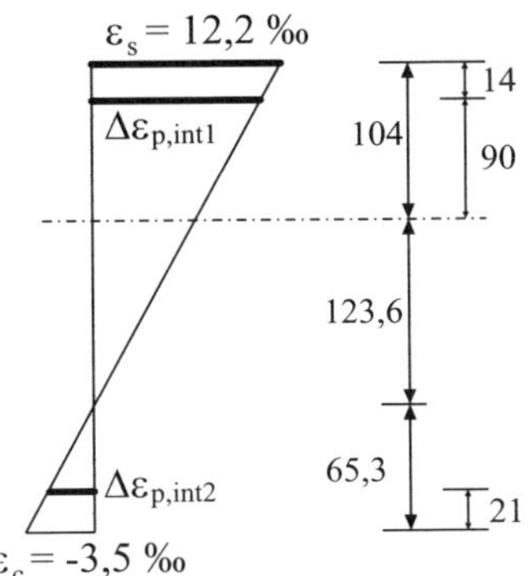

Bild 8-8: *Dehnungsverlauf*

Erforderliche Betonstahlbewehrung:
$N_{Ed} = P_{int2}^{SLS} + P_{ext}^{SLS} + P_{int1}^{ULS}$
$N_{Ed} = [5{,}9 + 13{,}66 + 16{,}44]\ \text{MN} = 36{,}0\ \text{MN}$

$A_s = (1/435\ \text{MN/m}^2)\cdot[0{,}181\cdot 3{,}3\cdot 2{,}93\cdot 0{,}85\cdot 40/1{,}5 - 36{,}0]\ \text{MN}$
$A_s = (1/435\ \text{MN/m}^2)\cdot[39{,}67 - 36{,}0]\ \text{MN}\cdot 10^4 = 84{,}4\ \text{cm}^2$

Es werden ϕ20-12 gewählt. Damit ist $A_{s,vorh} = 86{,}4\ \text{cm}^2$.

Lösung: **Aufgabe 8.5:**

[20] Kap. 4.8.1

$P_{int2} = P_{m0,2} = 0{,}85\cdot 6\cdot 127{,}5\ \text{kN/cm}^2\cdot 21\ \text{cm}^2\cdot 10^{-3} = 13{,}66\ \text{MN}$

Betonstauchung beim Anspannen der Spannglieder $P_{int,2}$:

$$\Delta l_{c,2} = \frac{P_{int2}\cdot l}{E_c\cdot A_c} = \frac{13{,}66\ \text{MN}\cdot 40\ \text{m}}{35.000\ \text{MN/m}^2\cdot 8{,}66\ \text{m}^2}\cdot 10^3 = 1{,}80\ \text{mm}$$

$$\Delta l_{c,2} = \Delta l_{p,2} = \Delta\varepsilon_{c,p}\cdot l$$

$$\Delta P_{1,2} = \Delta\varepsilon_{c,p}\cdot E_p\cdot A_p = \frac{\Delta l_{c2}}{l}\cdot E_p\cdot A_p$$

$$\Delta P_{1,2} = \frac{0{,}0018\ \text{m}}{40\ \text{m}}\cdot 195.000\ \text{MN/m}^2\cdot 6\cdot 21\ \text{cm}^2\cdot 10^{-4} = 0{,}11\ \text{MN}$$

P_{int1} muss mit insgesamt 0,11 MN überspannt werden, damit am Ende des Spannvorgangs alle Spannglieder eine Vorspannkraft von $P_{m0} = 0{,}85\cdot f_{p0,1k}\cdot\Sigma A_p$ aufweisen.

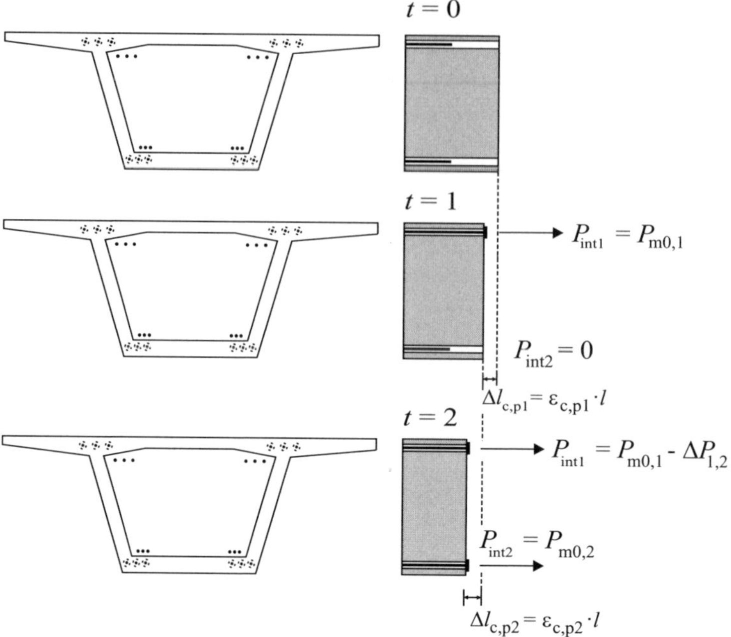

Bild 8-9: *Spannkräfte bei mehreren Strängen*

Beispiel 9: Spannbettbinder

Gegeben sei der dargestellte Spannbettbinder im sofortigen Verbund aus C35/45. Der Träger hat eine Länge von l = 16,0 m und eine Gesamthöhe h = 70 cm. Die Betondeckung beträgt $c_{\text{nom,w}} = 2{,}0$ cm. Der Träger wurde mit Zement 32,5 R hergestellt und ist Außenluft (80 % Luftfeuchte) ausgesetzt. Die Querkraftbewehrung besteht aus Bü ϕ8. Als untere Betonstahlbewehrung sind 2ϕ20, als obere 4ϕ12 vorhanden. Die Spannlitzen (f_{pk} = 1770 MN/m²) laufen geradlinig. Ihr Schwerpunkt liegt 10 cm über der Trägerunterkante. Die Gesamtfläche des Spannstahles beträgt 7,4 cm².

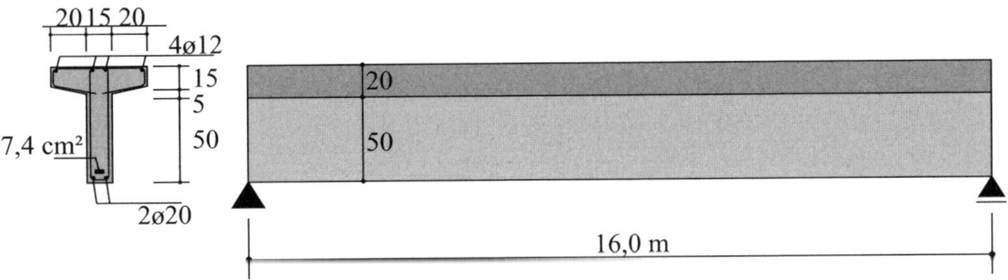

Bild 9-1: *System*

Aufgabe 9.1:

Ermitteln Sie die Bruttoquerschnittswerte ($A_{\text{c,br}}$, $z_{\text{c,br}}$, $z_{\text{p,br}}$, $z_{\text{s,br}}$, $W_{\text{c,br}}$) sowie die ideellen Querschnittswerte ($A_{\text{c,i}}$, $I_{\text{c,i}}$ und $W_{\text{c,i}}$) des Trägers. Gehen Sie von folgenden E-Modulen aus: E_{s} = 200.000 MN/m², E_{p} = 195.000 MN/m², E_{cm} = 34.000 MN/m²

Aufgabe 9.2:

Bestimmen Sie die zeitabhängigen Spannkraftverluste des Trägers in Feldmitte mittels ideeller Querschnittswerte. Der Träger wird durch seine Eigenlast g_{k1} = 4,4 kN/m, eine Aufbaulast g_{k2} = 7,0 kN/m und eine veränderliche Last q_{k} = 3,0 kN/m belastet. Die Verankerung der Spannlitzen wird nach 3 Tagen gelöst. Ermitteln Sie die Kriechzahl $\varphi(\infty$, 3 Tage) und das Schwindmaß $\varepsilon_{\text{cs}\infty}$. Der Beiwert der quasi-ständigen EWK ist $\psi_2 = 0$. Es ist $r_{\text{inf}} = r_{\text{sup}} = 1{,}0$. Reibungsverluste sind zu vernachlässigen.

Lösung: **Aufgabe 9.1:**

Bruttoquerschnittswerte

$A_{\text{c,br}} = (0{,}55 \cdot 0{,}15 + 2 \cdot 0{,}5 \cdot 0{,}2 \cdot 0{,}05 + 0{,}55 \cdot 0{,}15)\ \text{m}^2 = 0{,}175\ \text{m}^2$

$$z_{\text{c,br,o}} = \frac{\sum A_{\text{i}} \cdot z_{\text{i}}}{\sum A_{\text{i}}}$$

Tab. 9-1: Bestimmung des Schwerpunktes

Teil	z_i [cm]	A_i [cm²]	$A_i \cdot z_i$ [cm³]
1	7,5	825	6187,5
2	15 + 2,02	175	2978,5
3	20 + 25	750	33.750
		1750	42.916

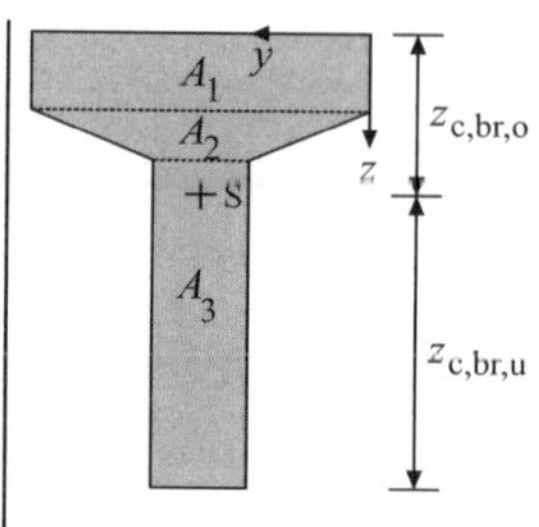

$z_{c,br,o} = 42.916\ cm^3/1750\ cm^2 = 24,52\ cm$

$z_{c,br,u} = h - z_{c,br,o} = 70\ cm - 24,52\ cm = 45,48\ cm$

Tab. 9-2: Bestimmung des Flächenträgheitsmomentes

Teil	I_i [cm⁴]	A_i [cm²]	z_i^2 [cm²]	$A \cdot z_i^2$ [cm⁴]
1	15.468,75	825	$(17,02)^2$	238.986,33
2	324,90	175	$(7,5)^2$	9.843,75
3	156.250	750	$(20,48)^2$	314.572,8
	172.043,65			563.402,88

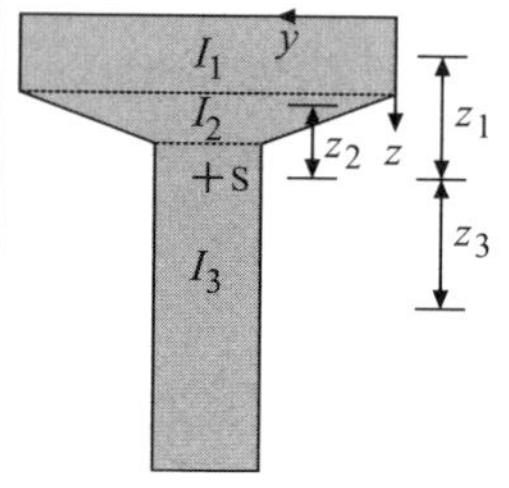

$I_{c,br} = (172.043,65 + 563.402,88)\ cm^4 = 735.446,53\ cm^4$

$W_{c,o,br} = -I_{c,br}/z_{c,br,o} = -735.447\ cm^4/24,52\ cm = -29.994\ cm^3$

$W_{c,u,br} = I_{c,br}/z_{c,br,u} = 735.447\ cm^4/45,48\ cm = 16.171\ cm^3$

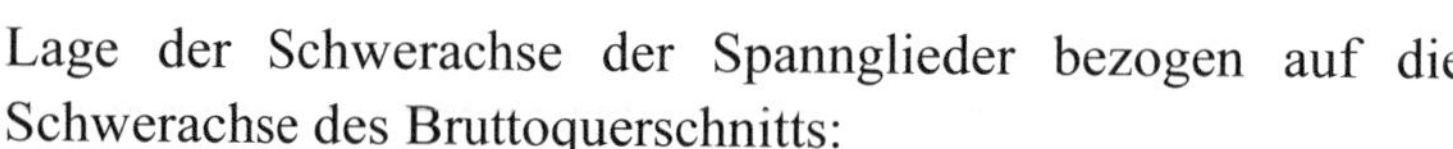

Lage der Schwerachse der Spannglieder bezogen auf die Schwerachse des Bruttoquerschnitts:

$z_{p,br} = z_{c,br,u} - d_{p1} = 45,48\ cm - 10\ cm = 35,48\ cm$

Geg.: $d_{p1} = 10$ cm

Lage der Schwerachse der unteren Betonstahlbewehrung bezogen auf die Schwerachse des Bruttoquerschnitts:

$z_{s,br,u} = z_{c,br,u} - [c_{nom,w} + \phi_w + \phi_s/2] = 45,48 - [2,0 + 0,8 + 1,0]$

$z_{s,br,u} = 41,68\ cm$

Geg.: $\phi_w = 8$ mm
Geg.: $\phi_s = 20$ mm

Lage der Schwerachse der oberen Betonstahlbewehrung bezogen auf die Schwerachse des Bruttoquerschnitts:

$z_{s,br,o} = z_{c,br,o} - [c_{nom,w} + \phi_w + \phi_s/2] = 24,52 - [2,0 + 0,8 + 0,6]$

$z_{s,br,o} = 21,12\ cm$

Geg.: $\phi_w = 8$ mm
Geg.: $\phi_s = 12$ mm

Ideelle Querschnittswerte

[21] Kap. 2.3.3.3

$(\alpha_e - 1) = 200.000/34.000 - 1 = 5,88 - 1 = 4,88$

$(\alpha_p - 1) = 195.000/34.000 - 1 = 5,74 - 1 = 4,74$

$A_{c,i} = A_{c,br} + (\alpha_p - 1) \cdot \Sigma A_p + (\alpha_e - 1) \cdot \Sigma A_s$

$A_{c,i} = 1750 \text{ cm}^2 + 4{,}74 \cdot 7{,}4 \text{ cm}^2 + 4{,}88 \cdot (4 \cdot 1{,}13 + 2 \cdot 3{,}14) \text{ cm}^2$

$A_{c,i} = 1837{,}8 \text{ cm}^2$

Abstand zw. ideeller und Bruttoschwerachse

$\Delta z_i = 1/A_{ci} \cdot [(\alpha_p - 1) \cdot \Sigma A_p \cdot z_{p,br} + (\alpha_e - 1) \cdot \Sigma A_s \cdot z_{s,br}]$

mit:

$(\alpha_p - 1) \cdot \Sigma A_p \cdot z_{p,br} = 4{,}74 \cdot 7{,}4 \text{ cm}^2 \cdot 35{,}48 \text{ cm} = 1244{,}50 \text{ cm}^3$

$(\alpha_e - 1) \cdot \Sigma A_s \cdot z_{s,br,o} = 4{,}88 \cdot 4{,}52 \text{ cm}^2 \cdot (-21{,}12 \text{ cm}) = -465{,}86 \text{ cm}^3$

$(\alpha_e - 1) \cdot \Sigma A_s \cdot z_{s,br,u} = 4{,}88 \cdot 6{,}28 \text{ cm}^2 \cdot 41{,}68 \text{ cm} = 1277{,}34 \text{ cm}^3$

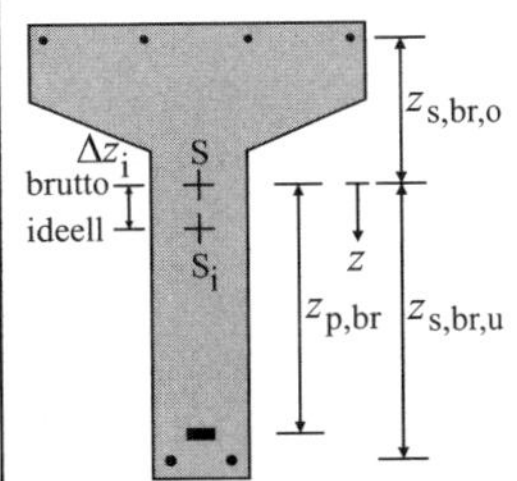

$\Delta z_i = [1244{,}5 - 465{,}86 + 1277{,}34] \text{ cm}^3 / [1837{,}8 \text{ cm}^2] = 1{,}12 \text{ cm}$

Lage der Schwerachse der Spannglieder bezogen auf die Schwerachse des ideellen Querschnitts

$z_{p,i} = z_{p,br} - \Delta z_i = [35{,}48 - 1{,}12] \text{ cm} = 34{,}36 \text{ cm}$

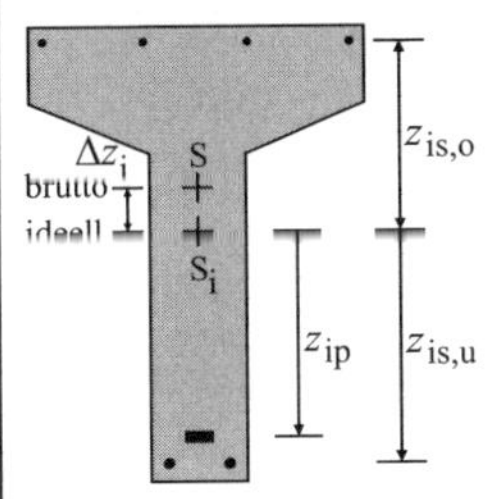

Lage der Schwerachse der unteren Betonstahlbewehrung bezogen auf die Schwerachse des ideellen Querschnitts

$z_{s,i,u} = z_{s,br,u} - \Delta z_i = [41{,}68 - 1{,}12] \text{ cm} = 40{,}56 \text{ cm}$

Lage der Schwerachse der oberen Betonstahlbewehrung bezogen auf die Schwerachse des ideellen Querschnitts

$z_{s,i,o} = z_{s,br,o} + \Delta z_i = [21{,}12 + 1{,}12] \text{ cm} = 22{,}24 \text{ cm}$

$I_{c,i} = I_{c,br} + A_c \cdot \Delta z_i^2 + (\alpha_p - 1) \cdot \Sigma(A_p \cdot z_{ip}^2) + (\alpha_e - 1) \cdot \Sigma(A_s \cdot z_{is}^2)$

mit:

$A_c \cdot \Delta z_i^2 = 1750 \text{ cm}^2 \cdot (1{,}12 \text{ cm})^2 = 2195{,}2 \text{ cm}^4$

$(\alpha_p - 1) \cdot \Sigma(A_p \cdot z_{ip}^2) = 4{,}74 \cdot 7{,}4 \text{ cm}^2 \cdot (34{,}36 \text{ cm})^2 = 41.411{,}06 \text{ cm}^4$

$(\alpha_e - 1) \cdot \Sigma(A_s \cdot z_{is,u}^2) = 4{,}88 \cdot 6{,}28 \text{ cm}^2 \cdot (40{,}56 \text{ cm})^2 = 50.416{,}81 \text{ cm}^4$

$(\alpha_e - 1) \cdot \Sigma(A_s \cdot z_{is,o}^2) = 4{,}88 \cdot 4{,}52 \text{ cm}^2 \cdot (22{,}24 \text{ cm})^2 = 10.910{,}08 \text{ cm}^4$

$I_{c,i} = I_{c,br} + [2195{,}2 + 41.411{,}06 + 10.910{,}08 + 50.416{,}81] \text{ cm}^4$

$I_{c,i} = 735.446{,}53 \text{ cm}^4 + 104.933{,}15 \text{ cm}^4 = 840.379{,}68 \text{ cm}^4$

$z_{c,i,u} = z_{c,br,u} - \Delta z_i = 45{,}48 \text{ cm} - 1{,}12 \text{ cm} = 44{,}36 \text{ cm}$

$z_{c,i,o} = z_{c,br,o} + \Delta z_i = 24{,}52 \text{ cm} + 1{,}12 \text{ cm} = 25{,}64 \text{ cm}$

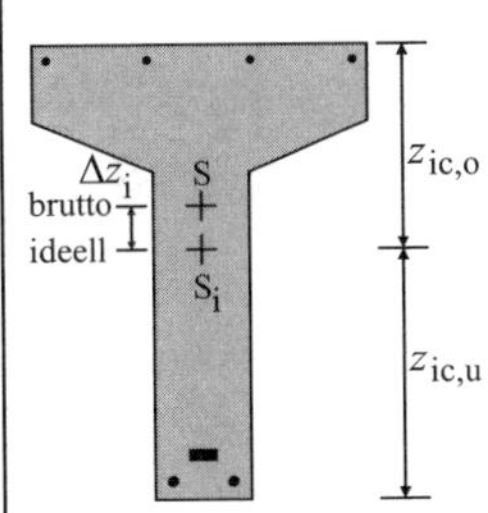

$W_{c,i,u} = I_{c,i}/z_{c,i,u} = 840.379{,}68 \text{ cm}^4/44{,}36 \text{ cm} = 18.944{,}54 \text{ cm}^3$

$W_{c,i,o} = -I_{c,i}/z_{c,i,o} = -840.379{,}68 \text{ cm}^4/25{,}64 \text{ cm} = -32.776{,}12 \text{ cm}^3$

Lösung: **Aufgabe 9.2:**

Ermittlung der Kriechzahl

$A_c = 1750 \text{ cm}^2$ — siehe Aufgabe 9.1

$u = [55 + 2 \cdot 15 + 2 \cdot (5^2 + 20^2)^{0,5} + 2 \cdot 50 + 15] \text{ cm} = 241{,}2 \text{ cm}$ — EC2-1-1, 3.1.4(5)

$h_0 = 2 \cdot A_c/u = 2 \cdot 1750 \text{ cm}^2/241{,}2 \text{ cm} = 14{,}5 \text{ cm}$

EC2-1-1, Bild 3.1

CEM 32,5 R → Klasse N

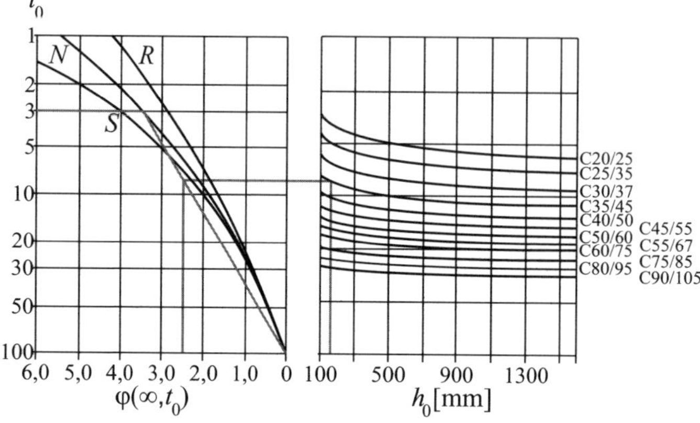

Außenluft, relative Luftfeuchte = 80 %

***Bild 9-2**: Ermittlung der Kriechzahl nach EC2-1-1, Bild 3.1*

$\varphi(\infty, t_0 = 3d) \approx 2{,}5$

Ermittlung der Gesamtschwinddehnung

$\varepsilon_{cs} = \varepsilon_{ca} + \varepsilon_{cd}$ — EC2-1-1, Gl. 3.8

mit:

$\varepsilon_{ca}(\infty) = 2{,}5 \cdot (f_{ck} - 10) \cdot 10^{-6} = 2{,}5 \cdot (35 - 10) \cdot 10^{-6} = 0{,}063 ‰$ — EC2-1-1, Gl. 3.12

$\varepsilon_{cd}(\infty) = k_h \cdot \varepsilon_{cd,0}$ — EC2-1-1, Gl. 3.9

mit:

$k_h = 0{,}933$ (interpoliert mit $h_0 = 145$ mm) — EC2-1-1, Tab. 3.3

$$\varepsilon_{cd,0} = 0{,}85\left[(220 + 110\alpha_{ds1}) \cdot e^{\left(-\alpha_{ds2}\frac{f_{cm}}{f_{cmo}}\right)}\right] \cdot 10^{-6} \cdot \beta_{RH}$$ EC2-1-1, Gl. (B.11)

mit:

$$\beta_{RH} = 1{,}55 \cdot \left[1 - \left(\frac{RH}{RH_0}\right)^3\right] = 1{,}55 \cdot \left[1 - \left(\frac{80}{100}\right)^3\right] = 0{,}7564$$ EC2-1-1, Gl. (B.12)

→:

$$\varepsilon_{cd,0} = 0{,}85\left[(220 + 110 \cdot 6) \cdot e^{\left(-0{,}11 \cdot \frac{35+8}{10}\right)}\right] \cdot 10^{-6} \cdot 0{,}7564 = 0{,}353 ‰$$

$\varepsilon_{cd}(\infty) = 0{,}933 \cdot 0{,}353\ ‰ = 0{,}329\ ‰$

$\rightarrow$:

$\varepsilon_{cs} = 0{,}063\ ‰ + 0{,}329\ ‰ = -0{,}392\ ‰$

Elastische Spannkraftverluste:

$P_{m0} = P_{max} - P_{m0} \cdot \alpha_{kl}$

mit:

$$\alpha_{kl} = \left(\alpha_p \cdot \frac{A_p}{A_{c,i}} \cdot \left[1 + \frac{A_{c,i} \cdot z_{p,i}^2}{I_{c,i}} \right] \right)$$

darin:

$A_p/A_{c,i} = 7{,}4\ \text{cm}^2/1837{,}8\ \text{cm}^2 = 4{,}03 \cdot 10^{-3}$

$$1 + \frac{A_{c,i} \cdot z_{p,i}^2}{I_{c,i}} = 1 + \frac{1837{,}8\ \text{cm}^2 \cdot (34{,}36\ \text{cm})^2}{840.379{,}68\ \text{cm}^4} = 3{,}582$$

$\alpha_p = E_p/E_{cm}(t)$

mit:

$$E_{cm}(t) = [f_{cm}(t) / f_{cm}]^{0,3} \cdot E_{cm} = [\beta_{cc}(t) \cdot f_{cm} / f_{cm}]^{0,3} \cdot E_{cm}$$

mit:

$$\beta_{cc}(t = 3d) = e^{0,25 \cdot \left[1 - \sqrt{28/3}\right]} = 0{,}598$$

$\rightarrow$:

$E_{cm}(t = 3d) = 0{,}598^{0,3} \cdot 34.000\ \text{MN/m}^2 = 29.140\ \text{MN/m}^2$

$\rightarrow$:

$\alpha_p = 195.000/29.140 = 6{,}69$

$\rightarrow$:

$P_{m0}/P_{max} = 1 - 6{,}69 \cdot 4{,}03 \cdot 10^{-3} \cdot 3{,}582 = 0{,}903$

Unter Ausnutzung von $\sigma_{p,max} = 1350\ \text{MN/m}^2$ im Spannbett ergibt sich $\sigma_{pm0,vorh} = 0{,}903 \cdot 1350 = 1219\ \text{MN/m}^2$ ($\Delta \approx 10\ \%$)

Spannungen $\sigma_{c,QP}$ im Betonquerschnitt:

a) Anfangswert der Betonspannung in Höhe der Spannglieder infolge Vorspannung $\sigma_{c,P}$

$W_{c,i,p} = I_{c,i}/z_{ip} = 840.379{,}68\ \text{cm}^4/34{,}36\ \text{cm} = 24.458{,}1\ \text{cm}^3$

$$\sigma_{c,P} = -P_{m0} \cdot \left[\frac{1}{A_{c,i}} + \frac{z_{ip}}{W_{c,i,p}} \right]$$

$P_{m0} = \sigma_{pm0,vorh} \cdot \Sigma A_p = 121{,}9\ \text{kN/cm}^2 \cdot 7{,}4\ \text{cm}^2 = 902{,}1\ \text{kN}$

EC2-1-1, 5.10.4(1) bzw. [20] Kap. 4.8

α_{kl} sog. Steifigkeitsparameter [20]

$A_{c,i}$, $z_{p,i}$ und I_{ci} aus Aufgabe 9.1

Lösen der Litzen nach 3 Tagen $\rightarrow$: $E_{cm}(t = 3)$

EC2-1-1, Gl. 3.5 und Gl. 3.1

EC2-1-1, Gl. 3.2 für CEM 32,5 R

I_{ci}, $z_{p,i}$: Aufgabe 9.1

$$\sigma_{c,P} = -0{,}902\,\text{MN}\cdot\left[\frac{1}{1.837{,}8}+\frac{34{,}36}{24.458{,}1}\right]\cdot\frac{10^4}{\text{cm}^2} = -17{,}58\ \text{MN/m}^2$$

b) Betonspannung in Höhe der Spanngliedlage unter der quasiständigen Einwirkungskombination $\sigma_{c,Q}$

$\sigma_{c,Q} = M_{Ed,perm}/W_{c,i,p}$
mit:
$M_{Ed,perm} = 1/8\cdot[(4{,}4 + 7{,}0)\ \text{kN/m}\cdot(16\ \text{m})^2 + 0] = 0{,}365\ \text{MNm}$
$\sigma_{c,Q} = 0{,}365\ \text{MNm}/[24.458{,}1\ \text{cm}^3\cdot10^{-6}] = 14{,}9\ \text{MN/m}^2$
$\rightarrow$:
$\sigma_{c,QP} = -17{,}58\ \text{MN/m}^2 + 14{,}9\ \text{MN/m}^2 = -2{,}68\ \text{MN/m}^2$

Geg.: $g_{k1} = 4{,}4$ kN/m
$g_{k2} = 7{,}0$ kN/m, $\psi_2 = 0$

Spannungsänderung im Spannstahl in Feldmitte infolge Relaxation ($\Delta\sigma_{pr}$):
Anmerkung: Relaxationsverluste der Spannstahlspannungen $\Delta\sigma_{pr}$ dürfen nach EC2-1-1, NCI zu 5.10.6(2) aus dem Verhältnis σ_p/f_{pk} bestimmt werden, wobei σ_p unter der quasiständigen EWK bestimmt wird.

σ_p = Spannung im Spannglied infolge Vorspannung und äußeren Einwirkungen, beachte $\psi_2 = 0$

$\sigma_p = \sigma_{pm0,vorh} + \alpha_p\cdot\sigma_{c,Q}$
$\sigma_p = 1219\ \text{MN/m}^2 + 5{,}74\cdot14{,}9\ \text{MN/m}^2 = 1304{,}5\ \text{MN/m}^2$

$\sigma_p/f_{pk} = 1304{,}5/1770 = 0{,}74$

Tab. 20-3: *Typische Rechenwerte für Spannkraftverluste*

Entnommen aus einer Zulassung des DIBt für Spannlitzen mit sehr niedriger Relaxation; vgl. auch EC2-1-1, 3.3.2(8)

σ_p/f_{pk}	Zeit nach dem Vorspannen	
	$5\cdot10^5$ [h]	10^6 [h]
0,60	2,5 [%]	2,8 [%]
0,65	4,5 [%]	5,0 [%]
0,70	6,5 [%]	7,0 [%]
0,75	9,0 [%]	10,0 [%]

$5\cdot10^5$ [h] entspricht ca. 57 Jahren und beschreibt den ungefähren Endwert der Relaxationsverluste.
Interpolation ergibt: 8,5 %
$\rightarrow$:
$\Delta\sigma_{pr} = 0{,}085\cdot1304{,}5\ \text{MN/m}^2 = -110{,}9\ \text{MN/m}^2$

Spannungen im Spannglied nach zeitabhängigen Verlusten:

$$\Delta\sigma_{p,c+s+r} = \frac{\varepsilon_{cs}(\infty,t_0)\cdot E_p + \alpha_p \cdot \varphi(\infty,t_0)\cdot \sigma_{c,QP} + 0{,}8\cdot\Delta\sigma_{pr}}{1+\alpha_p\cdot\frac{A_p}{A_{c,i}}\left[1+\frac{A_{c,i}}{I_{c,i}}\cdot z_{p,i}^2\right]\left(1+0{,}8\cdot\varphi(\infty,t_0)\right)}$$

EC2-1-1,Gl. 5.46

Gl. 5.46 stellt eine Näherung dar, die nur für <u>eine</u> Spanngliedlage <u>mit</u> Verbund gültig ist.

darin:

$\varepsilon_{cs}(\infty,t_0)\cdot E_p$ = -0,392 ‰ ·195.000 MN/m² = -76,4 MN/m²

$\alpha_p\cdot\varphi(\infty,t_0)\cdot\sigma_{c,QP}$ = 5,74·2,5·(-2,68 MN/m²) = -38,5 MN/m²

$0{,}8\cdot\Delta\sigma_{pr}$ = -88,7 MN/m²

vgl. [6]

$$1+\frac{A_{c,i}}{I_{c,i}}\cdot z_{p,i}^2 = 1+\frac{1837{,}8\ \text{cm}^2\cdot(34{,}36\ \text{cm})^2}{840.379{,}68\ \text{cm}^4} = 3{,}582$$

$\alpha_p\cdot A_p/A_{c,i}$ = 5,74·7,4 cm²/1837,8 cm² = 0,023

→:

$$\Delta\sigma_{p,c+s+r} = \frac{-(76{,}4+38{,}5+88{,}7)\ \text{MN/m}^2}{1+0{,}023\cdot 3{,}582\cdot(1+0{,}8\cdot 2{,}5)} = -163{,}3\ \text{MN/m}^2$$

→.

$$\frac{\Delta\sigma_{p,c+s+r}}{\sigma_p} = \frac{163{,}3\ \text{MN/m}^2}{1304{,}5\ \text{MN/m}^2} = 0{,}125$$

Die Verluste aus K+S+R betragen 12,5 %.

Beispiel 10: Vorgespannter Betonträger

Das Vordach eines Bürogebäudes besteht aus einseitig eingespannten Spannbetonträgern, zwischen die Glasscheiben aufgelegt werden (siehe Bild 10-1). Die Spanngliedführung ist parabolisch. Als Beton kommt ein C35/45 zum Einsatz, der Betonstahl ist B500B ($E_s = 200.000$ MN/m²), als Spannstahl wird St 1570/1770 ($E_p = 195.000$ MN/m², $f_{p0,1k} = 1500$ MN/m²) verwendet. Die Verluste der Vorspannkraft infolge Kriechen, Schwinden und Relaxation können zum Zeitpunkt $t = \infty$ zu 17 % angenommen werden. Es gilt vereinfachend für alle Lastfälle $\gamma_P = r_{inf} = r_{sup} = 1{,}0$.

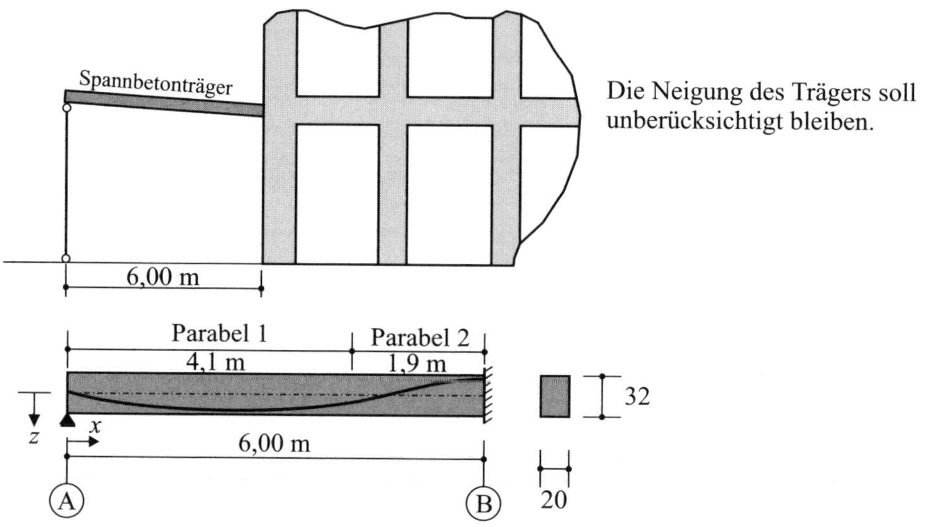

***Bild 10-1:** System*

Parabel 1 für: $0 \leq x \leq 4{,}1$ m $\quad z_{p,1}(x) = -1{,}472 \cdot 10^{-2} \cdot x^2 + 7{,}457 \cdot 10^{-2} \cdot x$

Parabel 2 für: $4{,}1\text{ m} \leq x \leq 6{,}0$ m $\quad z_{p,2}(x) = 3{,}17 \cdot 10^{-2} \cdot x^3 - 4{,}681 \cdot 10^{-1} \cdot x^2 + 2{,}194 \cdot x - 3{,}252$

Die Querschnittsfläche der Spannglieder beträgt $A_p = 1{,}5$ cm²/Spannglied. Der Reibkennwert $\mu = 0{,}15$, der ungewollte Umlenkwinkel $k = 0{,}5°$/m und der äußere Durchmesser der Hüllrohre $\phi_{duct} = 32$ mm.

Die Einwirkungen resultieren aus der Eigenlast der Spannbetonträger g_{k1}, den Lasten der aufgelegten Glasscheiben $g_{k2} = 2{,}5$ kN/m und Schnee- und Windlasten $q_k = 4{,}5$ kN/m.

Die statische Höhe des Trägers beträgt $d = 0{,}27$ m.

Aufgabe 10.1:

Berechnen Sie die Biegemomente (Bemessungswerte) an den Stellen $x = 0{,}375 \cdot l = 2{,}25$ m und $x = 6{,}0$ m infolge der Einwirkungen $(g_1+g_2)_d$ und q_d sowie infolge einer Einheitsvorspannung $P = 1{,}0$ MN. Bestimmen Sie zunächst die Umlenklasten u_1 und u_2 infolge der Einheitsvorspannung und dann $M_p(x)$. Die Auflagerlast in Achse A infolge der Umlenklasten $u_1(x)$ und $u_2(x)$ beträgt $V_{p,A} = -0{,}0696 \cdot P$.

Aufgabe 10.2:

Berechnen Sie die erforderliche Anzahl an Spanngliedern, so dass der Querschnitt unter der *quasi-ständigen Einwirkungskombination* an den maßgebenden Stellen ($x = 2{,}25$ m und $x = 6{,}0$ m) zu den Zeitpunkten $t = 0$ und $t = \infty$ unter Druck steht. Im Bauzustand ist allerdings auf der Zugseite eine Spannung von maximal $f_{ctm} = 3{,}2$ MN/m² zugelassen. Reibungsverluste sind zu vernachlässigen. Es sollen Bruttoquerschnittswerte und ein Kombinationsbeiwert von $\psi_2 = 0$ verwendet werden.

Aufgabe 10.3:

Ermitteln Sie den Spannkraftverlauf eines Spanngliedes unter Berücksichtigung der Reibungsverluste und stellen Sie ihn exemplarisch dar. Gehen Sie von einer Spannstahlspannung am Spannanker von $\sigma_{p,max} = 0{,}90 \cdot f_{p0,1k}$ aus. Da die maximale Spanngliedneigung nicht an der Verbindung der beiden Parabeln auftritt, muss für Parabel 2 der Punkt mit der größten Neigung ermittelt werden. Die Spannkraft ist an folgenden Stellen zu bestimmen: $x = 0{,}0$ m, $x = 4{,}1$ m, $x = \max. z_{p,2}'$, $x = 6{,}0$ m.

Aufgabe 10.4:

Ermitteln Sie die Spannkraft P'_{10} sowie den Nachlassweg Δl_N am Spannanker, damit nach dem Nachlassen die maximal zulässige Spannung am Spanngliedende (Festanker) auf $\sigma_{pm0} = 0{,}85 \cdot f_{p0,1k}$ begrenzt ist.

Aufgabe 10.5:

Führen Sie eine Biegebemessung an der Stelle $x = 6{,}0$ m durch. Der Abstand der Schwerachse zur oberen Bewehrungslage beträgt $z_{s1} = 0{,}12$ m. Verwenden Sie die Spannkraft aus Aufgabe 10.4.

Aufgabe 10.6:

Führen Sie eine Querkraftbemessung an der maßgebenden Stelle an der Einspannung (Achse B) zum Zeitpunkt $t = \infty$ durch. Als obere Längsbewehrung verwenden Sie 2 ϕ12 mm. Die statische Höhe betrage $d = 27$ cm. Überprüfen Sie zuerst, ob statisch eine Querkraftbewehrung (senkrechte Bügel) erforderlich ist. Der Druckstrebenwinkel sei $\cot\theta = 1{,}2$. Die Auflagerlast infolge der Vorspanung beträgt $V_{p,B} = 0{,}005 \cdot P$.

Aufgabe 10.7:

Infolge des Mindestradius der Spannglieder lag der Wendepunkt bei $x = 4{,}922$ m (siehe Aufgabe 10.3). Nachfolgend ist eine Alternativlösung gegeben. Das Spannglied soll dabei in Achse A in der Schwerachse des Systems verlaufen und in Achse B einen Abstand von $z_p = -0{,}092$ m aufweisen (siehe Bild 10-2). Weiterhin soll das Spannglied bei $x = 2{,}25$ m mit $z_p = 0{,}094$ m den größten Abstand von der Schwerachse haben. Bestimmen Sie aus den Randbedingungen die Gleichung des Spanngliedverlaufes. Vergleichen Sie dann die Momente bei $x = 2{,}25$ m aus einer Einheitsvorspannung ($P = 1$ MN) zwischen der ursprünglichen Spanngliedführung (Bild 10-1) und der Alternativlösung.

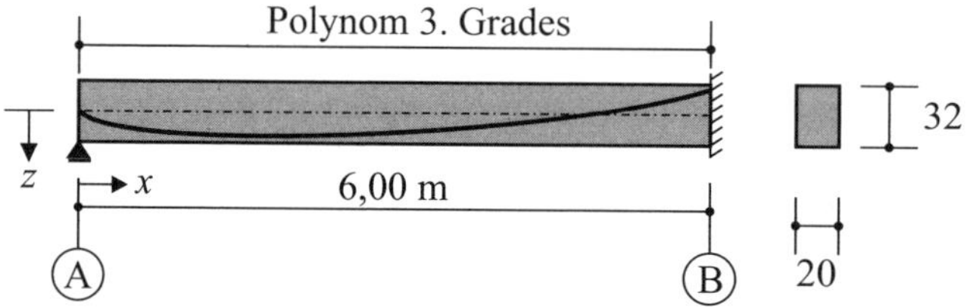

***Bild 10-2:** Alternatives System*

Lösung: **Aufgabe 10.1:**

Ermittlung des Stiches f_1 (bei $x = l/2$) für die Umlenklast u_1:

$z_{p,1}(x = 3{,}0\text{ m}) = -1{,}472\cdot10^{-2}\cdot(3{,}0\text{ m})^2 + 7{,}457\cdot10^{-2}\cdot3{,}0\text{ m}$

$z_{p,1} = 0{,}091$ m

$e_B = z_{p,1}(x = 6{,}0\text{ m}) = -1{,}472\cdot10^{-2}\cdot(6{,}0\text{ m})^2 + 7{,}457\cdot10^{-2}\cdot6{,}0\text{ m}$

$z_{p,1} = -0{,}083$ m

$\rightarrow: f_1 = 0{,}091\text{m} + |-0{,}083\text{ m}|/2 = 0{,}133$ m

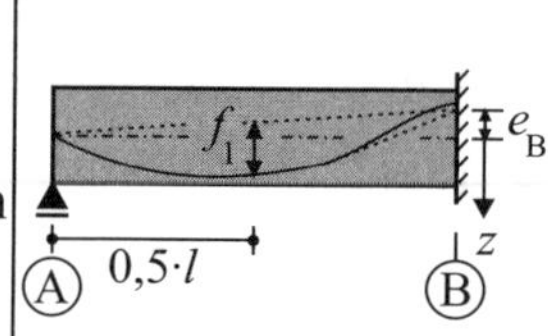

Umlenklast u_1 (für: $0 \leq x \leq 4{,}1$ m):

$u_1(x) = 8\cdot P\cdot f_1/l^2 = 8\cdot P\cdot 0{,}133\text{ m}/[6{,}0\text{ m}]^2 = 2{,}96\cdot10^{-2}\cdot P$

[20] Kap. 4.3, Gl. 4.18 für eine quadr. Parabel

Bestimmung der Umlenklast u_2 (für: $4{,}1\text{ m} \leq x \leq 6{,}0$ m):

$u_2(x) = P(x)/R(x)$

[20] Kap. 4.3, Gl. 4.14

$$R(x) = \frac{[1+[z'(x)]^2]^{1,5}}{|z''(x)|}$$

[20] Kap. 4.3, Gl. 4.15

mit:

$z_{p,2}(x) = 3{,}170\cdot10^{-2}\cdot x^3 - 4{,}681\cdot10^{-1}\cdot x^2 + 2{,}194\cdot x - 3{,}252$

$z'_{p,2}(x) = 9{,}51\cdot10^{-2}\cdot x^2 - 9{,}362\cdot10^{-1}\cdot x + 2{,}194$

$z''_{p,2}(x) = 1{,}902 \cdot 10^{-1} \cdot x - 9{,}362 \cdot 10^{-1}$

Tab. 10-1: *Umlenklasten u_2*

x [m]	$z(x)$	$z'(x)$	$z''(x)$	$R(x)$	$u_2 = P/R$
4,1	0,059	-0,046	-0,156	-6,415	-155,9 kN/m
4,48	0,032	-0,091	-0,084	-12,040	-83,1kN/m
4,86	-0,007	-0,110	-0,012	-86,076	-11,6 kN/m
4,922	-0,013	-0,110	0,000	∞	0,0
5,24	-0,047	-0,100	0,060	16,794	59,5 kN/m
5,62	-0,079	-0,064	0,133	7,580	131,9 kN/m
6,0	-0,092	0,000	0,205	4,878	205,0 kN/m

Anm. zu Tab. 10-1: Vereinfachend wurden die Umlenklasten als vertikale Kraft angenommen.

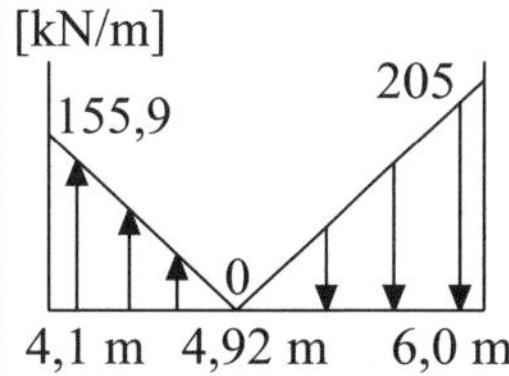

Anmerkungen zu Tabelle 10-1:
$P = 1000$ kN
max. $z'_{p,2} = 4{,}922$ m (siehe Aufgabe 10.3)
$z''(x)$ ist in [20] Gl. 4.15 betraglos eingegeben worden, um den Vorzeichenwechsel in der Krümmung und damit die Wirkungsrichtung von u_2 zu verdeutlichen.

Anmerkung zur Ermittlung von $M_{p,ges}(x = 6{,}0 \text{ m})$:
Das Randmoment infolge der Ankerkraft geht voll in die Einspannung; d. h. das Gesamtmoment $M_{p,ges}(x = 6{,}0 \text{ m})$ wird auf der folgenden Seite mittels der Umlenklasten bestimmt.

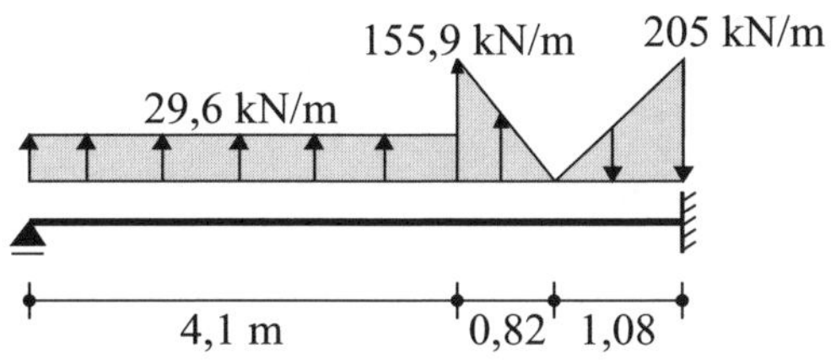

Bild 10-3: *Umlenklasten aus Vorspannung mit $P = 1$ MN*

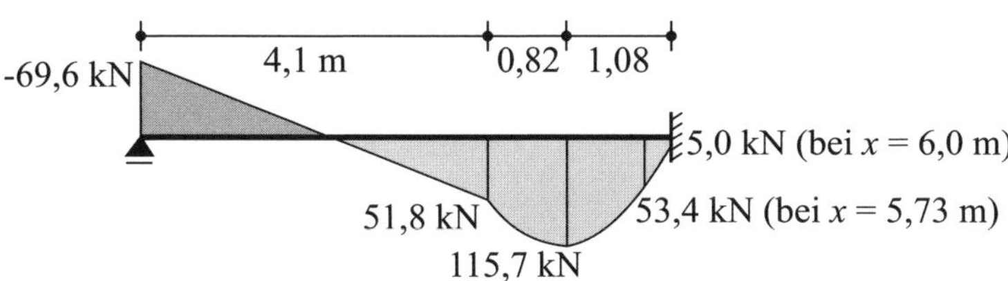

Bild 10-4: *Querkraft aus Vorspannung unter der Einheitslast $P = 1$ MN*

Biegemoment infolge $u(x)$ bei $x = 0{,}375 \cdot l = 2{,}25$ m mit $P = 1000$ kN:

$M_{p,ges}(x = 2{,}25 \text{ m}) = 2{,}25 V_{p,A} + u_1 \cdot 2{,}25^2/2$

$M_{p,ges} = 2{,}25 \text{ m} \cdot (-69{,}6 \text{ kN}) + 29{,}6 \text{ kN/m} \cdot (2{,}25 \text{ m})^2/2 = -81{,}7 \text{ kNm}$

Geg.: $V_{p,A} = -0{,}0696\,P$

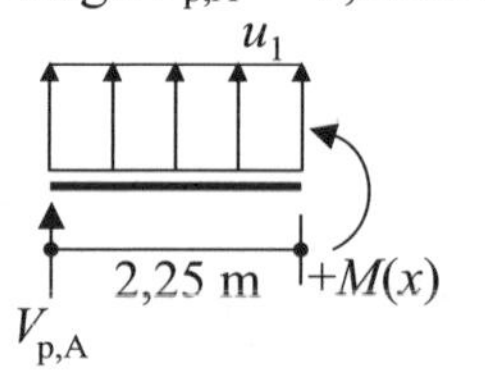

Biegemoment infolge $u(x)$ bei $x = l = 6{,}0$ m mit $P = 1000$ kN:

$M_{p,ges}(x = 6{,}0 \text{ m}) = 6{,}0 \text{ m} \cdot V_{p,A} + U_1 \cdot x_1 + U_2 \cdot x_2 - U_3 \cdot x_3$

$M_{p,ges} = [6{,}0 \cdot (-69{,}6) + 121{,}4 \cdot 3{,}95 + 63{,}9 \cdot 1{,}63 - 110{,}7 \cdot 0{,}36] \text{ kNm}$

$M_{p,ges} = 126{,}2 \text{ kNm}$

mit: U_1 bis U_3 und x_1 bis x_3 nach Tab. 10-2

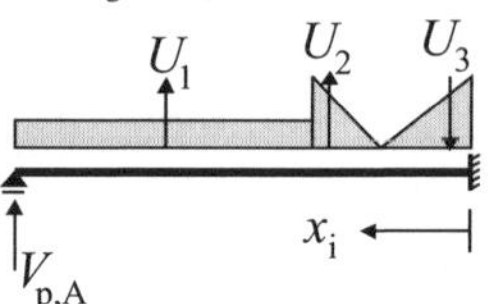

Tab. 10-2: *Resultierende aus den Umlenklasten und ihr Lastangriffspunkt*

U_1	$= 4{,}1 \text{ m} \cdot 29{,}6 \text{ kN}$	$= 121{,}4$ kN
x_1	$= [1{,}9 + 4{,}1/2]$ m	$= 3{,}95$ m
U_2	$= 155{,}9/2 \text{ kN/m} \cdot 0{,}82 \text{ m}$	$= 63{,}9$ kN
x_2	$= [1{,}08 + (2/3) \cdot 0{,}82]$ m	$= 1{,}63$ m
U_3	$= 205/2 \text{ kN/m} \cdot 1{,}08 \text{ m}$	$= 110{,}7$ kN
x_3	$= (1/3) \cdot 1{,}08$ m	$= 0{,}36$ m

Biegemoment infolge äußerer Lasten und Eigenlast bei $x = 0{,}375 \cdot l = 2{,}25$ m:

Eigenlast $g_{k1} = 0{,}2 \text{ m} \cdot 0{,}32 \text{ m} \cdot 25 \text{ kN/m}^3 = 1{,}6 \text{ kN/m}$

$(g + q)_d = [1{,}35 \cdot (1{,}6 + 2{,}5) \text{ kN/m} + 1{,}5 \cdot 4{,}5 \text{ kN/m}] = 12{,}29 \text{ kN/m}$

$A_{(g+q)d} = 3/8 \cdot 12{,}29 \text{ kN/m} \cdot 6{,}0 \text{ m} = 27{,}65 \text{ kN}$

$M_{(g+q)d}(x = 2{,}25 \text{ m}) = 9 \cdot 12{,}29 \text{ kN/m} \cdot (6{,}0 \text{ m})^2/128 = 31{,}1 \text{ kNm}$ [1] Kap. 4, 1.1.2

Biegemoment infolge äußerer Lasten und Eigenlast bei $x = l = 6{,}0$ m:

$M_{(g+q)d}(x = 6{,}0 \text{ m}) = -(g + q)_d \cdot l^2/8 = -12{,}29 \text{ kN/m} \cdot (6{,}0 \text{ m})^2/8$ [1] Kap. 4, 1.1.2

$M_{(g+q)d}(x = 6{,}0 \text{ m}) = -55{,}3 \text{ kNm}$

Lösung: **Aufgabe 10.2:**

Indices:

br = brutto, c = concrete, o = oben, u = unten

Bruttoquerschnittswerte:

$A_{c,br} = 0{,}2 \cdot 0{,}32 \text{ m}^2 = 0{,}064 \text{ m}^2$

$I_{c,br} = [0{,}2 \cdot 0{,}32^3/12] \text{ m}^4 = 5{,}46 \cdot 10^{-3} \text{ m}^4$

$W_{c,br,o} = -[0{,}2 \cdot 0{,}32^2/6] \text{ m}^3 = -3{,}41 \cdot 10^{-3} \text{ m}^3$

$W_{c,br,u} = [0{,}2 \cdot 0{,}32^2/6] \text{ m}^3 = 3{,}41 \cdot 10^{-3} \text{ m}^3$

Nachweise im Feld bei $x = 0{,}375 \cdot l = 2{,}25$ m:

a) Zeitpunkt $t = 0$: (Lediglich die Eigenlast wirkt) — Bauzustand

$M_{g,d}(x = 2{,}25\text{ m}) = 9 \cdot 1{,}6\text{ kN/m} \cdot (6{,}0\text{ m})^2/128 = 4{,}1\text{ kNm}$ — [1] Kap. 4, 1.1.2

Nachweis an der Trägeroberseite:

$$-\frac{P_{m0}}{A_{c,br}} + \frac{M_{g,d} + M_{pm0,ges}}{W_{c,br,o}} \leq f_{ctm}$$

$$-\frac{P_{m0}}{0{,}064} + \frac{(0{,}0041 - 0{,}0817 \cdot P_{m0})}{-0{,}00341} \leq 3{,}2\text{ MN/m}^2$$

$P_{m0} \cdot (-15{,}63 + 23{,}96) \leq 3{,}2\text{ MN/m}^2 + 1{,}20\text{ MN/m}^2$

$P_{m0} \leq 0{,}528$ MN

b) Zeitpunkt $t = \infty$: (alle Lasten wirken) — Endzustand

$M_{(g+q)d} = 9 \cdot (g_{k1} + g_{k2} + 0{,}0 \cdot q_k) \cdot l^2/128 = 9 \cdot 4{,}1\text{ kN/m} \cdot (6{,}0\text{ m})^2/128$ — [1] Kap. 4, 1.1.2

$M_{(g+q)d} = 10{,}4$ kNm

Nachweis an der Trägerunterseite:

Geg.: 17 % Verluste aus K + S + R

$$-\frac{0{,}83 P_{m0}}{A_{c,br}} + \frac{M_{(g+q)d} - 0{,}83 \cdot M_{pm0,ges}}{W_{c,br,u}} \leq 0$$

$$-\frac{0{,}83 P_{m0}}{0{,}064} + \frac{0{,}0104 - 0{,}83 \cdot 0{,}0817 \cdot P_{m0}}{0{,}00341} \leq 0$$

$P_{m0} \cdot (-12{,}97 - 19{,}89) \leq -3{,}05\text{ MN/m}^2$

$P_{m0} \geq 0{,}093$ MN

Nachweise in Achse B bei $x = l = 6{,}0$ m:

a) Zeitpunkt $t = 0$: (Lediglich die Eigenlast wirkt) — Bauzustand

$M_{g,d}(x = 6{,}0\text{ m}) = -1{,}6\text{ kN/m} \cdot (6{,}0\text{ m})^2/8 = -7{,}2\text{ kNm}$ — [1] Kap. 4, 1.1.2

Nachweis an der Trägerunterseite:

$$-\frac{P_{m0}}{A_{c,br}} + \frac{M_{g,d} - M_{pm0,ges}}{W_{c,br,u}} \leq f_{ctm}$$

$$-\frac{P_{m0}}{0{,}064} + \frac{-0{,}0072 + 0{,}1262 \cdot P_{m0}}{0{,}00341} \leq f_{ctm}$$

$P_{m0} \cdot (-15{,}63 + 37{,}01) \leq 3{,}2\text{ MN/m}^2 + 2{,}11\text{ MN/m}^2$

$P_{m0} \leq 0{,}248$

b) Zeitpunkt $t = \infty$: (alle Lasten wirken) — Endzustand

$M_{(g+q)d} = -(g_{k1} + g_{k2} + 0{,}0 \cdot q_k) \cdot l^2/8 = -4{,}1\text{ kN/m} \cdot (6{,}0\text{ m})^2/8$ — [1] Kap. 4, 1.1.2

$M_{(g+q)d} = -18{,}45$ kNm

Nachweis an der Trägeroberseite:

$$-\frac{0{,}83 P_{m0}}{A_{c,br}} + \frac{M_{(g+q)d} - 0{,}83 \cdot M_{pm0,ges}}{W_{c,br,o}} \leq 0$$

Geg.: Verluste aus K + S + R = 17 %

$$-\frac{0{,}83 P_{m0}}{0{,}064} + \frac{-0{,}0185 + 0{,}83 \cdot 0{,}1262 \cdot P_{m0}}{-0{,}00341} \leq 0$$

$P_{m0} \cdot (-12{,}97 - 30{,}72) \leq -5{,}43$ MN/m²

$P_{m0} \geq 0{,}124$ MN

mit: $P_{m0,max} = 150$ mm²$\cdot 0{,}85 \cdot 1500$ MN/m² = 191,3 kN/Spanngl.

EC2-1-1, Gl. 5.43
Geg.: $A_p = 1{,}5$ cm²

→: erforderliche Anzahl n an Spanngliedern:
→: 93 kN/191,3 kN = 0,5 $\leq n \leq$ 248 kN/191,3 kN = 1,3

Es wird 1 Spannglied benötigt.

Lösung: **Aufgabe 10.3:**

$P_{max}(x) = P_{max} \cdot e^{-\mu(\theta + kx)}$

[20] Kap. 4.4 und EC2-1-1, 5.10.5.2

Parabel 1: $0 \leq x \leq 4{,}1$ m:
$z'_{p,1}(x) = -2{,}944 \cdot 10^{-2} \cdot x + 7{,}457 \cdot 10^{-2}$
Parabel 2: $4{,}1 \text{ m} \leq x \leq 6{,}0$ m:
$z'_{p,2}(x) = 9{,}510 \cdot 10^{-2} \cdot x^2 - 9{,}362 \cdot 10^{-1} \cdot x + 2{,}194$

Spanngliedneigung:
Größte Neigung der Spannglieder im Bereich der Parabel 2:
$z''_{p,2}(x) = 19{,}02 \cdot 10^{-2} \cdot x - 9{,}362 \cdot 10^{-1} = 0$ →: $x = 4{,}92$ m
Stelle $x = 0{,}0$ m: →: $z'_{p,1}(x = 0 \text{ m}) = 0{,}0746$
Stelle $x = 4{,}1$ m: →: $z'_{p,1}(x = 4{,}1 \text{ m}) = -0{,}0458$
Stelle $x = 4{,}92$ m: →: $z'_{p,2}(x = 4{,}92 \text{ m}) = -0{,}110$

$\theta^{ges}(x = 0 \text{ m}) = 0$
$\theta^{ges}(x = 4{,}1 \text{ m}) = 0{,}0746 \text{ rad} + |-0{,}0458| \text{ rad} = 0{,}120$ rad
$\theta^{ges}(x = 4{,}92 \text{ m}) = 0{,}0746 \text{ rad} + |-0{,}110| \text{ rad} = 0{,}185$ rad
$\theta^{ges}(x = 6{,}0 \text{ m}) = 0{,}185 \text{ rad} + |-0{,}110| \text{ rad} = 0{,}295$ rad

Spannkraftverlauf „Anspannen“:
$k = 0{,}5$ [°/m] = $8{,}73 \cdot 10^{-3}$ [rad/m]
$\mu = 0{,}15$ (gegeben)
$P_{max}(x) = 0{,}90 \cdot f_{p0,1k} \cdot A_p \cdot e^{-0{,}15(\theta + 8{,}73 \cdot 1/10^3 \cdot x)}$

k, μ gegeben bzw. nach Zulassung
EC2-1-1, Gl. 5.41

$P_{max}(x = 0\text{ m}) = 0{,}90 \cdot 150{,}0\text{ kN/cm}^2 \cdot 1{,}5\text{ cm}^2 = 202{,}5\text{ kN}$

$P_{max}(x = 4{,}1\text{ m}) = 202{,}5 \cdot e^{-0{,}15(0{,}1204+8{,}73 \cdot 1/10^3 \cdot 4{,}1)}$

$= 202{,}5 \cdot 0{,}977 = 197{,}8\text{ kN}$

$P_{max}(x = 4{,}92\text{ m}) = 202{,}5 \cdot e^{-0{,}15(0{,}185+8{,}73 \cdot 1/10^3 \cdot 4{,}92)}$

$= 202{,}5 \cdot 0{,}966 = 195{,}7\text{ kN}$

$P_{max}(x = 6{,}0\text{ m}) = 202{,}5 \cdot e^{-0{,}15(0{,}295+8{,}73 \cdot 1/10^3 \cdot 6{,}0)}$

$P_{max}(x = 6{,}0\text{ m}) = 202{,}5 \cdot 0{,}949 = 192{,}2\text{ kN}$

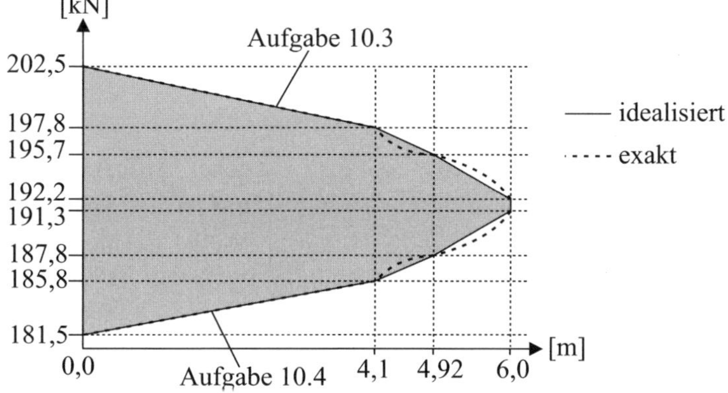

Bild 10-5: *Spannkraftverluste infolge Reibung*

Lösung: **Aufgabe 10.4:**

$\sigma_{pm0} = 0{,}85 \cdot 150\text{ kN/cm}^2 = 127{,}5\text{ kN/cm}^2$ — EC2-1-1, Gl. 5.43

$P_{m0} = 127{,}5\text{ kN/cm}^2 \cdot 1{,}5\text{ cm}^2 = 191{,}3\text{ kN}$

Erforderlicher Nachlassweg: — [20] Kap. 4.7.3

$P_{m0}(x = 6{,}0\text{ m}) = 191{,}3\text{ kN}$

$P_{m0}(x = 4{,}92\text{ m}) = 191{,}3 \cdot e^{-0{,}15(0{,}11+8{,}73 \cdot 1/10^3 \cdot 1{,}08)} = 191{,}3 \cdot 0{,}982$

$= 187{,}8\text{ kN}$

$P_{m0}(x = 4{,}1\text{ m}) = 191{,}3 \cdot e^{-0{,}15(0{,}175+8{,}73 \cdot 1/10^3 \cdot 1{,}90)} = 191{,}3 \cdot 0{,}965$

$= 185{,}8\text{ kN}$

$P'_{10} = P_{m0}(x = 0\text{ m}) = 191{,}3 \cdot e^{-0{,}15(0{,}295+8{,}73 \cdot 1/10^3 \cdot 6{,}0)} = 191{,}3 \cdot 0{,}949$

$= 181{,}5\text{ kN}$

Nebenrechnung:

$[(202{,}5 - 181{,}5) + (197{,}8 - 185{,}8)] \cdot 4{,}1/2 = 67{,}65\text{ kNm}$

$[(197{,}8 - 185{,}8) + (195{,}7 - 187{,}8)] \cdot 0{,}82/2 = 8{,}16\text{ kNm}$

$[(195{,}7 - 187{,}8) + (192{,}2 - 191{,}3)] \cdot 1{,}08/2 = 4{,}57\text{ kNm}$

$$\Delta l_p = \frac{1}{E_p \cdot A_p} \cdot \int_0^l P(x)\,dx$$

$$\Delta l_p = \frac{(67{,}65 + 8{,}16 + 4{,}57)\,\text{kNm}}{19.500 \cdot 1{,}5\,\text{kN}} = 2{,}75 \cdot 10^{-3}\,\text{m} = 2{,}8\,\text{mm}$$

Die Vorspannkraft am Spannanker nach dem Verankern ist $P'_{10}(x = 0) = 181{,}5$ kN; der Nachlassweg beträgt $\Delta l_N = 2{,}8$ mm.

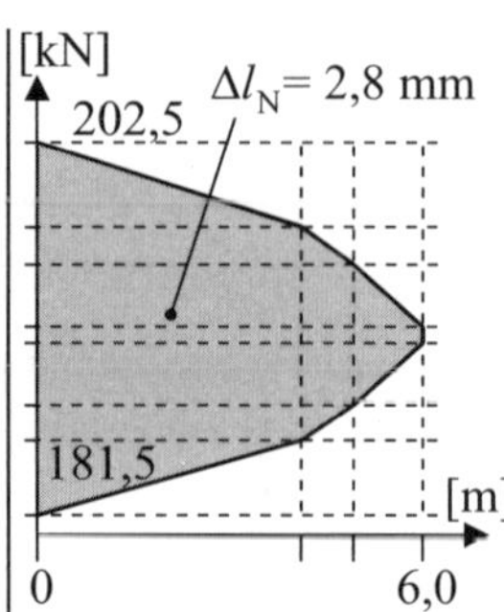

Lösung: **Aufgabe 10.5:**

Vorspannkraft inkl. Reibungsverluste:
$P_{m0}(x = 6{,}0\text{ m}) = 191{,}3$ kN (nach dem Nachlassen) — siehe Aufgabe 10.2 und 10.3 (1 Spanngl.)
Verluste nach Kriechen und Schwinden:
$P_{m\infty} = 191{,}3\text{ kN} \cdot 0{,}83 = 158{,}8$ kN — Geg.: Verluste aus K + S + R = 17 %

Vordehnung:
$\varepsilon_p^{(0)} = P_{m\infty}/[E_p \cdot A_p] = 0{,}1588\text{ MN} \cdot 10^9/[195000\text{ MN/m}^2 \cdot 150\text{ cm}^2]$ — Geg.: $A_p = 1{,}50$ cm²
$\varepsilon_p^{(0)} = 5{,}43$ ‰

Biegemoment bei $x = 6{,}0$ m infolge $P_{m\infty}$:
$M_{p,ges} = 0{,}1262\text{ m} \cdot 158{,}8\text{ kN} = 20{,}0$ kNm — $M_{p,ges} = 126{,}2$ kNm unter der Einheitslast
mit:
$M_{p,ges} = M_{p,dir} + M_{p,ind} \rightarrow: M_{p,ind} = M_{p,ges} - M_{p,dir}$ — $M_{p,dir}$ = stat. best. Anteil der Vorspannung
$M_{p,dir}(x = 6{,}0\text{ m}) = -P_{m\infty} \cdot z_p(x = 6{,}0\text{ m})$
$M_{p,dir} = -158{,}8\text{ kN} \cdot (-0{,}092\text{ m}) = 14{,}6$ kNm — $M_{p,ind}$ = stat. unbe. Anteil der Vorspannung
$\rightarrow: M_{p,ind} = 20{,}0\text{ kNm} - 14{,}6\text{ kNm} = 5{,}4$ kNm

Die Biegebemessung erfolgt, indem die Vorspannung als äußere Einwirkung angesetzt wird. — [20] Kap. 8.2.1.2
Annahme: Der Spannstahl fließt im ULS.

Bemessungsmoment infolge Vorspannung:
$P^{ULS} = [f_{p0,1k}/\gamma_S] \cdot A_p = [1500\text{ MN/m}^2/1{,}15] \cdot 1{,}5\text{ m}^2 \cdot 10^{-4}$ — γ_S nach EC2-1-1, Tab. 2.1DE
$P^{ULS} = 0{,}196$ MN
$M_p^{ULS} = P^{ULS} \cdot z_p(x = 6{,}0\text{ m}) + M_{p,ind}$
$M_p^{ULS} = -196\text{ kN} \cdot (-0{,}092\text{ m}) + 5{,}4\text{ kNm} = 23{,}4$ kNm — $z_p(x = 6{,}0\text{ m}) = -9{,}2$ cm

Bemessungsmoment infolge äußerer Lasten und Vorspannung:
$M_{(g+q)Ed} = -55{,}3$ kNm

$M_{Ed}^{ULS} = M_{(g+q)Ed} + M_p^{ULS} = -55{,}3$ kNm + 1,0·23,4 kNm
$M_{Ed}^{ULS} = -31{,}9$ kNm

Bemessungsmoment bezogen auf die Stahllage:
$M_{Eds}^{ULS} = M_{Ed}^{ULS} + N_{Ed} \cdot z_{s1} = |-31{,}9 \text{ kNm}| + 196 \text{ kN} \cdot 0{,}12 \text{ m}$ — Geg.: z_{s1} = 12,0 cm
$M_{Eds}^{ULS} = 55{,}4$ kNm

$$\mu_{Eds} = \frac{M_{Eds}}{b \cdot d^2 \cdot f_{cd}} = \frac{0{,}0554\,\text{MNm}}{0{,}2\,\text{m} \cdot (0{,}27\,\text{m})^2 \cdot 0{,}85 \cdot 35\,\text{MN/m}^2/1{,}5} = 0{,}19$$

Geg.: d = 27,0 cm
[1] Kap. 5, Tafel 2a

mit:
$f_{cd} = \alpha_{cc} \cdot f_{ck}/\gamma_C = 0{,}85 \cdot 35 \text{ MN/m}^2/1{,}5 = 19{,}83 \text{ MN/m}^2$

EC2-1-1, Gl. 3.15 und NDP zu 3.1.6(1)
Geg.: C35/45

→: $\omega = 0{,}213$ →: $x = 7{,}1$ cm, $\varepsilon_{s1} = 9{,}8$ ‰, $\varepsilon_{c2} = -3{,}5$ ‰

Kontrolle der Spannstahldehnungen im ULS:
$\Delta\varepsilon_p = 3{,}5 \text{ ‰} \cdot 18{,}1/7{,}1 = 8{,}92$ ‰
$\varepsilon_p^{(0)} + \Delta\varepsilon_p = [5{,}43 + 8{,}92] \text{ ‰} = 14{,}4 \text{ ‰} > \varepsilon_{p,y} = 6{,}7$ ‰

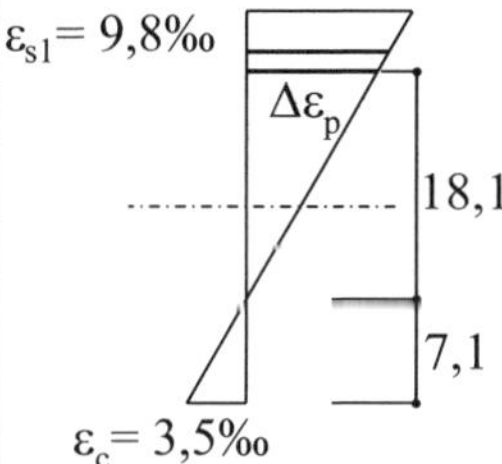

Der Spannstahl fließt. Die getroffene Annahme ist korrekt.

$\varepsilon_p^{(0)} + 25 \text{ ‰} = 30{,}4 \text{ ‰} \leq 0{,}9 \cdot \varepsilon_{uk} = 0{,}9 \cdot 35 \text{ ‰} = 31{,}5$ ‰

EC2-1-1, NDP zu 3.3.6(7) und [9]

Erforderlicher Betonstahlquerschnitt:
erf. $A_s = (1/f_{yd}) \cdot [\omega \cdot b \cdot d \cdot f_{cd} + P^{ULS}]$

$$= \frac{1}{435\,\text{MN/m}^2}(0{,}213 \cdot 0{,}2\,\text{m} \cdot 0{,}27\,\text{m} \cdot 19{,}83\,\text{MN/m}^2 - 0{,}196\ \text{MN})$$

erf. $A_s = 7{,}4 \cdot 10^{-5}$ m² = 0,74 cm²
Es werden 2 ϕ12 gewählt (vorh. A_s = 2,26 cm²)

Lösung: **Aufgabe 10.6:**

Bemessungsquerkraft infolge ständiger und veränderlicher Lasten:
An der Stelle x = 6,0 m:
$V_{Ed,g+q} = -B_d = -5/8 \cdot (g+q)_d \cdot l = -5/8 \cdot 12{,}29 \text{ kN/m} \cdot 6{,}0 \text{ m} = -46{,}1$ kN — [1] Kap. 4, 1.1.2

Bemessungsquerkraft infolge Vorspannung in Achse B:
Auflagerkraft in Achse B (siehe auch Bild 10.4):
$V_{Ed,p} = B_p = 0{,}005 \cdot P_{m\infty} = 0{,}005 \cdot 158{,}8 \text{ kN} = 0{,}8$ kN

$P_{m\infty}$ = 158,8 kN
Geg.: $V_{p,B} = 0{,}005 \cdot P$

Gesamte Bemessungsquerkraft in Achse B:
$V_{Ed}(x = 6{,}0\ m) = -46{,}1\ kN + 0{,}8\ kN = -45{,}3\ kN$

Gesamte Bemessungsquerkraft bei $x = 5{,}73$ m: (EC2-1-1, NCI zu 6.2.1(8); siehe Bild 10-4)
$V_{Ed,red}(x = 5{,}73\ m) = [V_{Ed,g+q} + (g + q)_d \cdot d] + V_{Ed,p}(x = 5{,}73\ m)$
$V_{Ed,red} = [(-46{,}1\ kN) + 0{,}27 \cdot 12{,}29\ kN] + [0{,}0534 \cdot 158{,}8\ kN]$
$V_{Ed,red} = (-42{,}8\ kN) + 8{,}5\ kN = -34{,}3\ kN$

Durch den Beton aufnehmbare Querkraft: (EC2-1-1, Gl. 6.2a und Gl. 6.2b)
$V_{Rd,c} = [C_{Rd,c} \cdot k \cdot (100\rho_l \cdot f_{ck})^{1/3} + k_1 \cdot \sigma_{cp}] \cdot b_w \cdot d \geq V_{Rd,c,min}$
mit:

$C_{Rd,c} = 0{,}15/\gamma_C = 0{,}10$ (EC2-1-1, NDP zu 6.2.2(1))

$k = 1 + (200/270)^{0{,}5} = 1{,}86 < 2{,}0$
$\rho_l = 2{,}26/(20 \cdot 27) = 0{,}42\ \% \leq 2\ \%$ (Geg.: $A_s = 2{,}26\ cm^2$)
$f_{ck} = 35\ MN/m^2$
$k_1 = 0{,}12$ (EC2-1-1, NDP zu 6.2.2(1))

$\sigma_{cp} = N_{Ed}/A_c < 0{,}2 \cdot f_{cd}$ ($N_{Ed} = P_{m\infty} = 0{,}159\ MN$)
$\sigma_{cp} = [0{,}159\ MN/(0{,}2\ m \cdot 0{,}32\ m)] = 2{,}48\ MN/m^2$
$0{,}2 \cdot f_{cd} = 0{,}2 \cdot 19{,}83\ MN/m^2 = 3{,}97\ MN/m^2 > 2{,}48\ MN/m^2$
$\rightarrow \sigma_{cp} = 2{,}48\ MN/m^2$
$b_w = 0{,}2\ m$

$V_{Rd,c} = [0{,}1 \cdot 1{,}86 \cdot (0{,}42 \cdot 35\ MN/m^2)^{1/3} + 0{,}12 \cdot 2{,}48\ MN/m^2] \cdot b_w \cdot d$
$V_{Rd,c} = 0{,}753 \cdot 0{,}2\ m \cdot 0{,}27\ m = 0{,}041\ MN$

$V_{Rd,c,min} = [v_{min} + k_1 \cdot \sigma_{cp}] \cdot b_w \cdot d$ (EC2-1-1, Gl. 6.2b)
mit:
$v_{min} = (0{,}0525/\gamma_C) \cdot k^{3/2} \cdot f_{ck}^{1/2}$ (EC2-1-1, Gl. 6.3aDE)
$v_{min} = (0{,}0525/1{,}5) \cdot 1{,}86^{3/2} \cdot (35\ MN/m^2)^{1/2} = 0{,}525\ MN/m^2$

$V_{Rd,c,min} = [0{,}525 + 0{,}12 \cdot 2{,}48]\ MN/m^2 \cdot 0{,}2\ m \cdot 0{,}27\ m$
$V_{Rd,c,min} = 0{,}044\ MN > V_{Rd,c} = 0{,}041\ MN$

$V_{Rd,c,min} = 0{,}044\ MN > |V_{Ed,red}| = 0{,}034\ MN$

Es ist lediglich die Mindestquerkraftbewehrung erforderlich.

Mindestbewehrung:	EC2-1-1, Gl. 9.4
$a_{sw,min} = \min \rho_w \cdot b_w \cdot \sin\alpha = 0{,}102 \cdot 20\ \text{cm} \cdot 1{,}0 = 2{,}04\ \text{cm}^2/\text{m}$	
mit:	
$\rho_{w,min} = 0{,}16 \cdot f_{ctm}/f_{yk} = 0{,}16 \cdot 3{,}2/500 = 0{,}102\ \%$	EC2-1-1, Gl. 9.5aDE
gewählt: Bü ϕ8-20	
$a_{sw,min} <$ vorh. $a_{sw} = 5{,}03\ \text{cm}^2/\text{m}$	
Nachweis der Druckstrebe:	EC2-1-1, Gl. 6.9
$V_{Ed} < V_{Rd,max}$ (beim Nachweis der Druckstrebe wird die Querkraft nicht abgemindert, EC2-1-1, NCI zu 6.2.1(8))	
$V_{Rd,max} = \alpha_{cw} \cdot v_1 \cdot f_{cd} \cdot b_w \cdot z/[\cot\theta + \tan\theta]$	Geg.: $\cot\theta = 1{,}2$, senkrechte Bügel $\alpha = 90°$
mit:	
$v_1 = 0{,}75 \cdot v_2$	EC2-1-1, NDP zu 6.2.3(3)
und: $v_2 = (1{,}1 - f_{ck}/500) \leq 1{,}0$ [$v_2 = 1{,}03 \geq 1{,}0 \rightarrow$: $v_2 = 1{,}0$]	
$\alpha_{cw} = 1{,}0$	EC2-1-1, NDP zu 6.2.3(3)
$b_{w,nom} = b_w - 0{,}5\Sigma\phi = 20\ \text{cm} - 0{,}5 \cdot 1 \cdot 3{,}2\ \text{cm} = 18{,}4\ \text{cm}$	EC2-1-1, Gl. 6.16
$z = 0{,}9 \cdot d = 0{,}9 \cdot 0{,}27\ \text{m} = 0{,}243\ \text{m}$ (siehe Fußnote S. 4)	EC2-1-1, 6.2.3(1)
$V_{Rd,max} = 1 \cdot 0{,}75 \cdot 1 \cdot 19{,}83\ \text{MN/m}^2 \cdot 0{,}184\ \text{m} \cdot 0{,}243\ \text{m}/[1{,}2 + 1/1{,}2]$	
$V_{Rd,max} = 0{,}327\ \text{MN} > \lvert V_{Ed} \rvert = 0{,}045\ \text{MN}$	
Die Druckstrebe ist tragfähig.	
Lösung: **Aufgabe 10.7:**	
$z(x) = a \cdot x^3 + b \cdot x^2 + c \cdot x + d$	
$z'(x) = 3a \cdot x^2 + 2b \cdot x + c$	
Randbedingung 1 (kurz: RB 1): $z(x = 0\ \text{m}) = 0$	
$\rightarrow$: $d = 0$	
Randbedingung 2 (kurz: RB 2): $z(x = 6{,}0\ \text{m}) = -0{,}092\ \text{m}$	
$\rightarrow$: $216a + 36b + 6c = -0{,}092$	
Randbedingung 3 (kurz: RB 3): $z(x = 2{,}25\ \text{m}) = 0{,}094\ \text{m}$	
$\rightarrow$: $2{,}25^3 a + 2{,}25^2 b + 2{,}25c = 0{,}094$	
Randbedingung 4 (kurz: RB 4): $z'(x = 2{,}25\ \text{m}) = 0$	
$\rightarrow$: $15{,}1875a + 4{,}5b + c = 0$	
(I): Aus RB 4 folgt:	
$c = -15{,}1875a - 4{,}5b$	

(II): (I) in RB 2 einsetzen, ergibt:

$$216a + 36b - 91{,}125a - 27b = -0{,}092$$

(III): (I) in RB 3 einsetzen, ergibt:

$$2{,}25^3 a + 2{,}25^2 b - 34{,}172a - 10{,}125b = 0{,}094$$

(II): $124{,}875a + 9b = -0{,}092$

(III): $-22{,}781a - 5{,}063b = 0{,}094$

aus (II) folgt:

$$b = -0{,}092/9 - 124{,}875 \cdot a/9$$

einsetzen in (III) ergibt:

$$-22{,}781a + 0{,}466/9 + 70{,}250a = 0{,}094$$

$a = 8{,}89 \cdot 10^{-4}$
$b = -2{,}256 \cdot 10^{-2}$
$c = 8{,}803 \cdot 10^{-2}$

$z_P(x) = 8{,}89 \cdot 10^{-4} \cdot x^3 - 2{,}256 \cdot 10^{-2} \cdot x^2 + 8{,}803 \cdot 10^{-2} \cdot x$

Bestimmung der Umlenklast u (für: $0 \le x \le 6{,}0$ m):

$u(x) = P(x)/R(x)$ — [20] Kap. 4.3, Gl. 4.14

$$R(x) = \frac{[1 + [z'(x)]^2]^{1,5}}{|z''(x)|}$$ — [20] Kap. 4.3, Gl. 4.15

$z_P(x) = 8{,}89 \cdot 10^{-4} \cdot x^3 - 2{,}256 \cdot 10^{-2} \cdot x^2 + 8{,}803 \cdot 10^{-2} \cdot x$
$z_P'(x) = 2{,}667 \cdot 10^{-3} \cdot x^2 - 4{,}512 \cdot 10^{-2} \cdot x + 8{,}803 \cdot 10^{-2}$
$z_P''(x) = 5{,}334 \cdot 10^{-3} \cdot x - 4{,}512 \cdot 10^{-2}$

Tab. 10-3: *Umlenklasten u(x)*

x [m]	$z(x)$	$z'(x)$	$z''(x)$	$R(x)$	$u = P/R$
0	0,000	0,088	-0,045	22,42	-44,6 kN/m
0,6	0,045	0,062	-0,042	23,99	-41,7 kN/m
1,2	0,075	0,038	-0,039	25,88	-38,6 kN/m
1,8	0,091	0,015	-0,036	28,16	-35,5 kN/m
2,4	0,094	-0,005	-0,032	30,94	-32,3 kN/m
3,0	0,085	-0,023	-0,029	34,37	-29,1 kN/m
3,6	0,066	-0,040	-0,026	38,68	-25,9 kN/m
4,2	0,038	-0,054	-0,023	44,22	-22,6 kN/m
4,8	0,001	-0,067	-0,020	51,58	-19,4 kN/m
5,4	-0,042	-0,078	-0,016	61,85	-16,2 kN/m
6,0	-0,092	-0,087	-0,013	77,10	-13,0 kN/m

Anm. zu Tab. 10-3: Vereinfachend wurden die Umlenklasten als vertikale Kraft angenommen.

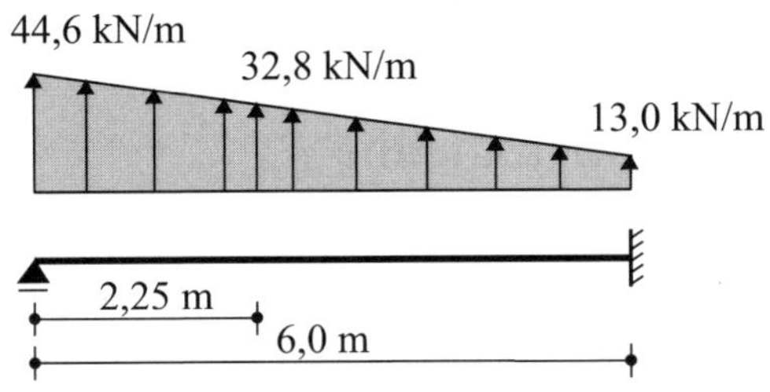

Bild 10-6: *Umlenklasten (Verlauf trapezförmig idealisiert)*

$V_{p,A} = -[(3/8)\cdot 13\text{ kN/m} + (11/40)\cdot 31{,}6\text{ kN/m}]\cdot 6{,}0\text{ m} = -81{,}4\text{ kN}$ — [1] Kap. 4, 1.1.2

$u(x = 2{,}25\text{ m}) = -[(2{,}25/6{,}0)\cdot[44{,}6 - 13{,}0]\text{ kN/m}] + 44{,}6\text{ kN/m}$
$u(x = 2{,}25\text{ m}) = 32{,}8\text{ kN/m}$

$M_p(x = 2{,}25\text{ m}) = V_{p,A}\cdot x + u_1\cdot x^2/2 + u_2\cdot(x^2/2)\cdot(2/3)$
mit:
$V_{p,A}\cdot x = -81{,}4\text{ kN}\cdot 2{,}25\text{ m} = -183{,}2\text{ kNm}$
$u_1\cdot x^2/2 = 32{,}8\text{ kN/m}\cdot(2{,}25\text{ m})^2/2 = 83{,}0\text{ kNm}$
$u_2\cdot(x^2/2)\cdot(2/3) = 11{,}8\text{ kN/m}\cdot(2{,}25\text{ m})^2/2\cdot(2/3) = 19{,}9\text{ kNm}$

$u_2 = 11{,}8$ kN/m
$u_1 = 32{,}8$ kN/m
$x = 2{,}25$ m

$M_p(x = 2{,}25\text{ m}) = [-183{,}2 + 83{,}0 + 19{,}9]\text{ kNm} = -80{,}3\text{ kNm}$

Aus der ursprünglichen Spanngliedführung resultierte ein Moment bei x = 2,25 m von $M_{p,ges}$ = -81,7 kNm; d. h. die Alternativlösung liefert ein annähernd gleich großes Moment. — siehe Aufgabe 10.1

Beispiel 11: Zweifeldrige Brücke aus Spannbeton

Gegeben sei eine bestehende zweifeldrige Plattenbalkenbrücke mit jeweils $l = 24,0$ m Spannweite. Die Brücke wurde mit Vorspannung im nachträglichen Verbund hergestellt. Die Spanngliedführung ist parabolisch.
Als Beton kommt ein C40/50 zum Einsatz, der Betonstahl ist B500B, der Spannstahl St 1570/1770 ($f_{p0,1k} = 1500$ MN/m²). Die Verluste der Vorspannkraft infolge Kriechen, Schwinden und Relaxation können zum Zeitpunkt $t = \infty$ zu 13 % angenommen werden. Es gelte für alle Lastfälle vereinfachend $\gamma_P = r_{inf} = r_{sup} = 1,0$.

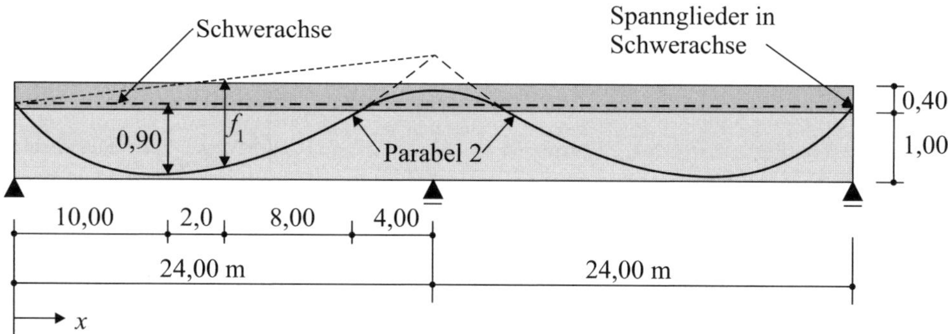

Bild 11-1: *Längssystem*

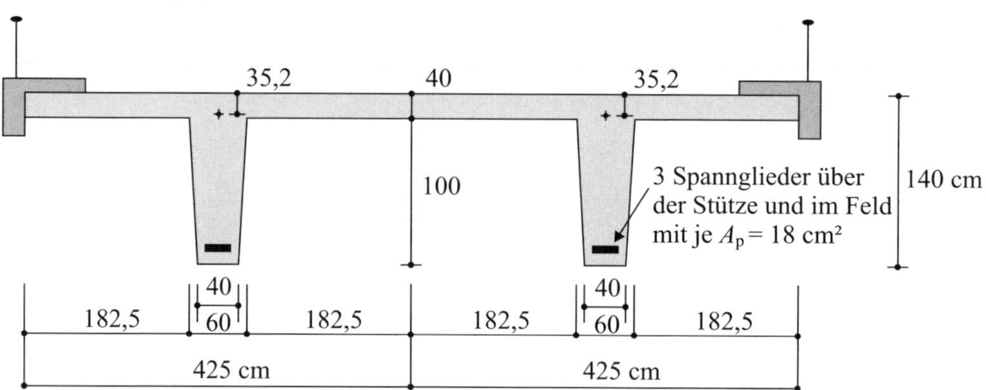

Bild 11-2: *Querschnitt*

Parabel 1: **für: $0 \leq x \leq 20,0$ m** $z_{p,1}(x) = -0,00864 \cdot x^2 + 0,17667 \cdot x$

Parabel 2: **für: $20,0 \text{ m} \leq x \leq 24,0$ m** $z_{p,2}(x) = 0,02111 \cdot x^2 - 1,01348 \cdot x + 11,9018$

Die Querschnittsfläche aller Spannglieder beträgt $A_p = 18,0$ cm²/Spannglied. Der Reibkennwert $\mu = 0,21$, der ungewollte Umlenkwinkel $k = 0,4°/\text{m}$.

Aufgabe 11.1:

Bestimmen Sie den Stich f_1 (Feld) und f_2 (Stütze) und die Umlenkkräfte $u_1(x)$ und $u_2(x)$ für eine Einheitsvorspannung P = 1,0 MN ohne Berücksichtigung der Reibungsverluste. Ermitteln Sie anschließend die Biegemomente $M_{p,ges}$, $M_{p,dir}$ und $M_{p,ind}$ infolge $u_1(x)$ und $u_2(x)$ bei x = 10,0 m. Die Auflagerkraft infolge u_1 und u_2 am linken Auflager betrage $A_k = -0{,}152 \cdot P$.

Aufgabe 11.2:

a) Ermitteln Sie den Spannkraftverlauf eines Spanngliedes infolge Reibung und Keilschlupf nach dem Verankern. Es wird einseitig mit einer maximalen Vorspannkraft von P_{m0} = 2430 kN pro Spannglied vorgespannt. Bestimmen Sie $P(x)$ bei x = 0 m, x = 20,0 m, x = 28,0 m, x = 48,0 m. Die Einflusslänge des Keilschlupfes beträgt l_{sl} = 8,2 m. Stellen Sie den Spannkraftverlauf grafisch dar.

b) Ermitteln Sie aus dem Spannkraftverlauf den Keilschlupf Δl_{sl}. Gehen Sie hierbei von einem stückweise geradlinigen Spannkraftverlauf aus.

c) Ermitteln Sie den Nachlassweg l_N sowie die Kraft am Spannanker P'_{m0}, so dass an jeder Stelle des Spanngliedes eine Vorspannkraft von maximal P_{m0} = 2295 kN eingehalten ist (mit. P_{m0} (x = 0) = 2430 kN).

d) Beim Spannvorgang treten Probleme auf (μ_{ist} = 0,31 anstatt 0,21). Ermitteln Sie den Spannkraftverlauf eines Spanngliedes mit μ_{ist} = 0,31 und P_{m0} = 2430 kN an den Stellen x = 0 m, x = 20,0 m, x = 28,0 m, x = 48,0 m.
Wie groß muss die planmäßige Spannkraft $P_{m0}(x = 0)$ sein, damit die erhöhten Reibungsverluste (μ_{ist} = 0,31) am Festanker durch Überspannen ausgeglichen werden können?

Aufgabe 11.3:

Prüfen Sie, ob der Querschnitt mit 3 Spanngliedern à 18,0 cm² Querschnittsfläche pro Steg unter der *quasi-ständigen Einwirkungskombination* zum Zeitpunkt $t = \infty$ bei x = 10,0 m und bei x = 24,00 m vollständig überdrückt ist. Reibungsverluste sind zu vernachlässigen. Jedes Spannglied wird mit σ_{pm0} = 1275 MN/m² vorgespannt.

Es ist von folgenden Biegemomenten (t = 0) auszugehen:

Ständige Einw.:	Feld: $M_{g,F}$ = 3,9 MNm,	Stütze: $M_{g,S}$ = -7,0 MNm
Veränderliche Einw.:	Feld: $M_{q,F}$ = 1,7 MNm,	Stütze: $M_{q,S}$ = -2,0 MNm
Vorspannung:	Feld: $M_{p,F} = -0{,}66 \cdot P$,	Stütze: $M_{p,S} = 0{,}82 \cdot P$

Verwenden Sie die angegebenen Brutto-Querschnittswerte.
$A_{c,br}$ = 2,2 m², $W_{c,o,br}$ = -0,670 m³, $W_{c,u,br}$ = 0,225 m³
Der Kombinationsbeiwert beträgt ψ_2 = 0,3.
Beachten Sie, dass sich alle Angaben auf einen Plattenbalken beziehen.

Aufgabe 11.4:

Auf Grund steigenden Verkehrsaufkommens und schwererer Fahrzeuge muss die bestehende Brücke ertüchtigt werden. Dies geschieht durch eine Unterspannung mit externen Spanngliedern. Im Gesamtquerschnitt (2 Plattenbalken) sind dann 6 interne und 4 externe Spannglieder vorhanden.

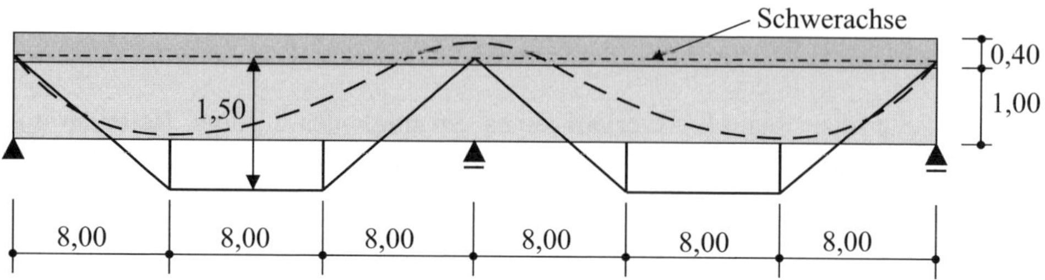

Bild 11-3: *Ertüchtigter Brückenquerschnitt*

e) Ermitteln Sie die Biegemomente infolge der externen Spannglieder.

b) Bemessen Sie die Plattenbalkenbrücke an der Stelle $x = 10{,}0$ m zum Zeitpunkt $t = \infty$ auf Biegung und geben Sie eine sinnvolle Längsbewehrung an. Reibungsverluste sind ebenso zu vernachlässigen wie der Spannungszuwachs in der externen Vorspannung. Gehen Sie davon aus, dass die 6 internen Spannglieder bei $x = 10{,}0$ m mit $z_p = 90$ cm unterhalb der Querschnitt-Schwerachse und die 4 externen Spannglieder $z_p = 150$ cm unterhalb der Querschnitt-Schwerachse vorhanden sind. Jedes Spannglied wird mit $\sigma_{pm0} = 1275$ MN/m² vorgespannt.
Das Nennmaß der Bügel beträgt $c_{nom,Bü} = 5{,}0$ cm. Verwenden Sie folgende Schnittgrößen bezogen auf den Gesamtquerschnitt (2 Stege):
Äußere Einwirk: $M_{g,k}(x = 10{,}0\text{ m}) = 7{,}8$ MNm, $M_{q,k}(x = 10{,}0\text{ m}) = 5{,}7$ MNm
Randabstände der Schwerachse bei $x = 10{,}0$ m: $z_u = 1{,}048$ m, $z_o = 0{,}352$ m

c) Ermitteln Sie die Querkraft infolge der internen und externen Vorspannung im maßgebenden Schnitt bei $x = 1{,}33$ m mit Hilfe der Ersatzlasten. Reibungsverluste sind zu vernachlässigen.
Überprüfen Sie dann, ob an der Stelle $x = d = 1{,}33$ m vom linken Auflager zum Zeitpunkt $t = \infty$ bei einer vorhandenen Biegelängsbewehrung von 5ϕ20 ($A_s = 15{,}7$ cm² pro Plattenbalken) die Mindestquerkraftbewehrung nach EC2-1-1 ausreichend ist, d. h. $V_{Ed} < V_{Rd,c}$. Sofern der Nachweis nicht eingehalten ist, wählen Sie für $\cot\theta = 1{,}2$ eine sinnvolle lotrechte Bewehrung.
Die Belastungen infolge äußerer Lasten auf dem Gesamtsystem (2 Plattenbalken) an der maßgebenden Stelle betragen: $V_{g,k} = 1{,}50$ MN und $V_{q,k} = 0{,}74$ MN.

Lösung: **Aufgabe 11.1:**

Ermittlung des Stiches f_1 (bei $x = l/2$): siehe Bild 11-1

Anteil 1: unterhalb Nulllinie

$z_{p,1}(x = 12{,}0\text{ m}) = -0{,}00864\cdot(12\text{ m})^2 + 0{,}17667\cdot 12\text{ m} = 0{,}876\text{ m}$

Anteil 2: oberhalb Nulllinie

$0{,}5\cdot|(z_{p,A} + e_B)| = 0{,}5\cdot(0 + 0{,}737\text{ m}) = 0{,}369\text{ m}$

$f_1 = 1{,}245\text{ m}$

Ermittlung des Stiches f_2 (bei $x = l$):

Lage im Übergangspunkt der Parabeln:

$z_{p,1}(x = 20{,}0\text{ m}) = -0{,}00864\cdot(20\text{ m})^2 + 0{,}17667\cdot 20\text{ m} = 0{,}077\text{ m}$

Anteil 2:

oberhalb Nulllinie $z_{p,2}(x = 24{,}0\text{ m}) = 0{,}262\text{ m}$

$f_2 = |z_{p,2}(x = 24\text{ m})| + z_{p,2}(x = 20\text{ m}) = 0{,}262\text{ m} + 0{,}077\text{ m} = 0{,}339\text{ m}$

Detail 1: Mittelauflager

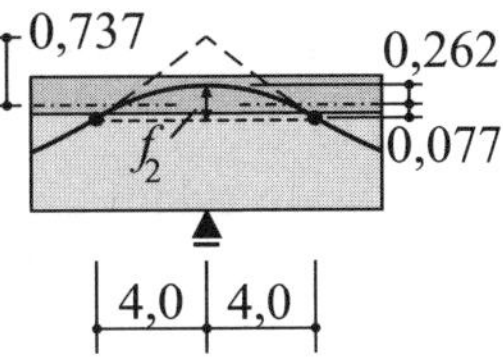

Umlenkkraft (für: $0 \leq x \leq 20{,}0$ m):

$u_1(x) = 8\cdot P\cdot f_1/l^2 = 8\cdot P\cdot 1{,}245\text{ m}/(24{,}0\text{ m})^2 = 1{,}73\cdot 10^{-2}\cdot P$

Umlenkkraft (für: $20{,}0\text{ m} \leq x \leq 24{,}0$ m):

$u_2(x) = 8\cdot P\cdot f_2/[2\cdot l_2]^2 = 8\cdot P\cdot 0{,}339\text{ m}/[2\cdot 4{,}0\text{ m}]^2 = 4{,}24\cdot 10^{-2}\cdot P$

[20] Kap. 4.3, Gl. 4.18 für eine quadratische Parabel, hier $z_{p1}(x)$ und $z_{p2}(x)$

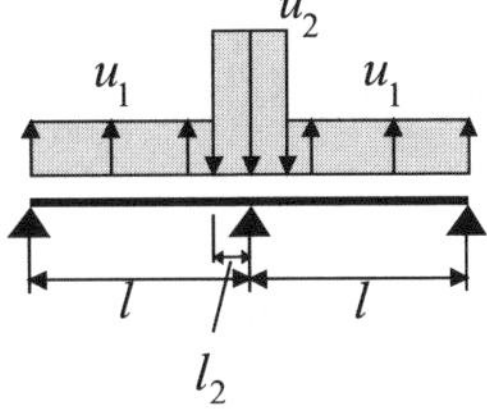

Biegemoment infolge $u(x)$ bei $x = 10{,}0$ m:

$M_{p,ges}(x = 10{,}0\text{ m}) = 10{,}0\cdot A_k + u_1\cdot 10{,}0^2/2$

$M_{p,ges} = 10\cdot(-0{,}152)\cdot P + 1{,}72\cdot 10^{-2}\cdot P\cdot 10{,}0^2/2 = -0{,}66\cdot P$

Geg.: $A_k = -0{,}152\cdot P$

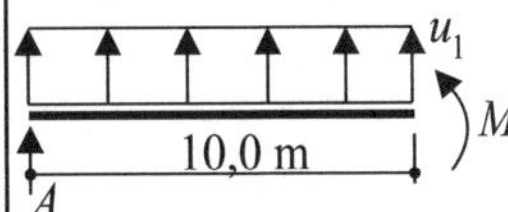

Einsetzen der Einheitsvorspannung $P = 1000$ kN:

$M_{p,ges}(x = 10{,}0\text{ m}) = -0{,}66\text{ m}\cdot 1000\text{ kN} = -660\text{ kNm}$

$M_{p,dir}(x = 10{,}0\text{ m}) = -P\cdot z_p = -0{,}9\cdot P = -900\text{ kNm}$

$M_{p,ind} = M_{p,ges}(x = 10{,}0\text{ m}) - M_{p,dir}(x = 10{,}0\text{ m})$

$M_{p,ind} = -0{,}66\cdot P + 0{,}9\cdot P = 0{,}24\cdot P = 240\text{ kNm}$

[20] Kap. 5.1 f.
$M_{p,dir}$ = stat. best. Anteil der Vorspannung
$M_{p,ind}$ = stat. unbe. Anteil der Vorspannung

Lösung: **Aufgabe 11.2:**

Teil a)

$P_{m0}(x) = P_{m0}\cdot e^{-\mu(\theta+kx)}$

[20] Kap. 4.4 und EC2-1-1, 5.10.5.2

Parabel 1 für: $0 \leq x \leq 20{,}0$ m:

$z'_{p,1}(x) = -0{,}01728 \cdot x + 0{,}17667$

Parabel 2 für: $20{,}0 \text{ m} \leq x \leq 24{,}0$ m:

$z'_{p,2}(x) = 0{,}04222 \cdot x - 1{,}01348$

Spanngliedneigung:

Stelle $x = 0$ m: $\rightarrow$: $z'_{p,1}(x = 0{,}00 \text{ m}) = 0{,}177$ m

Stelle $x = 20{,}0$ m: $\rightarrow$: $z'_{p,1}(x = 20{,}0 \text{ m}) = -0{,}169$ m

$\theta^{ges}(x = 0 \text{ m}) = 0$

$\theta^{ges}(x = 20{,}0 \text{ m}) = 0{,}177 \text{ rad} + |-0{,}169| \text{ rad} = 0{,}346 \text{ rad}$

$\theta^{ges}(x = 28{,}0 \text{ m}) = 0{,}346 \text{ rad} + 2 \cdot |-0{,}169| \text{ rad} = 0{,}684 \text{ rad}$

$\theta^{ges}(x = 48{,}0 \text{ m}) = [0{,}684 + |-0{,}169| + 0{,}177] \text{ rad} = 1{,}03 \text{ rad}$

Spannkraftverlauf „Anspannen":

$k = 0{,}4\ [°/\text{m}] = 6{,}98 \cdot 10^{-3}\ [\text{rad/m}]$

$P_{m0}(x) = 2430 \cdot e^{-0{,}21(\theta + 6{,}98 \cdot 1/10^3 \cdot x)}$

$P_{m0}(x = 0{,}0 \text{ m}) = 2430 \text{ kN}$ — Geg.: $P_{m0} = 2430$ kN

$P_{m0}(x = 20{,}0 \text{ m}) = 2430 \cdot e^{-0{,}21(0{,}346 + 6{,}98 \cdot 1/10^3 \cdot 20{,}0)} = 2430 \cdot 0{,}903 = 2194{,}3 \text{ kN}$

$P_{m0}(x = 28{,}0 \text{ m}) = 2430 \cdot e^{-0{,}21(0{,}684 + 6{,}98 \cdot 1/10^3 \cdot 28{,}0)} = 2430 \cdot 0{,}831 = 2019{,}3 \text{ kN}$

$P_{m0}(x = 48{,}0 \text{ m}) = 2430 \cdot e^{-0{,}21(1{,}03 + 6{,}98 \cdot 1/10^3 \cdot 48{,}0)} = 2430 \cdot 0{,}751 = 1824{,}9 \text{ kN}$

Einflusslänge des Keilschlupfes:

Stelle $x = 8{,}2$ m: — Geg.: $l_{sl} = 8{,}2$ m

$z'_{p,1}(x = 8{,}2 \text{ m}) = -0{,}01728 \cdot 8{,}2 + 0{,}17667 = 0{,}035 \text{ m}$

$\theta^{ges}(x = 8{,}2 \text{ m}) = [0{,}177 - 0{,}035] \text{ rad} = 0{,}142 \text{ rad}$

$P_{m0}(x = 8{,}2 \text{ m}) = 2430 \cdot e^{-0{,}21(0{,}142 + 6{,}98 \cdot 1/10^3 \cdot 8{,}2)} = 2430 \cdot 0{,}959$

$P_{m0}(x = 8{,}2 \text{ m}) = 2331{,}1 \text{ kN}$

Spannkräfte aus Keilschlupf bzw. Nachlassen:

$\theta^{ges}(x = 0 \text{ m}) = 0{,}142 \text{ rad}$

$P_{m0}(x = 0 \text{ m}) = 2331{,}1 \cdot e^{-0{,}21(0{,}142 + 6{,}98 \cdot 1/10^3 \cdot 8{,}2)} = 2331{,}1 \cdot 0{,}959$

$P_{m0}(x = 0 \text{ m}) = 2235{,}5 \text{ kN}$

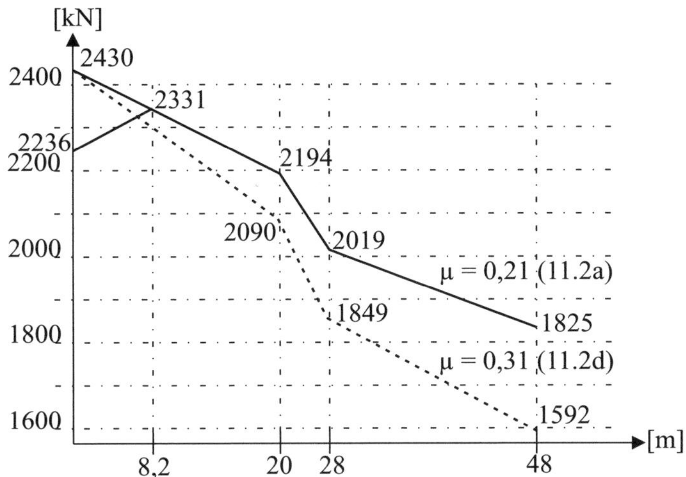

Bild 11-4: *Spannkraftverluste infolge Reibung*

Teil b)

[20] Kap. 4.9.1

$$\max.\,\Delta l_{\mathrm{sl}} = \frac{1}{E_{\mathrm{p}} \cdot A_{\mathrm{p}}} \cdot \int_0^{l_{\mathrm{sl}}} P(x)\,\mathrm{d}x$$

$$\Delta l_{\mathrm{sl}} = \frac{1}{E_{\mathrm{p}} \cdot A_{\mathrm{p}}} \cdot 8{,}2 \cdot \left[\frac{(2{,}43 + 2{,}331)}{2} - \frac{(2{,}331 + 2{,}236)}{2} \right] \mathrm{MNm}$$

$$\Delta l_{\mathrm{sl}} = \frac{1}{195.000\,\mathrm{MN/m^2} \cdot 0{,}0018\,\mathrm{m^2}} \cdot 0{,}800\,\mathrm{MNm}$$

$\Delta l_{\mathrm{sl}} \approx 2{,}3$ mm

P [kN]
2430
2400
2331
2300
2236
2200
Δl_{sl}

Ausschnitt aus Bild 11-4

Teil c)

$$\frac{P_{\mathrm{m0}}(x=0)}{P_{\mathrm{m0}}(x=l_{\mathrm{N}})} = \frac{2430}{2295} = 1{,}059 \qquad \rightarrow \qquad \text{Kehrwert: } 0{,}944$$

$P_{\mathrm{m0}}(x = l_{\mathrm{N}}) = 2430 \cdot e^{-0{,}21(\theta(x)+6{,}98 \cdot 1/10^3 \cdot L)} = 2430 \cdot 0{,}944$

[20] Kap. 4.7.3

→: $e^{-0{,}21(\theta(x)+6{,}98 \cdot 1/10^3 \cdot L)} = 0{,}944$

→: $-0{,}21\,(\theta(x = l_{\mathrm{N}}) + 6{,}98 \cdot 1/10^3 \cdot l_{\mathrm{N}}) = \ln(0{,}944)$

mit: $\theta(x = l_{\mathrm{N}}) = (8f/l^2) \cdot l_{\mathrm{N}} = (8 \cdot 1{,}245/24^2) \cdot l_{\mathrm{N}} = 0{,}017 \cdot l_{\mathrm{N}}$

Für eine Parabel gilt nach [20] Gl. 4.34: $\theta_{\mathrm{ges}} = \theta(x = 0) - \theta(x) = (8f/l^2) \cdot x$
mit: $f = 1{,}245$ m siehe Aufgabe 11.1

→: $-0{,}21 \cdot (0{,}017 \cdot l_{\mathrm{N}} + 6{,}98 \cdot 1/10^3 \cdot l_{\mathrm{N}}) = -0{,}058$

→: $0{,}017 \cdot l_{\mathrm{N}} + 6{,}98 \cdot 1/10^3 \cdot l_{\mathrm{N}} = 0{,}276$

→: $l_{\mathrm{N}}\,(0{,}017 + 6{,}98 \cdot 1/10^3) = 0{,}276$

→: $l_{\mathrm{N}} = 11{,}5$ m

$P_{m0}(x = 11{,}5\text{ m}) = 2295\text{ kN}$
$P'_{m0}(x = 0) = 2295\text{ kN}\cdot 0{,}944 = 2167\text{ kN}$

Teil d)

$\mu_{ist} = 0{,}31$ (gegeben):

μ_{ist} aus Zulassung bzw. hier gegeben

$P_{m0}(x) = 2430\cdot e^{-0{,}31(\theta+6{,}98\cdot 1/10^3\cdot x)}$

$P_{m0}(x = 0\text{ m}) \quad = 2430\text{ kN}$

$P_{m0}(x = 20{,}0\text{ m}) \quad = 2430\cdot e^{-0{,}31(0{,}346+6{,}98\cdot 1/10^3\cdot 20{,}0)} = 2430\cdot 0{,}860 = 2089{,}8\text{ kN}$

$P_{m0}(x = 28{,}0\text{ m}) \quad = 2430\cdot e^{-0{,}31(0{,}684+6{,}98\cdot 1/10^3\cdot 28{,}0)} = 2430\cdot 0{,}761 = 1849{,}2\text{ kN}$

$P_{m0}(x = 48{,}0\text{ m}) \quad = 2430\cdot e^{-0{,}31(1{,}03+6{,}98\cdot 1/10^3\cdot 48{,}0)} = 2430\cdot 0{,}655 = 1591{,}7\text{ kN}$

$\mu_{soll} = 0{,}21$ (gegeben):

$P_{m0}(x = 48{,}0\text{ m}) = 1824{,}9\text{ kN}$

$P_{m0}(x = 48{,}0\text{ m})$ siehe Aufgabe 11.2a

$$P_{m0}^{\mu=0,31}(x=0) = P_{m0}^{\mu=0,31}(x=48)\cdot\frac{P_{m0}^{\mu=0,21}(x=0)}{P_{m0}^{\mu=0,21}(x=48)}$$

$$P_{m0}^{\mu=0,31}(x=0) = 1591{,}7\cdot\frac{2430}{1824{,}9}\text{kN} = 2119{,}7\text{ kN}$$

Es muss mit $P_{m0} = 2119{,}7$ kN vorgespannt werden, damit auch mit $\mu = 0{,}31$ durch Überspannen eine Kraft von $P_{m0} = 1824{,}9$ kN am Spanngliedende erreicht werden kann.

Lösung: **Aufgabe 11.3:**

Biegemomente:

Im Feld ($x = 10{,}0$ m):

$M_{Ed,F} = 3{,}9\text{ MNm} + 0{,}3\cdot 1{,}7\text{ MNm} = 4{,}41\text{ MNm}$ — Geg.: $M_{(g+q),F}$, ψ_2

Über der Stütze ($x = 24{,}0$ m):

$M_{Ed,S} = -7{,}0\text{ MNm} + 0{,}3\cdot(-2{,}0\text{ MNm}) = -7{,}6\text{ MNm}$ — Geg.: $M_{(g+q),S}$, ψ_2

Vorspannkraft: $P_{m\infty} = 0{,}87\cdot 3\cdot 18{,}0\text{ cm}^2\cdot 127{,}5\text{ kN/cm}^2 = 6{,}0\text{ MN}$ — Geg.: 13 % Verluste aus K + S + R; Geg.: $A_p = 18\text{ cm}^2$

Nachweis im Feld ($x = 10{,}0$ m):

$$\frac{-P_{m\infty}}{A_{c,br}} + \frac{M_{Ed,F}}{W_{c,br,u}} + \frac{-0{,}66\cdot P_{m\infty}}{W_{c,br,u}} \leq 0$$

Geg.: $M_{p,F} = -0{,}66\cdot P$

$$\frac{-6{,}0}{2{,}2}+\frac{4{,}41}{0{,}225}+\frac{-0{,}66\cdot 6{,}0}{0{,}225}\leq 0$$

$-2{,}72 + 19{,}60 - 17{,}60 = -0{,}72\ \mathrm{MN/m^2} < 0$

Nachweis über der Stütze (x = 24,0 m):

$$\frac{-P_{\mathrm{m}\infty}}{A_{\mathrm{c,br}}}+\frac{M_{\mathrm{Ed,S}}}{W_{\mathrm{c,br,o}}}+\frac{0{,}82\cdot P_{\mathrm{m}\infty}}{W_{\mathrm{c,br,o}}}\leq 0$$

Geg.: $M_{\mathrm{p,S}} = 0{,}82\cdot P$

$$\frac{-6{,}0}{2{,}2}+\frac{-7{,}6}{-0{,}67}+\frac{0{,}82\cdot 6{,}0}{-0{,}67}\leq 0$$

$-2{,}73 + 11{,}34 - 7{,}34 = 1{,}27\ \mathrm{MN/m^2} > 0$

3 Spannglieder sind lediglich im Feld ausreichend, um zu gewährleisten, dass der Querschnitt völlig unter Druckspannungen steht.

Lösung: **Aufgabe 11.4:**

Teil a)

Externe Vorspannung:

$P_{\mathrm{ext},\infty} = 4\cdot 18\ \mathrm{cm^2}\cdot 127{,}5\ \mathrm{kN/cm^2}\cdot 0{,}87 = 8{,}0\ \mathrm{MN}$

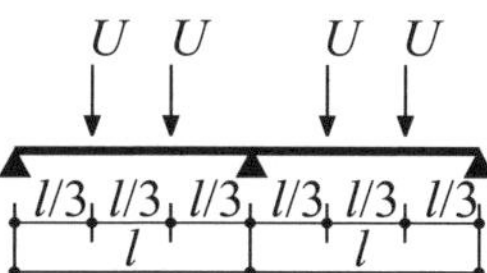

Umlenklasten $U = P_{\mathrm{ext},\infty}\cdot(1{,}5/8) = 8{,}0\ \mathrm{MN}\cdot(1{,}5/8) = 1{,}5\ \mathrm{MN}$

[1] Kap. 4, 1.4.1

Auflagerlast: $A_{\mathrm{p,ext}} = (2/3)\cdot U = (2/3)\cdot 1{,}5\ \mathrm{MN} = 1{,}0\ \mathrm{MN}$

$M_{\mathrm{p,ext},\infty}(x = 10\ \mathrm{m}) \quad = -A\cdot 10\ \mathrm{m} + U\cdot 2\ \mathrm{m}$

$M_{\mathrm{p,ext},\infty} = -1{,}0\ \mathrm{MN}\cdot 10\ \mathrm{m} + 1{,}5\ \mathrm{MN}\cdot 2\ \mathrm{m} = -7{,}0\ \mathrm{MNm}$

Teil b)

Interne Vorspannung:

$P_{\mathrm{int},\infty} = 6\cdot 18\ \mathrm{cm^2}\cdot 127{,}5\ \mathrm{kN/cm^2}\cdot 0{,}87 = -11{,}980\ \mathrm{MN}$

$M_{\mathrm{p,int},\infty}(x = 10{,}0\ \mathrm{m}) = 0{,}66\cdot P_{\mathrm{int},\infty} = -7{,}907\ \mathrm{MNm}$

$M_{\mathrm{p,dir,int},\infty}(x = 10{,}0\ \mathrm{m}) = P_{\mathrm{int},\infty}\cdot z_{\mathrm{p}} = -10{,}782\ \mathrm{MNm}$

siehe Aufgabe 11.1

$z_{\mathrm{p}}(x = 10{,}0\ \mathrm{m}) = 0{,}9\ \mathrm{m}$

$M_{\mathrm{p,ind,int},\infty} = M_{\mathrm{p,int},\infty} - M_{\mathrm{p,dir,int},\infty} = -7{,}907 - (-10{,}782) = 2{,}875\ \mathrm{MNm}$

Die Biegebemessung erfolgt, indem externe und interne Vorspannung als äußere Einwirkung angesetzt werden.

Die externe Vorspannung im SLS (ein Spannungszuwachs wird vereinfachend vernachlässigt), die interne Vorspannung im ULS (der Spannungszuwachs von $M_{p,dir}$ wird berücksichtigt). — [20] Kap. 8.2.1.2

Annahme: Der Spannstahl fließt im ULS.

$P_{int}^{ULS} = [1500 \text{ MN/m}^2/1{,}15]\cdot 6\cdot 18 \text{ cm}^2\cdot 10^{-4} = -14{,}087 \text{ MN}$ — Im ULS: $f_{pd} = f_{p0,1k}/\gamma_S$ EC2-1-1, Bild 3.10 und EC2-1-1, 3.3.6(6)

$P_{ext}^{SLS} = -8{,}0 \text{ MN}$

$$M_{p,int}^{ULS} = M_{p,dir,int} + M_{p,ind,int} = P_{int}^{ULS}\cdot z_p + M_{p,ind,int}$$

$$M_{P,int,\infty}^{ULS} = -14{,}087 \text{ MN}\cdot 0{,}9 \text{ m} + 2{,}875 \text{ MNm} = -9{,}80 \text{ MNm}$$ — $z_p(x = 10{,}0 \text{ m}) = 0{,}9 \text{ m}$

Bemessungsmoment aus ständigen und veränderlichen Lasten: — Geg.: $M_{g,k}$, $M_{q,k}$

$M_{g,k}(x = 10{,}0 \text{ m}) = 7{,}8 \text{ MNm}$

$M_{q,k}(x = 10{,}0 \text{ m}) = 5{,}70 \text{ MNm}$

$M_{Ed,g+q} = 1{,}35\cdot 7{,}8 \text{ MNm} + 1{,}5\cdot 5{,}67 \text{ MNm} = 19{,}04 \text{ MNm}$

Gesamtes Bemessungsmoment:

$M_{Ed} = M_{Ed,g+q} - M_{p,int}^{ULS} - M_{p,ext,\infty}$

$M_{Ed} = [19{,}04 - 9{,}8 - 7{,}0] \text{ MNm} = 2{,}24 \text{ MNm}$

Bemessungsmoment bezogen auf die Stahllage: — Geg.: $z_u = 1{,}048 \text{ m}$

$z_{s1} = z_u - c_{nom,Bü} - \phi_w - \phi_s/2 = [1{,}048 - 0{,}05 - 0{,}012 - 0{,}016/2] \text{ m}$ — Gew.: $\phi_w = 12 \text{ mm}$, $\phi_s = 16 \text{ mm}$

$z_{s1} \approx 0{,}98 \text{ m}$

$M_{Eds} = M_{Ed} + |(P_{int}^{ULS} + P_{ext}^{SLS})\cdot z_{s1}|$

$M_{Eds} = 2{,}24 \text{ MNm} + (14{,}087 + 8{,}0)\cdot 0{,}98 \text{ MNm} = 23{,}89 \text{ MNm}$

Ermittlung der stat. Nutzhöhe:

$d = h - c_{nom,Bü} - \phi_w - \phi_s/2 = [1{,}4 - 0{,}05 - 0{,}012 - 0{,}016/2] \text{ m}$ — Geg.: $c_{nom,Bü} = 5{,}0 \text{ cm}$

$d = 1{,}33 \text{ m}$

Ermittlung von b_{eff}: — EC2-1-1, Bild 5.2

$l_0 = 0{,}85\cdot l_1 = 0{,}85\cdot 24{,}00 \text{ m} = 20{,}4 \text{ m}$ — EC2-1-1, Bild 5.3

$b_{1,2} = 1{,}82^5 \text{ m}$

$b_w = 0{,}6 \text{ m}$ (gevouteter Steg) — EC2-1-1, Gl. 5.7a

$b_{eff,1,2} = 0{,}2\cdot b_i + 0{,}1\cdot l_0 = 0{,}2\cdot 1{,}825 \text{ m} + 0{,}1\cdot 20{,}4 \text{ m} = 2{,}41 \text{ m}$

$b_{eff,1,2} < 0{,}2\cdot l_0 = 4{,}08 \text{ m}$ — EC2-1-1, Gl. 5.7b

$b_{eff,1,2} > b_i = 1{,}82^5 \text{ m}$ — EC2-1-1, Gl. 5.7

$\rightarrow$: $b_{eff} = 2\cdot[b_w + 2\cdot b_{eff,i}] = 2\cdot[0{,}6 \text{ m} + 2\cdot 1{,}82^5 \text{ m}] = 8{,}5 \text{ m}$

Bemessung:

Geg.: C35/45
[1] Kap. 5, Tafel 2a

$$\mu_{\text{Eds}} = \frac{M_{\text{Eds}}^{\text{ULS}}(x = 10{,}0\,\text{m})}{b_{\text{eff}} \cdot d^2 \cdot f_{\text{cd}}} = \frac{23{,}89\,\text{MNm}}{8{,}5\,\text{m} \cdot 1{,}33^2\,\text{m}^2 \cdot 22{,}67} = 0{,}07$$

mit:

$f_{\text{cd}} = \alpha_{\text{cc}} \cdot f_{\text{ck}}/\gamma_C = 0{,}85 \cdot 40\ \text{MN/m}^2/1{,}5 = 22{,}67\ \text{MN/m}^2$

$\rightarrow$: $\omega = 0{,}073$ $\quad\varepsilon_{c2} = -2{,}68\ ‰$ $\quad\varepsilon_{s1} = 25\ ‰$

EC2-1-1, Gl. 3.15 und NDP zu 3.1.6(1)

Kontrolle der Druckzonenhöhe:

$x = \xi \cdot d = 0{,}097 \cdot 133\ \text{cm} = 12{,}9\ \text{cm} < h_f = 40\ \text{cm}$

$\xi = x/d = 0{,}097$

Die Nulllinie liegt im Flansch; das Anwenden der Bemessungstafel ist zulässig.

erf. $A_s = (1/f_{yd}) \cdot [\omega \cdot b_{\text{eff}} \cdot d \cdot f_{\text{cd}} - (P_{\text{int}}^{\text{ULS}} + P_{\text{ext}})]$
erf. $A_s = (1/435) \cdot [0{,}073 \cdot 8{,}5 \cdot 1{,}33 \cdot 22{,}67 - (14{,}087 + 8{,}0)]$
erf. $A_s = (1/435\ \text{MN/m}^2) \cdot [18{,}71 - 22{,}09]\ \text{MN} < 0$

Rechnerisch ist keine Betonstahlbewehrung erforderlich.

Kontrolle der Spannstahldehnungen im ULS:
Vordehnung:

$\varepsilon_{p,\text{int}}^{(0)} = 11{,}98\ \text{MN}/[195.000\ \text{MN/m}^2 \cdot 6 \cdot 18\ \text{cm}^2 \cdot 10^{-4}] = 5{,}68\ ‰$

Geg.: 6 interne Spannglieder

Abstand der Spanngliedlage von oben:

$z_u + z_p = 0{,}352\ \text{m} + 0{,}90\ \text{m} = 1{,}252\ \text{m}$

Geg.: z_u, z_p

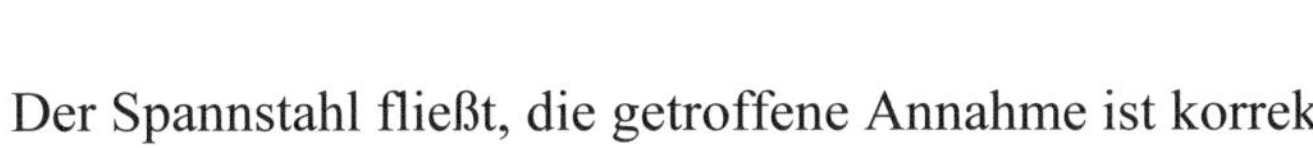

$\Delta\varepsilon_{p,\text{int}} = (\varepsilon_{c2}/12{,}9) \cdot (125{,}2 - 12{,}9) = 23{,}3\ ‰$

$\Delta\varepsilon_{p,\text{int}} + \varepsilon_p^{(0)} = 29{,}0\ ‰ > \varepsilon_{p,y} = f_{pd}/E_p = 6{,}7\ ‰$

Der Spannstahl fließt, die getroffene Annahme ist korrekt.

$\varepsilon_p^{(0)} + 25\ ‰ = 30{,}7\ ‰ \leq 0{,}9 \cdot \varepsilon_{uk} = 0{,}9 \cdot 35\ ‰ = 31{,}5\ ‰$

EC2-1-1, NDP zu 3.3.6(7) und [9]

Teil c)

An der Stelle $x = 1{,}33$ m:

$V_{\text{Ed,g+q,red}} = 1{,}35 \cdot 1{,}5\ \text{MN} + 1{,}5 \cdot 0{,}74\ \text{MN} = 3{,}14\ \text{MN}$

Bemessungsquerkraft infolge Vorspannung:
Interne Vorspannung:

$P_{\text{m0,int},\infty} = -11{,}98\ \text{MN}$

$u_1 = 1{,}73 \cdot 10^{-2} \cdot P = 0{,}207\ \text{MN/m}$

$P_{\text{m0,int},\infty}$ siehe Aufgabe 11.4b
u_1 siehe Aufgabe 11.1

Auflagerkraft infolge interner Vorspannung am linken Auflager: $A_{p,int} = -0{,}152 \cdot P = -1{,}82$ MN $V_{Ed,p,int}(x = 1{,}33 \text{ m}) = -1{,}82 \text{ MN} + 1{,}33 \text{ m} \cdot 0{,}207 \text{ MN/m}$ $V_{Ed,p,int} = -1{,}55$ MN	Geg.: $A_{p,int} = -0{,}152 \cdot P$
Externe Vorspannung: $P_{m0,ext,\infty} = -8{,}0$ MN	$P_{m0,ext,\infty}$ siehe Aufgabe 11.4a
Auflagerkraft aus externer Vorspannung am linken Auflager: $A_{p,ext} = -1{,}0$ MN	$A_{p,ext}$ siehe Aufgabe 11.4a
$V_{Ed,p,ext}(x = 1{,}33 \text{ m}) = -1{,}0$ MN	
Bemessungsquerkraft für den Gesamtquerschnitt: $V_{Ed,red}(x = 1{,}33 \text{ m}) = [3{,}14 - 1{,}55 - 1{,}0] \text{ MN} = 0{,}59$ MN	
Für einen Plattenbalken: $V_{Ed,red}(x = 1{,}33 \text{ m}) = 0{,}59 \text{ MN}/2 = 0{,}295$ MN	
Durch den Beton aufnehmbare Querkraft pro Plattenbalken:	
$V_{Rd,c} = [C_{Rd,c} \cdot k \cdot (100 \rho_l \cdot f_{ck})^{1/3} + k_1 \cdot \sigma_{cp}] \cdot b_w \cdot d$ mit:	EC2-1-1, Gl. 6.2.a
$C_{Rd,c} = 0{,}15/\gamma_C = 0{,}10$	EC2-1-1, NDP zu 6.2.2(1)
$k = 1 + (200/1330)^{0,5} = 1{,}388 < 2{,}0$	
$\rho_l = 15{,}7/[133 \cdot 40] = 0{,}30\ \% \leq 2\ \%$	Geg.: $A_s = 15{,}7$ cm²
$f_{ck} = 40$ MN/m²	
$k_1 = 0{,}12$	EC2-1-1, NDP zu 6.2.2(1)
$\sigma_{cp} = N_{Ed}/A_c < 0{,}2 \cdot f_{cd}$ $\sigma_{cp} = 0{,}5 \cdot [(11{,}98 + 8{,}0)/8{,}8] \text{ MN/m}^2 = 1{,}14 \text{ MN/m}^2$ $0{,}2 \cdot f_{cd} = 0{,}2 \cdot 22{,}67 \text{ MN/m}^2 = 4{,}53 \text{ MN/m}^2$ $\rightarrow \sigma_{cp} = 1{,}14 \text{ MN/m}^2$	$N_{Ed} = P_{int} + P_{ext}$
$b_w = 0{,}4$ m	EC2-1-1, Bild 6.5
$V_{Rd,c} = [0{,}1 \cdot 1{,}388 \cdot (0{,}30 \cdot 40 \text{ MN/m}^2)^{1/3} + 0{,}12 \cdot 1{,}14 \text{ MN/m}^2] \cdot b_w \cdot d$ $V_{Rd,c} = 0{,}240 \text{ MN} < V_{Ed,red} = 0{,}295$ MN	

$V_{Rd,c,min} = [v_{min} + k_1 \cdot \sigma_{cp}] \cdot b_w \cdot d$ — EC2-1-1, Gl. 6.2b

mit:

$v_{min} = (0{,}0525/\gamma_C) \cdot k^{3/2} \cdot f_{ck}^{1/2}$ — EC2-1-1, Gl. 6.3aDE

$v_{min} = (0{,}0525/1{,}5) \cdot 1{,}388^{3/2} \cdot (40\ MN/m^2)^{1/2} = 0{,}362\ MN/m^2$

$V_{Rd,c,min} = [362 + 0{,}12 \cdot 1{,}14]\ MN/m^2 \cdot 0{,}4\ m \cdot 1{,}33\ m$

$V_{Rd,c,min} = 0{,}265\ MN > V_{Rd,c} = 0{,}240\ MN$

$V_{Rd,c,min} = 0{,}265\ MN < V_{Ed,red} = 0{,}295\ MN$

Es ist statisch eine Querkraftbewehrung erforderlich.

Nachweis der Zugstrebe – erforderliche Bewehrung: — EC2-1-1, Gl. 6.8

$V_{Ed,red} < V_{Rd,s}$ — EC2-1-1, NCI zu 6.2.1(8)

erf. $a_{sw} = V_{Ed,red} / [f_{ywd} \cdot z \cdot \cot\theta]$

mit:

$f_{ywd} = 500/1{,}15 = 435\ MN/m^2$

$z = 0{,}9 \cdot d = 0{,}9 \cdot 1{,}33\ m = 1{,}20\ m$ (siehe Fußnote S. 4) — EC2-1-1, 6.2.3(1)

erf. $a_{sw} = 0{,}295\ MN \cdot 10^4 / [435\ MN/m^2 \cdot 1{,}20\ m \cdot 1{,}2] = 4{,}7\ cm^2/m$ — $\alpha = 90°$, $\cot\theta = 1{,}2$

Es werden Bügel $\phi 10$ alle 15 cm angeordnet; vorh. $a_{sw} = 10{,}5\ cm^2/m$ in jedem Plattenbalken.

Beispiel 12: Vorgespannte Fußgängerbrücke

Gegeben ist eine zweifeldrige Plattenbalkenbrücke für Fußgänger und Radfahrer über eine Bundesautobahn mit jeweils l = 18,0 m Spannweite. Die Brücke wurde mit Vorspannung im nachträglichen Verbund hergestellt. Die Spanngliedführung ist parabolisch.

Als Beton kommt ein C40/50 zum Einsatz, der Betonstahl ist B500B, der Spannstahl St 1570/1770 ($f_{p0,1k}$ = 1500 MN/m²). Die Aufbaulasten der Brücke betragen g_{k2} = 2,0 kN/m². Die Verluste der Vorspannkraft aus Kriechen, Schwinden und Relaxation können für alle Spannglieder zum Zeitpunkt $t = \infty$ zu 17 % angenommen werden.

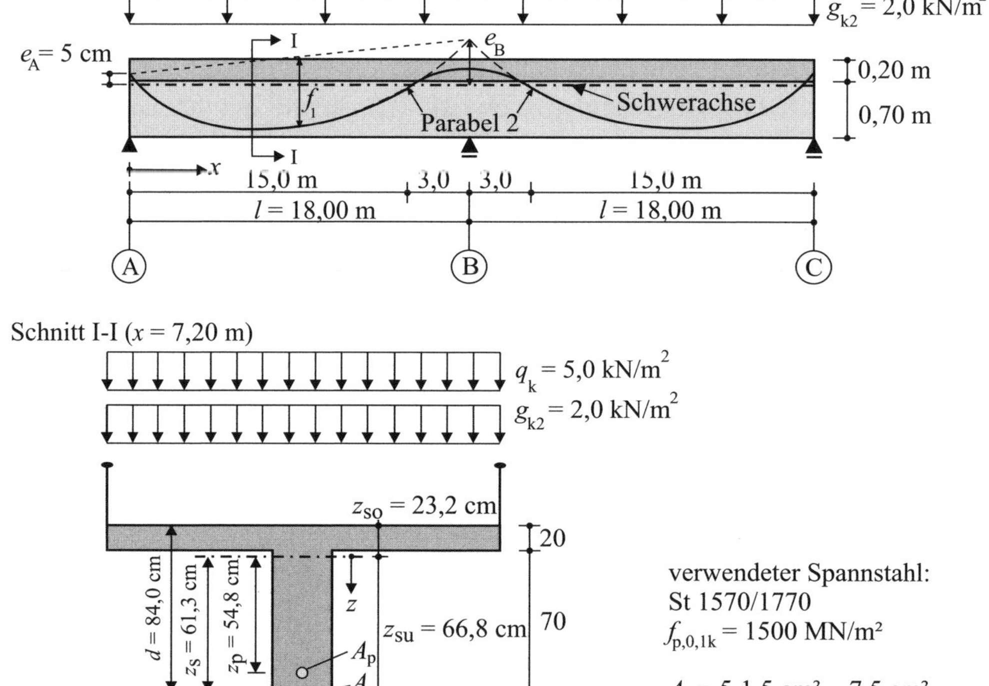

Bild 12-1: *System in Längs- und Querrichtung*

Parabel 1: **für: $0 \le x \le 15{,}0$ m** $z_{p,1}(x) = -9{,}389 \cdot 10^{-3} \cdot x^2 + 1{,}507 \cdot 10^{-1} \cdot x - 0{,}05$

Parabel 2: **für: $15{,}0 \text{ m} \le x \le 18{,}0$ m** $z_{p,2}(x) = 9{,}701 \cdot 10^{-4} \cdot x^3 - 2{,}619 \cdot 10^{-2} \cdot x^2 + 2{,}717$

Das Spannglied mit 5 Litzen hat eine Querschnittsfläche von jeweils $A_p = 1{,}50$ cm² pro Litze, der E-Modul beträgt E_p = 195.000 MN/m², der äußere Durchmesser des Hüllrohres $\phi_{duct} = 6{,}1$ cm. Der Träger besitzt lotrechte Bügel.

Aufgabe 12.1:

Bestimmen Sie die Umlenklasten $u_1(x)$ und $u_2(x)$ für eine Einheitsvorspannung $P = 1{,}0$ MN ohne Berücksichtigung der Reibungsverluste. Ermitteln Sie anschließend die Biegemomente $M_{p,ges}$, $M_{p,dir}$ und $M_{p,ind}$ infolge $u_1(x)$ und $u_2(x)$ bei $x = 0{,}4 \cdot l = 7{,}2$ m. Die Querkraft infolge Vorspannung beträgt am linken Auflager $V_{p,A} = -0{,}130 \cdot P$.

Aufgabe 12.2:

Bemessen Sie die Brücke im Feld ($x = 0{,}4 \cdot l = 7{,}20$ m) zum Zeitpunkt $t = \infty$ auf Biegung und geben Sie eine sinnvolle Längsbewehrung an. Reibungsverluste sind zu vernachlässigen. Gehen Sie von einer Vorspannkraft während des Anspannens von $P_{max} = 0{,}9 \cdot f_{p0,1k} \cdot \Sigma A_p$ aus.

Aufgabe 12.3:

Führen Sie im maßgebenden Bereich des Endauflagers (Achse A) alle erforderlichen Nachweise gegen ein Querkraftversagen. Gehen Sie dabei von einer Längsbewehrung von 6 ϕ25 und einer Vorspannkraft während des Anspannens von $P_{max} = 0{,}9 \cdot f_{p0,1k} \cdot \Sigma A_p$ aus. Der Druckstrebenwinkel wird vereinfachend nach EC2-1-1/NA zu $\cot\theta = 1{,}2$ angenommen.

Aufgabe 12.4:

Prüfen Sie, wie viele Litzen benötigt werden, damit die Brücke an der Stelle $x = 0{,}4 \cdot l = 7{,}2$ m zum Zeitpunkt $t = \infty$ im Zustand I verbleibt. Dazu sind die Betonspannungen unter der *quasi-ständigen Einwirkungskombination* ($\psi_2 = 0{,}2$) auf $f_{ctm} = 3{,}5$ MN/m² zu begrenzen.
Die Spannung nach dem Verankern der Spannglieder beträgt $\sigma_{pm0} = 1275$ MN/m² (Reibungsverluste werden vernachlässigt). Ermitteln Sie dann die vorhandene Verformung zum Zeitpunkt $t = \infty$ und kontrollieren Sie, ob die vom Bauherren geforderte max. Verformung von 5,0 cm eingehalten ist. Verwenden Sie Bruttoquerschnittswerte. Es sei $\varphi(\infty, t_0 = 3d) = 3{,}2$.

Lösung: **Aufgabe 12.1:**

Ermittlung des Stiches f_1 (bei $x = l/2$):
Anteil 1: unterhalb Nulllinie
$z_{p,1}(x = 9{,}0\text{ m}) = -9{,}389 \cdot 10^{-3} \cdot (9{,}0\text{ m})^2 + 1{,}507 \cdot 10^{-1} \cdot 9{,}0\text{ m} - 0{,}05$
$z_{p,1}(x = 9{,}0\text{ m}) = 0{,}546$ m
Anteil 2: oberhalb Nulllinie
$e_B = |-9{,}389 \cdot 10^{-3} \cdot (18{,}0\text{ m})^2 + 1{,}506 \cdot 10^{-1} \cdot 18{,}0\text{ m} - 0{,}05|$

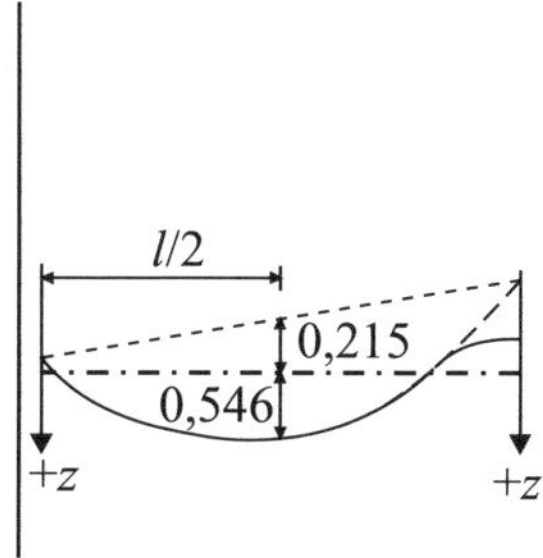

$e_B = 0{,}381$ m
$0{,}5 \cdot |e_B - e_A| = 0{,}5 \cdot (0{,}379 \text{ m} - 0{,}05 \text{ m}) = 0{,}165$ m
$0{,}165 \text{ m} + 0{,}05 \text{ m} = 0{,}215$ m
$f_1 = [0{,}546 + 0{,}215] \text{ m} = 0{,}761$ m

Umlenkkraft (für: $0 \text{ m} \leq x \leq 15{,}0$ m):
$u_1(x) = 8 \cdot P \cdot f_1 / l^2 = 8 \cdot P \cdot 0{,}761 \text{ m}/[18 \text{ m}]^2 = 1{,}88 \cdot 10^{-2} \cdot P$

[20] Kap. 4.3, Gl. 4.18 für eine quadr. Parabel

Bestimmung der Umlenklast u_2 (für: $15{,}0 \text{ m} \leq x \leq 18{,}0$ m):

$u_2(x) = P(x)/R(x)$ — [20] Kap. 4.3, Gl. 4.14

$$R(x) = \frac{[1 + [z'(x)]^2]^{1,5}}{|z''(x)|}$$ — [20] Kap. 4.3, Gl. 4.15

mit:
$z_{p,2}(x) = 9{,}701 \cdot 10^{-4} \cdot x^3 - 2{,}619 \cdot 10^{-2} \cdot x^2 + 2{,}717$
$z'_{p,2}(x) = 2{,}91 \cdot 10^{-3} \cdot x^2 - 5{,}238 \cdot 10^{-2} \cdot x$
$z''_{p,2}(x) = 5{,}82 \cdot 10^{-3} \cdot x - 5{,}238 \cdot 10^{-2}$

***Tab. 12-1:** Umlenklasten u_2*

x [m]	$z(x)$	$z'(x)$	$z''(x)$	$R(x)$	$u_2 = P/R$
15,0	0,098	-0,131	0,035	29,38	34,0 kN/m
15,5	0,037	-0,113	0,038	26,94	37,1 kN/m
16,0	-0,014	-0,093	0,041	24,87	40,2 kN/m
16,5	-0,055	-0,072	0,044	23,09	43,3 kN/m
17,0	-0,086	-0,049	0,047	21,56	46,4 kN/m
17,5	-0,105	-0,025	0,049	20,23	49,4 kN/m
18,0	-0,111	0,000	0,052	19,09	52,4 kN/m

Anm. zu Tab. 12-1: Vereinfachend wurden die Umlenklasten als vertikale Kraft angenommen.

Randmoment aus Ankerkraft:
Neigung des Spanngliedes am Auflager:
$\tan\theta = z'_{p,1}(x = 0) = 0{,}151 \rightarrow: \theta = 8{,}6°$
$P_h = P \cdot \cos\theta = 0{,}99 \cdot P$
$P_h \approx P = 1{,}0$ MN (da Austrittswinkel klein)
$\rightarrow: M_{p,A}(x = 0 \text{ m}) = +0{,}05 \cdot P$

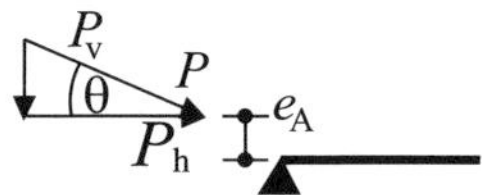

Geg.: $e_A = 5$ cm

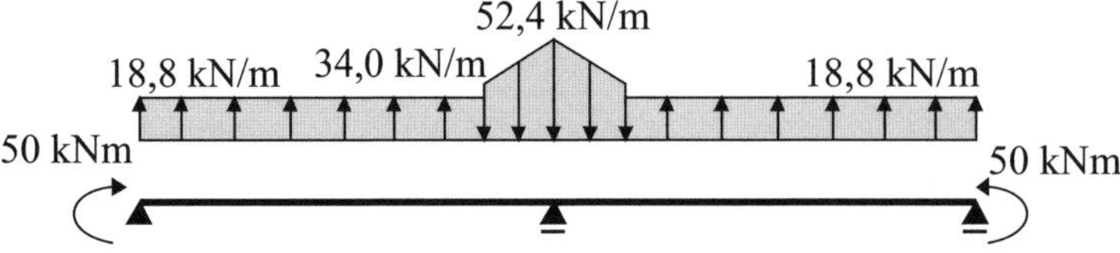

***Bild 12-2:** Umlenklasten und Randmoment für P = 1 MN*

Biegemoment infolge $u(x)$ und $M_{p,A}$ bei $x = 7{,}2$ m:
$M_{p,ges}(x = 7{,}2\ \text{m}) = 0{,}05 \cdot P + 7{,}2 \cdot V_{p,A} + u_1 \cdot (7{,}2^2)/2$
$M_{p,ges} = 0{,}05 \cdot P + 7{,}2\ \text{m} \cdot (-0{,}130) \cdot P + 1{,}88 \cdot 10^{-2} \cdot P \cdot (7{,}2\ \text{m})^2/2$
$M_{p,ges} = -0{,}399 \cdot P = -399$ kNm

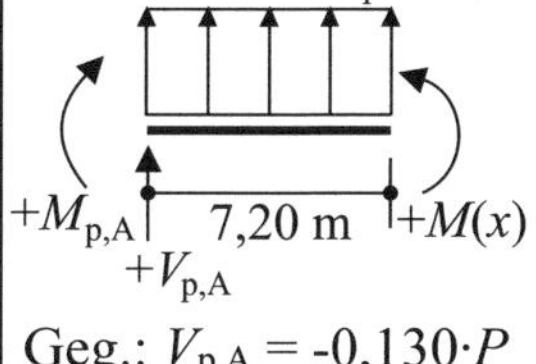

Geg.: $V_{p,A} = -0{,}130 \cdot P$

$z_{p,1}(x = 7{,}2\ \text{m}) = -9{,}389 \cdot 10^{-3} \cdot x^2 + 1{,}507 \cdot 10^{-1} \cdot x - 0{,}05 = 0{,}548$ m
$M_{p,dir}(x = 7{,}2\ \text{m}) = P \cdot z_{p,1}(x = 7{,}2\ \text{m}) = -0{,}548 \cdot P = -548$ kNm
$M_{p,ind} = M_{p,ges} - M_{p,dir} = (-399\ \text{kNm}) - (-548\ \text{kNm}) = 149$ kNm

[20] Kap. 5.1 f.
$M_{p,dir}$ = stat. best. Anteil der Vorspannung
$M_{p,ind}$ = stat. unbest. Anteil der Vorspannung

Lösung: **Aufgabe 12.2:**

Bestimmung der Eigenlast:
$g_{k1} = 25\ \text{kN/m}^3 \cdot [0{,}2\ \text{m} \cdot 2{,}95\ \text{m} + 0{,}35\ \text{m} \cdot 0{,}7\ \text{m}] = 20{,}88$ kN/m
Schnittgrößen aus ständigen und veränderlichen Lasten:
$A_{g,k} = 0{,}375 \cdot (20{,}88 + 2{,}0 \cdot 2{,}95)\ \text{kN/m} \cdot 18{,}0\ \text{m} = 180{,}7$ kN
$M_{g,k}(x = 7{,}2\ \text{m}) = 180{,}8\ \text{kN} \cdot 7{,}2\ \text{m} - 26{,}78\ \text{kN/m} \cdot (7{,}2^2/2)\ \text{m}^2$
$M_{g,k}(x = 7{,}2\ \text{m}) = 607{,}4$ kNm

[1] Kap. 4, 1.4.1
Geg.: $g_{k2} = 2{,}0\ \text{kN/m}^2$
M_{gk} für g_k beidseitig

$A_{q,k} = 0{,}438 \cdot (5{,}0 \cdot 2{,}95)\ \text{kN/m} \cdot 18{,}0\ \text{m} = 116{,}3$ kN
$M_{q,k}(x = 7{,}2\ \text{m}) = 116{,}3\ \text{kN} \cdot 7{,}2\ \text{m} - 14{,}75\ \text{kN/m} \cdot (7{,}2^2/2)\ \text{m}^2$
$M_{q,k}(x = 7{,}2\ \text{m}) = 455{,}0$ kNm

M_{qk} für q_k einseitig

Schnittgröße aus Vorspannung:
$P_{0,max} = 0{,}9 \cdot 1500\ \text{MN/m}^2 \cdot 5 \cdot 1{,}5 \cdot 10^{-4}\text{m}^2 = 1{,}0125$ MN

EC2-1-1, Gl. 5.41
Geg.: A_p = 18 cm², 5 Litzen

$P_\infty = 1{,}0125\ \text{MN} \cdot 0{,}83 = 0{,}840$ MN

Geg.: 17 % Verluste aus K + S + R

Vordehnung: $\varepsilon_p^{(0)} = P_\infty/[E_p \cdot A_p] = 5{,}74$ ‰

$M_{p,ges}(x = 7{,}2\ \text{m}) = -0{,}399\ \text{m} \cdot 0{,}840\ \text{MN} = -0{,}335$ MNm
$M_{p,dir}(x = 7{,}2\ \text{m}) = -0{,}548\ \text{m} \cdot 0{,}840\ \text{MN} = -0{,}460$ MNm
$M_{p,ind}(x = 7{,}2\ \text{m}) = 0{,}149\ \text{m} \cdot 0{,}840\ \text{MN} = 0{,}125$ MNm

$M_{p,ges}$, $M_{p,dir}$ und $M_{p,ind}$ unter der Einheitslast aus Aufgabe 12.1

Bemessung mit Vorspannung im ULS als äußere Einwirkung:
Annahme: Der Spannstahl fließt im ULS.
$P^{ULS} = [f_{p0,1k}/\gamma_S] \cdot A_p = [1500\ \text{MN/m}^2/1{,}15] \cdot 5 \cdot 1{,}5\ \text{cm}^2 \cdot 10^{-4}$
$P^{ULS} = 0{,}978\ \text{MN} = 978$ kN

Im ULS: $f_{pd} = f_{p0,1k}/\gamma_S$
EC2-1-1, Bild 3.10 und EC2-1-1, 3.3.6(6)
Geg.: 5 Litzen

$M_{p,ges}{}^{ULS}(x = 7{,}2\text{ m}) = P^{ULS} \cdot z_p(x = 7{,}2\text{ m}) + M_{p,ind}$

$M_{p,ges}{}^{ULS} = (-978\text{ kN}) \cdot 0{,}548\text{ m} + 125\text{ kNm} = -411\text{ kNm}$

Bemessungsmoment aus ständigen und veränderlichen Lasten:

$M_{(g+q)Ed}(x = 7{,}2\text{ m}) = 1{,}35 \cdot 607{,}4\text{ kNm} + 1{,}5 \cdot 455{,}0\text{ kNm}$

$M_{(g+q)Ed}(x = 7{,}2\text{ m}) = 1502{,}5\text{ kNm}$

Gesamtes Bemessungsmoment:

$M_{Ed}{}^{ULS}(x = 7{,}2\text{ m}) = M_{(g+q)Ed} + \gamma_P \cdot M_{p,ges}{}^{ULS}$

$M_{Ed}{}^{ULS}(x = 7{,}2\text{ m}) = [1502{,}5 + 1{,}0 \cdot (-411)]\text{ kNm} = 1091{,}5\text{ kNm}$

mit $\gamma_P = 1{,}0$ nach EC2-1-1, NDP zu 2.4.2.2(1)

Bemessungsmoment bezogen auf die Stahllage:

$M_{Eds}{}^{ULS} = M_{Ed}{}^{ULS} + N_{Ed} \cdot z_{s1} = 1091{,}5\text{ kNm} + 978\text{ kN} \cdot 0{,}61\text{ m}$

$N_{Ed} = P^{ULS}$
Geg.: $z_{s1} = 0{,}613$ m

$M_{Eds}{}^{ULS} = 1688\text{ kNm}$

Ermittlung von b_{eff}:

$l_0 = 0{,}85 \cdot l_1 = 0{,}85 \cdot 18{,}00\text{ m} = 15{,}3\text{ m}$ — EC2-1-1, Bild 5.2

$b_{1,2} = 1{,}30\text{ m}$ — EC2-1-1, Bild 5.3

$b_{eff,1,2} = 0{,}2 \cdot b_i + 0{,}1 \cdot l_0 = 0{,}2 \cdot 1{,}30\text{ m} + 0{,}1 \cdot 15{,}3\text{ m} = 1{,}79\text{ m}$ — EC2-1-1, Gl. 5.7a

$b_{eff,1,2} < 0{,}2 \cdot l_0 = 3{,}06\text{ m}$

$b_{eff,1,2} > b_i = 1{,}30\text{ m}$ — EC2-1-1, Gl. 5.7b

$\rightarrow$: $b_{eff} = b_w + 2 \cdot b_{eff,i} = 0{,}35\text{ m} + 2 \cdot 1{,}30\text{ m} = 2{,}95\text{ m}$ — EC2-1-1, Gl. 5.7

Bemessung:

$$\mu_{Eds} = \frac{M_{Eds}^{ULS}(x = 7{,}2\text{ m})}{b_{eff} \cdot d^2 \cdot f_{cd}} = \frac{1{,}688\text{ MN}}{2{,}95\text{ m} \cdot 0{,}84^2\text{m}^2 \cdot 22{,}67\text{ MN/m}^2} = 0{,}036$$

f_{cd} nach EC2-1-1, Gl. 3.15, geg.: $d = 84$ cm

$\rightarrow$: $\omega = 0{,}038 \quad \varepsilon_{s1} = 25\ ‰ \quad \varepsilon_{c2} = -1{,}67\ ‰$ — [1] Kap. 5, Tafel 2a

$x = 0{,}063 \cdot 0{,}84\text{ m} = 0{,}053\text{ m} < 0{,}20\text{ m}$ — $\xi = x/d = 0{,}063$

Die Nulllinie liegt im Flansch, das Anwenden der Bemessungstafel ist zulässig.

Kontrolle der Spannstahldehnungen im ULS:

$\Delta\varepsilon_p = 25 \cdot (78{,}0 - 5{,}3)/78{,}7 = 23{,}1\ ‰$

$\varepsilon_p^{(0)} + \Delta\varepsilon_p = 5{,}74 + 23{,}1 = 28{,}8\ ‰ > \varepsilon_{p,y} = 1304/195.000 = 6{,}7\ ‰$

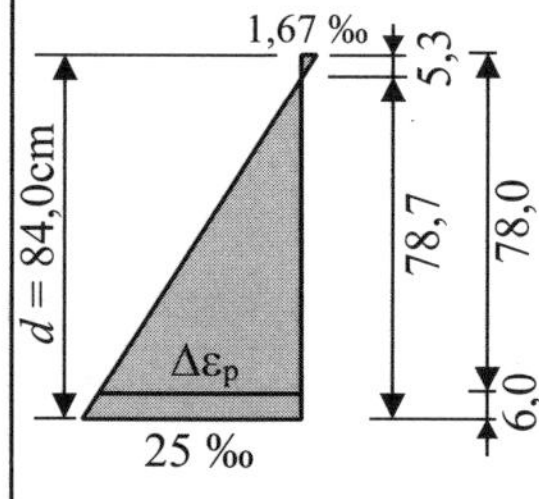

Der Spannstahl fließt. Die getroffene Annahme ist korrekt.

$\varepsilon_p^{(0)} + 25\ ‰ = 30{,}74\ ‰ \leq 0{,}9 \cdot \varepsilon_{uk} = 0{,}9 \cdot 35\ ‰ = 31{,}5\ ‰$

EC2-1-1, NDP zu 3.3.6(7) und [9]

Erforderliche Bewehrung:

$\text{erf. } A_s = (1/f_{yd}) \cdot [\omega \cdot b_{eff} \cdot d \cdot f_{cd} + P^{ULS}]$

$\text{erf. } A_s = (1/435) \cdot [0{,}038 \cdot 2{,}95 \cdot 0{,}84 \cdot 22{,}67 - 0{,}978]$

$\text{erf. } A_s = (1/435 \text{ MN/m}^2) \cdot [2{,}135 \text{ MN} - 0{,}978 \text{ MN}]$

$\text{erf. } A_s = 26{,}6 \cdot 10^{-3} \text{ m}^2 = 26{,}6 \text{ cm}^2$

gewählt: 6 $\phi 25$ →: vorh. $A_s = 29{,}45 \text{ cm}^2$

Lösung: **Aufgabe 12.3:**

Querkräfte infolge ständiger und veränderlicher Lasten: ([1] Kap. 4, 1.4.1)

In Achse A:

$V_{Ed,g} = 1{,}35 \cdot 0{,}375 \cdot (20{,}88 \text{ kN/m} + 2{,}95 \text{ m} \cdot 2{,}0 \text{ kN/m}^2) \cdot 18{,}0 \text{ m}$ ($g_{k1} = 20{,}88$ kN/m)

$V_{Ed,g} = 244 \text{ kN}$ (V_{gk} für g_k beidseitig)

$V_{Ed,q} = 1{,}50 \cdot 0{,}438 \cdot (2{,}95 \text{ m} \cdot 5{,}0 \text{ kN/m}^2) \cdot 18{,}0 \text{ m} = 174 \text{ kN}$ (V_{qk} für q_k einseitig)

Bei $x = d = 84{,}0$ cm: (EC2-1-1, NCI zu 6.2.1(4))

$V_{Ed,g,red} = 244 \text{ kN} - 1{,}35 \cdot (20{,}88 + 2{,}95 \cdot 2{,}0) \text{ kN/m}^2 \cdot 0{,}84 \text{ m}$

$V_{Ed,g,red} = 213{,}5 \text{ kN}$

$V_{Ed,q,red} = 174 \text{ kN} - 1{,}50 \cdot (2{,}95 \text{ m} \cdot 5{,}0 \text{ kN/m}^2) \cdot 0{,}84 \text{ m} = 155{,}7 \text{ kN}$

Querkraft infolge Vorspannung:

$P_{max} = 0{,}9 \cdot 1500 \text{ MN/m}^2 \cdot 5 \cdot 1{,}5 \text{ cm}^2 \cdot 10^{-4} = 1012{,}5 \text{ kN}$ (EC2-1-1, Gl. 5.41)

$P_\infty = 1012{,}5 \text{ kN} \cdot 0{,}83 = 840 \text{ kN}$ (Geg.: 17 % Verluste aus K + S + R)

In Achse A:

$V_{Ed,p} = -0{,}130 \cdot P_\infty = -0{,}130 \cdot 840 \text{ kN} = -109 \text{ kN}$ (Geg.: $V_{p,A} = -0{,}130 \cdot P$)

Bei $x = d = 84$ cm:

$u_{1,\infty} = 1{,}88 \cdot 10^{-2} \cdot 1/\text{m} \cdot 840 \text{ kN} = 15{,}8 \text{ kN/m}$ (u_1 siehe Aufgabe 12.1)

$V_{Ed,p,red} = -109 \text{ kN} + 15{,}8 \text{ kN/m} \cdot 0{,}84 \text{ m} = -95{,}7 \text{ kN}$

Gesamte Querkraft:

Für den Nachweis der Druckstrebe ($x = 0$):

$V_{Ed} = 244 \text{ kN} + 174 \text{ kN} - 109 \text{ kN} = 309{,}0 \text{ kN}$

Für den Nachweis der Zugstrebe ($x = 0{,}84$ m): (EC2-1-1, NCI zu 6.2.1(4))

$V_{Ed,red} = 213{,}5 \text{ kN} + 155{,}7 \text{ kN} - 95{,}7 \text{ kN} = 273{,}5 \text{ kN}$

Durch den Beton aufnehmbare Querkraft: (EC2-1-1, Gl. 6.2a)

$V_{Rd,c} = [C_{Rd,c} \cdot k \cdot (100 \rho_l \cdot f_{ck})^{1/3} + k_1 \cdot \sigma_{cp}] \cdot b_w \cdot d$

mit:

$C_{Rd,c} = 0{,}15/\gamma_C = 0{,}10$ (EC2-1-1, NDP zu 6.2.2(1))

$k = 1 + (200/840)^{0,5} = 1,488$

$\rho_l = 6 \cdot 4,91/(84 \cdot 35) = 1,0\,\% \leq 2\,\%$

$f_{ck} = 40$ MN/m²

$\sigma_{cp} = 0,840$ MN/0,835 m² $= 1,01$ MN/m² — $A_c = 0,835$ m²

$b_w = 0,35$ m

$V_{Rd,c} = [0,1 \cdot 1,488 \cdot (1,0 \cdot 40\ \text{MN/m}^2)^{1/3} + 0,12 \cdot 1,01\ \text{MN/m}^2] \cdot b_w \cdot d$ — Anm.: $V_{Rd,c} \geq V_{Rd,c,min}$

$V_{Rd,c} = 0,630 \cdot 0,35\ \text{m} \cdot 0,84\ \text{m} = 0,185\ \text{MN} < V_{Ed,red} = 0,274\ \text{MN}$ — mit $V_{Rd,c,min} = 154$ kN nach EC2-1-1, Gl. 6.3bDE

Es ist statisch eine Querkraftbewehrung erforderlich.

Nachweis der Zugstrebe – Ermittlung der Querkraftbewehrung: — EC2-1-1, Gl. 6.8

$V_{Ed,red} < V_{Rd,s}$ — EC2-1-1, NCI zu 6.2.1(4)

$V_{Rd,s} = a_{sw} \cdot f_{yd} \cdot z \cdot \cot\theta$

mit:

$z = 0,9 \cdot d = 0,9 \cdot 0,84\ \text{m} = 0,76$ m (siehe Fußnote S. 4) — EC2-1-1, 6.2.3(1)

$\cot\theta = 1,2$ (gegeben)

erf. $a_{sw} = V_{Ed,red}/[f_{yd} \cdot z \cdot \cot\theta]$

erf. $a_{sw} = 0,274\ \text{MN} \cdot 10^4/[435\ \text{MN/m}^2 \cdot 0,76\ \text{m} \cdot 1,2] = 6,9$ cm²/m

gewählt: Bü $\phi 10 - 15 \rightarrow$ vorh. $a_{sw} = 10,47$ cm²/m

Nachweis der Druckstrebe: — EC2-1-1, Gl. 6.9

$V_{Rd,max} = \alpha_{cw} \cdot v_1 \cdot f_{cd} \cdot b_w \cdot z/[\cot\theta + \tan\theta]$ — Geg.: $\cot\theta = 1,2$, senkrechte Bügel $\alpha = 90°$

mit:

$v_1 = 0,75 \cdot v_2$ — EC2-1-1, NDP zu 6.2.3(3)

und: $v_2 = (1,1 - f_{ck}/500) \leq 1,0$ [$v_2 = 1,02 \geq 1,0 \rightarrow$: $v_2 = 1,0$]

$\alpha_{cw} = 1,0$ — EC2-1-1, NDP zu 6.2.3(3)

$b_{w,nom} = b_w - 0,5\Sigma\phi_{duct} = 0,35\ \text{m} - 0,5 \cdot 0,061\ \text{m} = 0,32$ m — EC2-1-1, Gl. 6.16

$V_{Rd,max} = 1,0 \cdot 0,75 \cdot 1,0 \cdot 22,67\ \text{MN/m}^2 \cdot 0,32\ \text{m} \cdot 0,76\ \text{m}/[1,2 + 1/1,2]$

$V_{Rd,max} = 2,03\ \text{MN} > V_{Ed} = 0,309$ MN

Mindestbewehrung: — EC2-1-1, Gl. 9.4

$a_{sw,min} = \text{min. } \rho_w \cdot b_w \cdot \sin\alpha = 0,112 \cdot 35\ \text{cm} \cdot 1,0 = 3,92$ cm²/m

mit:

$\rho_{w,min} = 0,16 \cdot f_{ctm}/f_{yk} = 0,16 \cdot 3,5/500 = 0,112\,\%$ — EC2-1-1, Gl. 9.5aDE

$\rightarrow$: erf. $a_{sw,min} = 3,92$ cm²/m < vorh. $a_{sw} = 10,47$ cm²/m

Kontrolle des Bügelabstandes:
$0 \leq V_{Ed,red}/V_{Rd,max} = 0{,}274/2{,}03 = 0{,}14 < 0{,}3$ — EC2-1-1, Tab. NA.9.1
$\rightarrow$: max $s_{l,max} = 0{,}7h$ oder 30 cm ($0{,}7h = 0{,}63$ m)
$\rightarrow$: max $s_{l,max} = 30$ cm > vorh. $s = 15$ cm

Lösung: **Aufgabe 12.4:**

Brutto Querschnittswerte:
$A_{c,br} = 0{,}2\ \text{m}\cdot 2{,}95\ \text{m} + 0{,}35\ \text{m}\cdot 0{,}70\ \text{m} = 0{,}835\ \text{m}^2$
$I_{c,br} = [(2\cdot 1{,}35\cdot 0{,}2^3 + 0{,}35\cdot 0{,}9^3)/3]\ \text{m}^4 - (0{,}835\cdot 0{,}232^2)\ \text{m}^4$
$I_{c,br} = 4{,}73\cdot 10^{-2}\ \text{m}^4$
$W_{c,br,u} = 4{,}73\cdot 10^{-2}\ \text{m}^4/[0{,}9\ \text{m} - 0{,}232\ \text{m}] = 0{,}07\ \text{m}^3$ — Geg. $z_o = 23{,}2$ cm

Vorspannkraft:
$P_{m\infty} = 0{,}9\cdot 0{,}83\cdot n\cdot 1{,}50\ \text{cm}^2\cdot 127{,}5\ \text{kN/cm}^2 = 143\cdot n\ [\text{kN}]$ — Geg.: 17 % Verluste aus K + S + R
mit:
$r_{inf} = 0{,}90$ (Nachweis im SLS) — EC2-1-1, NDP zu 5.10.9(1)

$\sigma_{pm0} = 0{,}85\cdot f_{p0,1k} = 0{,}85\cdot 1500\ \text{MN/m}^2\cdot 10^{-1} = 127{,}5\ \text{kN/cm}^2$ — EC2-1-1, Gl. 5.43 und NDP zu 5.10.3(2)

Nachweis im Feld:

M_p, $M_{g,k}$, $M_{q,k}$ siehe Aufgabe 12.1
Geg.: $\psi_2 = 0{,}2$

$$\frac{-P_{m\infty}}{A_{c,br}} + \frac{M_{Ed,F}}{W_{c,br,u}} + \frac{-0{,}399\cdot P_{m\infty}}{W_{c,br,u}} \leq f_{ctm}$$

$$\frac{-0{,}143n}{0{,}835} + \frac{0{,}607 + 0{,}2\cdot 0{,}455}{0{,}07} + \frac{-0{,}399\cdot 0{,}143n}{0{,}07} \leq 3{,}5\ \text{MN/m}^2$$

$[-0{,}171n + 9{,}971 - 0{,}815n]\ \text{MN/m}^2 < 3{,}5\ \text{MN/m}^2$

$n > 6{,}6$ $\rightarrow$: gewählt $n = 7$ Litzen

E-Modul infolge Kriechen zum Zeitpunkt $t = \infty$:

$$E_{c,eff} = \frac{E_{cm}}{1 + \varphi(\infty, 3d)} = \frac{35.000\ \text{MN/m}^2}{1 + 3{,}2} = 8333\ \text{MN/m}^2$$

$E_{c,eff}\cdot I_c = 8333\ \text{MN/m}^2\cdot 0{,}0473\ \text{m}^4 = 394\ \text{MNm}^2$ — E_{cm} nach EC2-1-1, Tab. 3.1; $E_{c,eff}$ nach EC2-1-1, Gl. 7.20

Verformung im Zustand I infolge ständiger Lasten g_{k1}, g_{k2}:
$w = 0{,}0054\cdot g_k\cdot l^4/EI$
$w = 0{,}0054\cdot(20{,}88 + 2{,}95\cdot 2{,}0)\cdot 10^{-3}\ \text{MN/m}\cdot(18{,}0\ \text{m})^4/394\ \text{MNm}^2$ — [1] Kap. 4, 1.7.3

$w = 0{,}039$ m

Verformung im Zustand I infolge veränderlicher Lasten q_k:

$w = 0{,}0092 \cdot q_k \cdot l^4/EI$

$w = 0{,}0092 \cdot (2{,}95 \cdot 5{,}0) \cdot 10^{-3}$ MN/m$\cdot(18{,}0\text{ m})^4/394$ MNm^2

$w = 0{,}036$ m

Verformung im Zustand I infolge Vorspannung P_k:

$u_1(x)$ und $u_2(x)$ werden vereinfacht zu $u(x)$ verschmiert

$$u_k(x) = \frac{(u_1 \cdot 15 + u_2 \cdot 3)P}{18} = \frac{(-1{,}88 \cdot 15\,\text{m} + 4{,}6 \cdot 3\,\text{m})P}{18\,\text{m}} \cdot 10^{-2}\,\text{kN/m}$$

$u_k(x) = -8{,}5 \cdot 10^{-3} \cdot P = -8{,}5 \cdot 10^{-3} \cdot 7 \cdot 143$ kN/m $= -8{,}5$ kN/m

$n = 7$ Litzen

$w = 0{,}0054 \cdot u_k \cdot l^4/EI$

$w = 0{,}0054 \cdot (-8{,}5) \cdot 10^{-3}$ MN/m$\cdot(18{,}0\text{ m})^4/394$ MNm$^2 = -0{,}012$ m

[1] Kap. 4, 1.7.3

Gesamtverformung mit $\psi_2 = 0{,}2$ für die veränderlichen Lasten:

$w_{ges} = 3{,}9$ cm $+ 0{,}2 \cdot 3{,}6$ cm $- 1{,}2$ cm $= 3{,}4$ cm

zulässige Verformung:

$w_{zul} = 5{,}0$ cm $> w_{ges} = 3{,}4$ cm

siehe Aufgabenstellung

Der Träger verbleibt im Zustand I, die Verformungen liegen unter dem Grenzwert.

Beispiel 13: Stadionüberdachung mittels vorgespannter Spannbetonträger

Als Überdachung einer neu zu errichtenden Tribüne dienen im nachträglichen Verbund vorgespannte Spannbetoneinfeldträger mit Kragarm. Belastet werden die Spannbetonträger neben ihrer Eigenlast g_{k1} durch Lasten infolge aufgelagerter Betonfertigteile g_{k2} = 8,75 kN/m sowie veränderlicher Lasten q_k = 4,5 kN/m infolge Schnee und Winddruck. Windsoglasten sind zu vernachlässigen.

Die Betongüte der Träger beträgt C35/45. Als Betonstahl wird B500B (E_s = 200.000 N/mm²) und als Spannstahl St 1570/1770 (E_p = 195.000 N/mm²) mit $f_{p0,1k}$ = 1500 MN/m² verwendet. Alle Lasten wirken auf das komplette System.

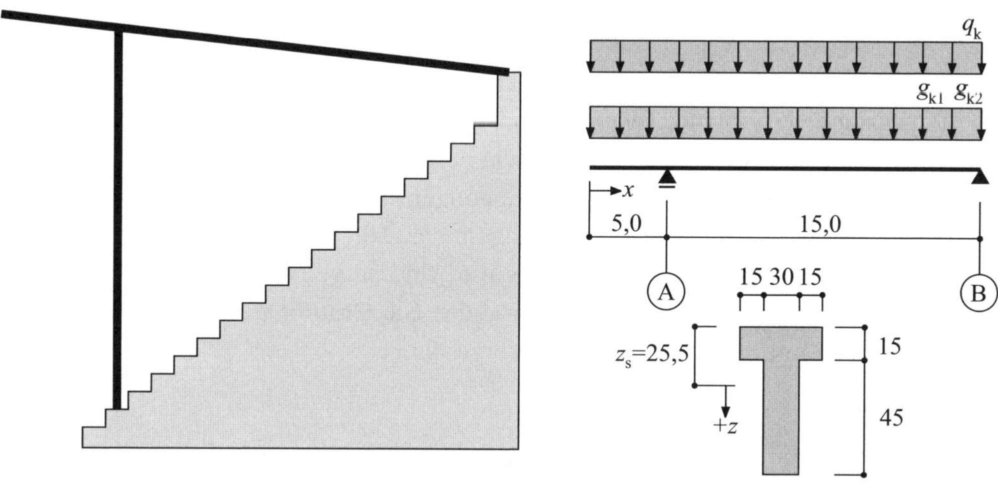

***Bild 13-1:** System*

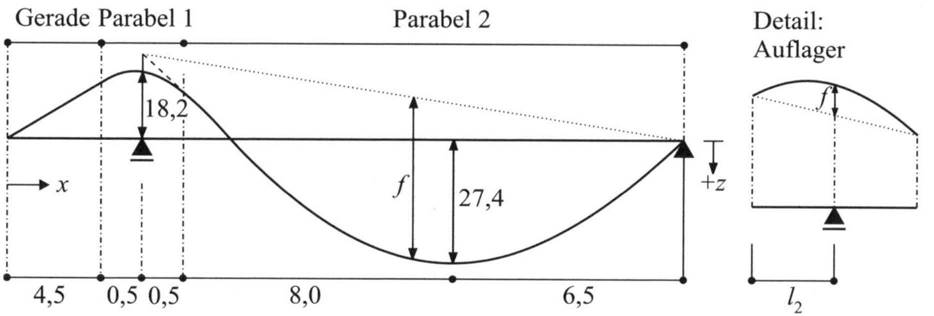

***Bild 13-2:** Spanngliedführung*

Gerade: **für: 0 m ≤ x < 4,50 m**

$$z_{p,1}(x) = -0{,}04 \cdot x$$

$$z'_{p,1}(x) = -0{,}04$$

Parabel 1: für: 4,50 m ≤ x < 5,50 m $z_{p,2}(x) = 7{,}267 \cdot 10^{-2} \cdot x^2 - 0{,}694 \cdot x + 1{,}471$

$z'_{p,2}(x) = 1{,}453 \cdot 10^{-1} \cdot x - 0{,}694$

Parabel 2: für: 5,50 m ≤ x ≤ 20,0 m $z_{p,3}(x) = -6{,}54 \cdot 10^{-3} \cdot x^2 + 0{,}177 \cdot x - 0{,}923$

$z'_{p,3}(x) = -1{,}308 \cdot 10^{-2} \cdot x + 0{,}177$

Die Querschnittsfläche der Spannglieder beträgt A_p = 9,0 cm²/Spannglied. Der Reibkennwert μ = 0,20, der ungewollte Umlenkwinkel k = 0,3°/m und der Außendurchmesser der Hüllrohre ϕ = 55 mm.
Die statische Höhe des Trägers beträgt $d = 0{,}55^5$ m.

Aufgabe 13.1:

Ermitteln Sie die Schnittgrößenverläufe (M_p, V_p) infolge einer Einheitsvorspannung von P = 1,0 MN ohne Berücksichtigung von Reibungsverlusten. Ermitteln Sie dafür zuerst die Umlenklasten.

Aufgabe 13.2:

Ermitteln Sie die Anzahl der erforderlichen Spannglieder über der Stütze, indem Sie im Bauzustand (t = 0) und im Endzustand ($t = \infty$) für die *quasi-ständige Einwirkungskombination* mit ψ_2 = 0,8 sowie vereinfachend mit $r_{inf} = r_{sup}$ = 1,0 zeigen, dass der Träger vollständig unter Druckspannungen steht.
Im Bauzustand ist allerdings an der Trägerunterseite eine Betonzugspannung von f_{ctm} = 2,90 N/mm² zugelassen. Reibungsverluste sind zu vernachlässigen, Verluste aus K + S + R betragen pauschal 13 %. Verwenden Sie Brutto-Querschnittswerte. Jedes Spannglied wird mit σ_{pm0} = 1275 MN/m² vorgespannt.

Aufgabe 13.3:

a) Ermitteln Sie den Spannkraftverlauf infolge Reibung eines Spanngliedes nach dem Verankern. Es wird einseitig (am Kragarm) mit einer maximalen Vorspannkraft von P_{m0} = 1,15 MN vorgespannt. Bestimmen Sie $P(x)$ bei x = 0 m, x = 4,5 m, x = 4,78 m (Hochpunkt), x = 5,0 m, x = 5,5 m, x = 13,5 m und x = 20,0 m.

b) Ermitteln Sie aus dem Spannkraftverlauf den Keilschlupf Δl_{sl}. Hierbei kann von einem stückweise geradlinigen Spannkraftverlauf ausgegangen werden. Die Einflusslänge des Keilschlupfs beträgt l_{sl} = 9,9 m.

Aufgabe 13.4:

Bemessen Sie den Spannbetonträger im Feld (x = 13,5 m) zum Zeitpunkt $t = \infty$ auf Biegung und geben Sie eine sinnvolle Bewehrung an. Die Reibungsverluste an der Stelle x = 13,5 m betragen 6,2 %. Gehen Sie von einer Vorspannkraft während des Anspannens von $P_{max} = 0{,}9 \cdot f_{p0,1k} \cdot \Sigma A_p$ aus. Bei x = 13,5 m hat die Betonstahllage einen Hebelarm z_{s1} = 0,29 m.

Aufgabe 13.5:

Zeigen Sie, dass am Auflager B die Mindestquerkraftbewehrung nach EC 2 ausreichend ist. Gehen Sie von einer Vorspannkraft $P = 916$ kN zum Zeitpunkt $t = \infty$ aus. Reibungsverluste sind darin bereits berücksichtigt.

Aufgabe 13.6:

a) Ermitteln Sie für ein Betonalter von $t_0 = 3$ Tagen die Endkriechzahl $\varphi(\infty, t_0 = 3d)$. Die Festigkeitsklasse des Zementes betrage 32,5 R (Klasse N).

b) Ermitteln Sie die erforderliche Anzahl an Spanngliedern im Kragarm, so dass der Träger im Zustand I ($t = \infty$) unter der *quasi-ständigen Einwirkungskombination* lediglich eine Verformung von $w = \pm 20$ mm am Beginn des Kragarms ($x = 0{,}0$ m) aufweist. Reibungsverluste sind zu vernachlässigen.

Lösung: **Aufgabe 13.1:**

Ermittlung des Stiches f_1 (bei $x = 5{,}0$ m):

$z_{p,2}(x = 4{,}5\ \text{m}) = 7{,}267 \cdot 10^{-2} \cdot (4{,}5\ \text{m})^2 - 0{,}694 \cdot 4{,}5\ \text{m} + 1{,}471\ \text{m}$

$z_{p,2}(x = 4{,}5\ \text{m}) = -0{,}180\ \text{m}$

$z_{p,2}(x = 5{,}0\ \text{m}) = 7{,}267 \cdot 10^{-2} \cdot (5{,}0\ \text{m})^2 - 0{,}694 \cdot 5{,}0\ \text{m} + 1{,}471\ \text{m}$

$z_{p,2}(x = 5{,}0\ \text{m}) = -0{,}182\ \text{m}$

$z_{p,2}(x = 5{,}5\ \text{m}) = 7{,}267 \cdot 10^{-2} \cdot (5{,}5\ \text{m})^2 - 0{,}693 \cdot 5{,}5\ \text{m} + 1{,}471\ \text{m}$

$z_{p,2}(x = 5{,}5\ \text{m}) = -0{,}148\ \text{m}$

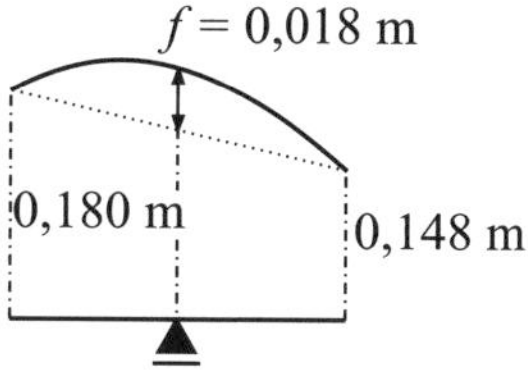

$f_1 = -[|-0{,}180\ \text{m}| + |-0{,}148\ \text{m}|]/2 + |-0{,}182\ \text{m}| = 0{,}018\ \text{m}$

Umlenklast u_1 ($4{,}5\ \text{m} \leq x \leq 5{,}5\ \text{m}$):

$u_1(x) = 8 \cdot P f_1/[2 \cdot l_2]^2 = 8 \cdot 1\ \text{MN} \cdot 0{,}018\ \text{m}/[2 \cdot 0{,}5\ \text{m}]^2 = 0{,}144\ \text{MN/m}$

[20] Kap. 4.3, für eine quadratische Parabel

Ermittlung des Stiches f_2 (in Feldmitte bei $x = 12{,}50$ m):

Anteil 1: unterhalb Nulllinie

$z_{p,3}(x = 12{,}5\ \text{m}) = -6{,}54 \cdot 10^{-3} \cdot (12{,}5\ \text{m})^2 + 0{,}177 \cdot 12{,}5\ \text{m} - 0{,}923\ \text{m}$

$z_{p,3}(x = 12{,}5\ \text{m}) = 0{,}268\ \text{m}$

Anteil 2: oberhalb Nulllinie

$z_{p,3}(x = 5{,}0\ \text{m}) = -6{,}54 \cdot 10^{-3} \cdot (5{,}0\ \text{m})^2 + 0{,}177 \cdot 5{,}0\ \text{m} - 0{,}923\ \text{m}$

$z_{p,3}(x = 5{,}0\ \text{m}) = -0{,}202\ \text{m}$

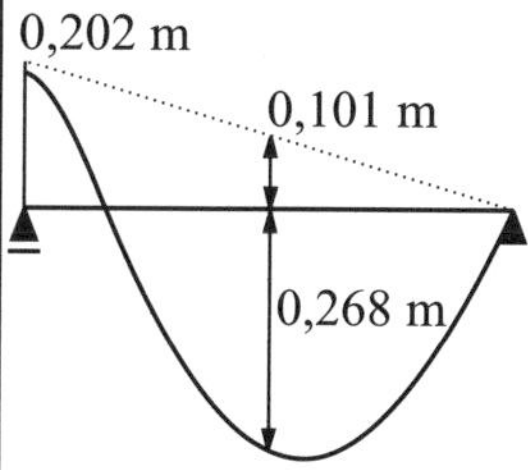

$f_2 = |-0{,}202\ \text{m} + 0|/2 + 0{,}268\ \text{m} = 0{,}369\ \text{m}$

Umlenklast u_2 ($5{,}5\ \text{m} \leq x \leq 20{,}0\ \text{m}$):

$u_2(x) = 8 \cdot P \cdot f_2/l^2 = 8 \cdot 1{,}0\ \text{MN} \cdot 0{,}369\ \text{m}/[15{,}0\ \text{m}]^2 = 0{,}0131\ \text{MN/m}$

siehe Anm. zu u_1

Austrittswinkel α bei $x = 0$ m:

$z'_{p,1} = -0{,}04 \rightarrow$ Neigung des Spanngliedes $\alpha = 2{,}29°$

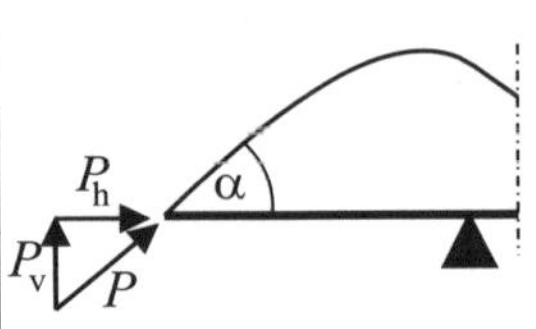

Ermittlung von P_h und P_v:

$P_h = P \cdot \cos\alpha \approx 1{,}0$ MN

$P_v = P \cdot \sin\alpha = 0{,}04$ MN

Auflagerreaktionen infolge Einheitsvorspannung:

$\Sigma M_A = 0$: $5{,}0\ \text{m} \cdot P_v = 15{,}0\ \text{m} \cdot B_d + 14{,}5\ \text{m} \cdot u_2 \cdot (0{,}5\ \text{m} + 14{,}5\ \text{m}/2)$

$\rightarrow$: $B_d = -84{,}8$ kN

$\Sigma V = 0$: $A_d + B_d + 14{,}5\ \text{m} \cdot u_2 + P_v = 1{,}0\ \text{m} \cdot u_1$

$\rightarrow$: $A_d = -1{,}15$ kN

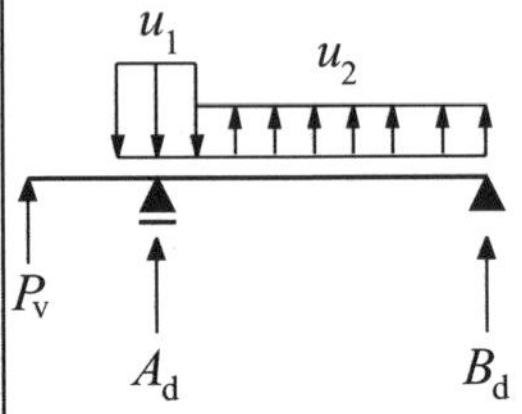

Anm.: u_1 erzeugt kein Moment um A

Momentenverlauf

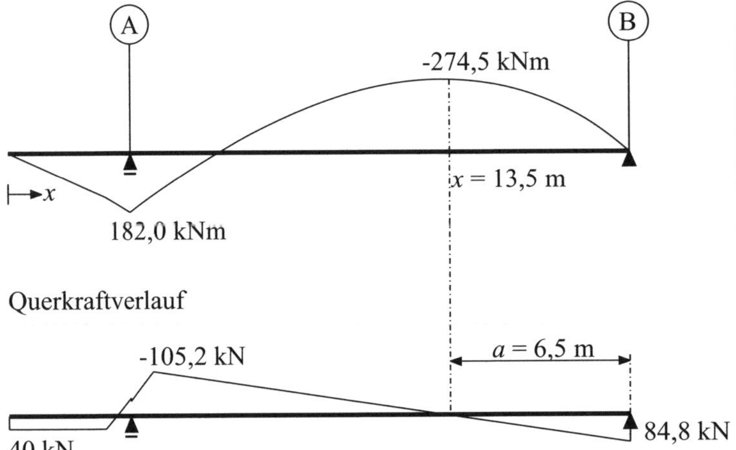

$a = B_d/u_2$

$a = [84{,}8/13{,}1]$ m

$a \approx 6{,}5$ m

$\rightarrow$:

max. M bei $x = 13{,}5$ m

Bild 13-3: *Schnittgrößenverlauf*

Lösung: **Aufgabe 13.2:**

Querschnittswerte:

$A_{c,br} = (0{,}6 \cdot 0{,}15 + 0{,}45 \cdot 0{,}30)\ \text{m}^2 = 0{,}225\ \text{m}^2$

$I_{c,br} = [(2 \cdot 0{,}15^4 + 0{,}3 \cdot 0{,}6^3)/3]\ \text{m}^4 - (0{,}225 \cdot 0{,}255^2)\ \text{m}^4$

$I_{c,br} = 7{,}307 \cdot 10^{-3}\ \text{m}^4$

$W_{c,br,o} = (-7{,}307 \cdot 10^{-3}/0{,}255)\ \text{m}^4/\text{m} = -0{,}0287\ \text{m}^3$

$W_{c,br,u} = (7{,}307 \cdot 10^{-3}/0{,}345)\ \text{m}^4/\text{m} = 0{,}0212\ \text{m}^3$

Zeitpunkt $t = 0$: — Bauzustand

Stützmoment infolge Eigenlast:

$M_{S,k} = (g_{k1} + 0 \cdot q_k) \cdot l_k^2/2 = -5{,}625\ \text{kN/m} \cdot (5{,}0\ \text{m})^2/2 = -70{,}31\ \text{kNm}$ — [1] Kap. 4, 1.1.6

Nachweis an der Trägerunterseite:

$$\frac{-P_{m0}}{A_{c,br}}+\frac{M_{S,k}}{W_{c,br,u}}+\frac{0{,}182\cdot P_{m0}}{W_{c,br,u}}\leq 2{,}9\,\text{MN/m}^2$$

$$\frac{-P_{m0}}{0{,}225\,\text{m}^2}+\frac{-0{,}0703\,\text{MNm}}{0{,}0212\,\text{m}^3}+\frac{0{,}182\cdot P_{m0}}{0{,}0212\,\text{m}^2}\leq 2{,}9\,\text{MN/m}^2$$

$(-4{,}444 + 8{,}585)\cdot 1/\text{m}^2\cdot P_{m0} \leq 3{,}317\ \text{MN/m}^2 + 2{,}9\ \text{MN/m}^2$

$P_{m0} \leq 1{,}501\ \text{MN}$

Nachweis an der Trägeroberseite:

$$\frac{-P_{m0}}{A_{c,br}}+\frac{M_{S,k}}{W_{c,br,o}}+\frac{0{,}182\cdot P_{m0}}{W_{c,br,o}}\leq 0$$

$$\frac{-P_{m0}}{0{,}225\,\text{m}^2}+\frac{-0{,}0703\,\text{MNm}}{-0{,}0287\,\text{m}^3}+\frac{0{,}182\cdot P_{m0}}{-0{,}0287\,\text{m}^2}\leq 0$$

$(-4{,}444 - 6{,}342)\cdot 1/\text{m}^2\cdot P_{m0} \leq -2{,}45\ \text{MN/m}^2$

$P_{m0} \geq 0{,}227\ \text{MN}$

Zeitpunkt $t = \infty$: — Endzustand

Stützmoment:

$M_{S,k} = (g_{k1} + g_{k2} + 0{,}8\cdot q_k)\cdot l_k^2/2$ — [1] Kap. 4, 1.1.6

$M_{S,k} = -(14{,}375\ \text{kN/m}^2 + 0{,}8\cdot 4{,}5\ \text{kN/m}^2)\cdot(5{,}0\ \text{m})^2/2 = -224{,}7\ \text{kNm}$ — Geg.: $\psi_2 = 0{,}8$

Nachweis an der Trägerunterseite:

Geg.: 13 % Verluste aus K + S + R

$$\frac{-0{,}87\cdot P_{m0}}{A_{c,br}}+\frac{M_{S,k}}{W_{c,br,u}}+\frac{0{,}182\cdot 0{,}87\cdot P_{m0}}{W_{c,br,u}}\leq 0$$

$$\frac{-0{,}87\cdot P_{m0}}{0{,}225\,\text{m}^2}+\frac{-0{,}225\,\text{MNm}}{0{,}0212\,\text{m}^3}+\frac{0{,}182\cdot 0{,}87\cdot P_{m0}}{0{,}0212\,\text{m}^2}\leq 0$$

$(-3{,}867 + 7{,}469)\cdot 1/\text{m}^2\cdot P_{m0} \leq 10{,}613\ \text{MN/m}^2$

$P_{m0} \leq 2{,}946\ \text{MN}$

Nachweis an der Trägeroberseite:

Geg.: 13 % Verluste aus K + S + R

$$\frac{-0{,}87\cdot P_{m0}}{A_{c,br}}+\frac{M_{S,k}}{W_{c,br,o}}+\frac{0{,}182\cdot 0{,}87\cdot P_{m0}}{W_{c,br,o}}\leq 0$$

$$\frac{-0{,}87\cdot P_{m0}}{0{,}225\,\text{m}^2}+\frac{-0{,}225\,\text{MNm}}{-0{,}0287\,\text{m}^3}+\frac{0{,}182\cdot 0{,}87\cdot P_{m0}}{-0{,}0287\,\text{m}^2}\leq 0$$

$(-3{,}867 - 5{,}517) \cdot 1/\text{m}^2 \cdot P_{m0} \leq 7{,}840\ \text{MN/m}^2$
$P_{m0} \geq 0{,}835\ \text{MN}$

Erforderliche Anzahl n an Spanngliedern:
$n = 835\ \text{kN}/(127{,}5\ \text{kN/cm}^2 \cdot 9{,}0\ \text{cm}^2) = 0{,}73$ — Geg.: $A_p = 9{,}0\ \text{cm}^2$
Es wird 1 Spannglied benötigt.

Lösung: **Aufgabe 13.3:**

Teil a)

Spanngliedneigung:
Stelle $x = 0$ m: →: $z'_{p,1}(x = 0\ \text{m}) = -0{,}04$
Stelle $x = 4{,}50$ m: →: $z'_{p,1}(x = 4{,}5\ \text{m}) = -0{,}04$
Stelle $x = 4{,}78$ m: →: $z'_{p,2}(x = 4{,}78\ \text{m}) = 0$ — $z'_{p,2} = 0$ →: $x = 4{,}78$ m
Stelle $x = 5{,}0$ m: →: $z'_{p,2}(x = 5{,}0\ \text{m}) = 0{,}033$
Stelle $x = 5{,}5$ m: →: $z'_{p,2}(x = 5{,}5\ \text{m}) = 0{,}105$
Stelle $x = 13{,}5$ m: →: $z'_{p,3}(x = 13{,}5\ \text{m}) = 0$ — $z'_{p,3} = 0$ →: $x = 13{,}5$ m
Stelle $x = 20{,}0$ m: →: $z'_{p,3}(x = 20{,}0\ \text{m}) = -0{,}0846$

$\theta^{ges}(x = 0\ \text{m}) = 0\ \text{rad}$
$\theta^{ges}(x = 4{,}5\ \text{m}) = 0\ \text{rad}$
$\theta^{ges}(x = 4{,}78\ \text{m}) = |-0{,}04|\ \text{rad} = 0{,}04\ \text{rad}$
$\theta^{ges}(x = 5{,}0\ \text{m}) = |-0{,}04|\ \text{rad} + 0{,}033\ \text{rad} = 0{,}073\ \text{rad}$
$\theta^{ges}(x = 5{,}5\ \text{m}) = |-0{,}04|\ \text{rad} + 0{,}105\ \text{rad} = 0{,}145\ \text{rad}$
$\theta^{ges}(x = 13{,}5\ \text{m}) = 0{,}145\ \text{rad} + 0{,}105\ \text{rad} = 0{,}25\ \text{rad}$
$\theta^{ges}(x = 20{,}0\ \text{m}) = 0{,}25\ \text{rad} + |-0{,}0846|\ \text{rad} = 0{,}335\ \text{rad}$

Spannkraftverlauf „Anspannen“:
$k = 0{,}3\ [°/\text{m}] = 5{,}24 \cdot 10^{-3}\ [\text{rad/m}]$
$P_{m0}(x) = 1{,}15\ \text{MN} \cdot e^{-0{,}2(\theta + 5{,}24 \cdot 1/10^3 \cdot x)}$ — [20] Kap. 4.4 und EC2-1-1, 5.10.5.2
$P_{m0}(x = 0\ \text{m}) = 1{,}15\ \text{MN}$
$P_{m0}(x = 4{,}5\ \text{m}) = 1{,}15 \cdot e^{-0{,}2(0 + 5{,}24 \cdot 1/10^3 \cdot 4{,}5)} = 1{,}15\ \text{MN} \cdot 0{,}995$
$P_{m0}(x = 4{,}5\ \text{m}) = 1{,}144\ \text{MN}$
$P_{m0}(x = 5{,}0\ \text{m}) = 1{,}15 \cdot e^{-0{,}2(0{,}073 + 5{,}24 \cdot 1/10^3 \cdot 5{,}0)} = 1{,}15\ \text{MN} \cdot 0{,}980$
$P_{m0}(x = 5{,}0\ \text{m}) = 1{,}127\ \text{MN}$
$P_{m0}(x = 5{,}5\ \text{m}) = 1{,}15 \cdot e^{-0{,}2(0{,}145 + 5{,}24 \cdot 1/10^3 \cdot 5{,}5)} = 1{,}15\ \text{MN} \cdot 0{,}966$
$P_{m0}(x = 5{,}5\ \text{m}) = 1{,}111\ \text{MN}$

$P_{m0}(x = 13{,}5\text{ m}) = 1{,}15 \cdot e^{-0{,}2(0{,}25+5{,}24 \cdot 1/10^3 \cdot 13{,}5)} = 1{,}15\text{ MN} \cdot 0{,}938$
$P_{m0}(x = 13{,}5\text{ m}) = 1{,}079\text{ MN}$
$P_{m0}(x = 20{,}0\text{ m}) = 1{,}15 \cdot e^{-0{,}2(0{,}335+5{,}24 \cdot 1/10^3 \cdot 20{,}0)} = 1{,}15\text{ MN} \cdot 0{,}916$
$P_{m0}(x = 20{,}0\text{ m}) = 1{,}053\text{ MN}$

Spannkraftverlauf infolge „Keilschlupf":
Einfluss des Keilschlupfes bis $x = 9{,}9$ m
$z'_{p,3}(x = 9{,}9\text{ m}) = 0{,}048\text{ rad}$
$\theta^{ges}(x = 9{,}9\text{ m}) = 0{,}145\text{ rad} + (0{,}105 - 0{,}048)\text{ rad} = 0{,}202\text{ rad}$
$P_{m0}(x = 9{,}9\text{ m}) = 1{,}15 \cdot e^{-0{,}2(0{,}202+5{,}24 \cdot 1/10^3 \cdot 9{,}9)} = 1{,}15\text{ MN} \cdot 0{,}950$
$P_{m0}(x = 9{,}9\text{ m}) = 1{,}093\text{ MN}$

Geg.: $l_{sl} = 9{,}9$ m

$\Delta\theta(x = 5{,}5\text{ m}) = \theta^{ges}(x = 9{,}9\text{ m}) - \theta^{ges}(x = 5{,}5\text{ m})$
$\Delta\theta(x = 5{,}5\text{ m}) = 0{,}202\text{ rad} - 0{,}145\text{ rad} = 0{,}057\text{ rad}$
$P_{m0}(x = 5{,}5\text{ m}) = 1{,}093 \cdot e^{-0{,}2(0{,}06+5{,}24 \cdot 1/10^3 \cdot (9{,}9-5{,}5))} = 1{,}093\text{ MN} \cdot 0{,}984$
$P_{m0}(x = 5{,}5\text{ m}) = 1{,}076\text{ MN}$

$\Delta\theta(x = 4{,}5\text{ m}) = \theta^{ges}(x = 9{,}9\text{ m}) - \theta^{ges}(x = 4{,}5\text{ m})$
$\Delta\theta(x = 4{,}5\text{ m}) = 0{,}202 - 0 = 0{,}202$
$P_{m0}(x = 4{,}5\text{ m}) = 1{,}093 \cdot e^{-0{,}2(0{,}202+5{,}24 \cdot 1/10^3 \cdot (9{,}9-4{,}5))} = 1{,}093\text{ MN} \cdot 0{,}955$
$P_{m0}(x = 4{,}5\text{ m}) = 1{,}044\text{ MN}$

$\theta^{ges}(x = 0\text{ m}) = 0{,}202\text{ rad}$
$P_{m0}(x = 0\text{ m}) = 1{,}093 \cdot e^{-0{,}2(0{,}202+5{,}24 \cdot 1/10^3 \cdot 9{,}9)} = 1{,}093\text{ MN} \cdot 0{,}950$
$P_{m0}(x = 0\text{ m}) = 1{,}038\text{ MN}$

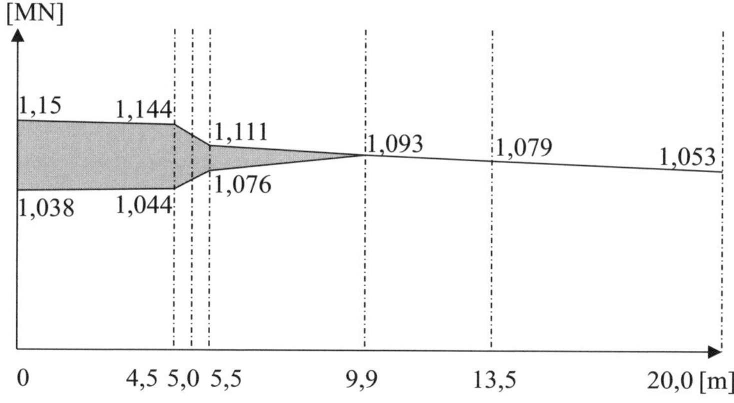

Bild 13-4: *Spannkraftverluste infolge Reibung*

Teil b)

[20] Kap. 4.9.1

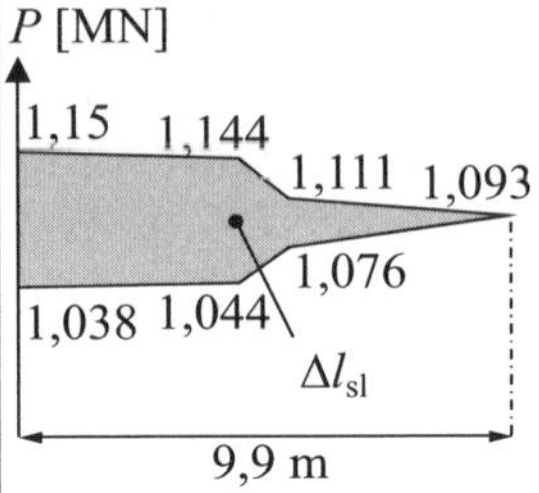

$$\max.\,\Delta l_{sl} = \frac{1}{E_P \cdot A_P} \cdot \int_0^{l_{sl}} P(x)\,dx$$

Nebenrechnung:

[(1,15 - 1,038) + (1,144 - 1,044)] MN·4,5 m/2 = 0,477 MNm

[(1,144 - 1,044) + (1,111 - 1,076)] MN·1,0 m/2 = 0,0675 MNm

[1,111 - 1,076] MN·4,4 m/2 = 0,077 MNm

Ausschnitt aus Bild 13-4

$$\Delta l_{sl} = \frac{1}{E_p \cdot A_p} \cdot \int_0^{l_{sl}} P(x)\,dx$$

$$\Delta l_{sl} = \frac{(477{,}0 + 67{,}5 + 77{,}0)\,\text{kNm}}{19.500 \cdot 9{,}0\,\text{kN}} = 3{,}3 \cdot 10^{-3}\,\text{m} = 3{,}3\,\text{mm}$$

Der Keilschlupf beträgt $\Delta l_{sl} = 3{,}3$ mm.

Lösung: **Aufgabe 13.4:**

Vorspannkraft:

$P_{max} = 0{,}9 \cdot 1500\ \text{MN/m}^2 \cdot 9 \cdot 10^{-4}\ \text{m}^2 = 1{,}22$ MN

EC2-1-1, Gl. 5.41 und NDP zu 5.10.2.1(1)

Vorspannkraft mit Reibungsverlusten an der Stelle $x = 13{,}5$ m:

$P_{max}(x = 13{,}5\ \text{m}) = 1{,}22\ \text{MN} \cdot 0{,}938 = 1{,}140$ MN

Geg.: Reibungsverluste von 6,2 %

Vorspannkraft mit Verlusten nach Kriechen und Schwinden:

$P_\infty = 1{,}140\ \text{MN} \cdot 0{,}87 = 0{,}992$ MN

Geg.: 13 % Verluste aus K + S + R

Vordehnung: $\varepsilon_p^{(0)} = P_\infty/[E_p \cdot A_p] = 5{,}65$ ‰

Geg.: $A_p = 9{,}0\ \text{cm}^2$

Die Biegebemessung erfolgt, indem die Vorspannung als äußere Einwirkung angesetzt wird.
Annahme: Der Spannstahl fließt im ULS.

[20] Kap. 8.2.1.2

Bemessungsmoment infolge Vorspannung:

$P^{ULS} = [f_{p0,1k}/\gamma_S] \cdot A_p = [1500\ \text{MN/m}^2/1{,}15] \cdot 9 \cdot 10^{-4} \cdot \text{m}^4 = 1{,}174$ MN

$M_p^{ULS} = P^{ULS} \cdot z_p = -1{,}174\ \text{MN} \cdot 0{,}274\ \text{m} = -0{,}322$ MNm

stat. best. System, d. h. $M_p = M_{p,dir} = P \cdot z_p$

$z_p(13{,}5\ \text{m}) = 27{,}4$ cm

Bemessungsmoment infolge äußerer Lasten:

$(g + q)_d = [1{,}35 \cdot 14{,}375 + 1{,}5 \cdot 4{,}5]\ \text{kN/m}^2 = 26{,}16\ \text{kN/m}^2$

$B_{(g+q)d} = (15{,}0^2 - 5{,}0^2)\ \text{m}^2 \cdot [26{,}16\ \text{kN/m}^2/(2 \cdot 15{,}0\ \text{m})] = 174{,}4$ kN

$M_{(g+q)Ed} = (174{,}4\ \text{kN})^2/[2 \cdot (26{,}16)\ \text{kN/m}^2] = 581{,}3$ kNm

[1] Kap. 4, 1.1.6

$M_{Ed}^{ULS} = M_{(g+q)Ed} + M_p^{ULS} = [581{,}3 - 1{,}0 \cdot 322]\,\text{kNm} = 259{,}3\,\text{kNm}$

Bemessungsmoment bezogen auf die Stahllage:

$M_{Eds}^{ULS} = M_{Ed}^{ULS} + N_{Ed} \cdot z_{s1} = [259{,}3 + 1174 \cdot 0{,}29]\,\text{kNm}$ — Geg.: $z_{s1} = 29{,}0$ cm

$M_{Eds}^{ULS} \approx 600\,\text{kNm}$

$$\mu_{Eds} = \frac{600 \cdot 10^{-3}\,\text{MNm}}{0{,}6\,\text{m} \cdot (0{,}555\,\text{m})^2 \cdot 19{,}83\,\text{MN/m}^2} = 0{,}164$$

Geg.: $d = 55{,}5$ cm
[1] Kap. 5, Tafel 2a

mit:

$f_{cd} = \alpha_{cc} \cdot f_{ck}/\gamma_C = 0{,}85 \cdot 35\,\text{MN/m}^2/1{,}5 = 19{,}83\,\text{MN/m}^2$ — EC2-1-1, Gl. 3.15 und NDP zu 3.1.6(1)

Geg.: C35/45

$\omega = 0{,}169$

$\varepsilon_c = -3{,}5$ ‰

$\varepsilon_{s1} = 12{,}2$ ‰

Kontrolle der Druckzonenhöhe:

$x = \xi \cdot d = 0{,}223 \cdot 55{,}5\,\text{cm} = 12{,}4\,\text{cm} < h_f = 15\,\text{cm}$

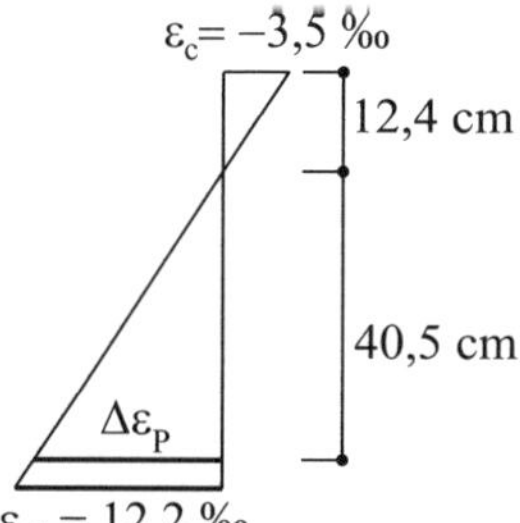

Kontrolle der Spannstahldehnungen im ULS:

$\Delta\varepsilon_p = [\varepsilon_c/12{,}4] \cdot 40{,}5 = 11{,}43$ ‰

$\varepsilon_p^{(0)} + \Delta\varepsilon_p = 5{,}65 + 11{,}43 = 17{,}1$ ‰ $> \varepsilon_{p,y} = 1304/195.000 = 6{,}7$ ‰

Der Spannstahl fließt, die getroffene Annahme ist korrekt.

$\varepsilon_p^{(0)} + 25$ ‰ $= 30{,}65$ ‰ $\leq 0{,}9 \cdot \varepsilon_{uk} = 0{,}9 \cdot 35$ ‰ $= 31{,}5$ ‰ — EC2-1-1, NDP zu 3.3.6(7) und [9]

Erforderlicher Betonstahlquerschnitt:

erf. $A_s = (1/f_{yd}) \cdot [\omega \cdot b \cdot d \cdot f_{cd} + P^{ULS}]$ — $P^{ULS} = N_{Ed}$

$$= \frac{1}{435\,\text{MN/m}^2}(0{,}169 \cdot 0{,}6\,\text{m} \cdot 0{,}555\,\text{m} \cdot 19{,}83\,\text{MN/m}^2 - 1{,}174\ \text{MN})$$

erf. $A_s < 0$

Es werden konstruktiv 3ϕ12 gewählt.

Lösung: **Aufgabe 13.5:**

Bemessungsquerkraft infolge äußerer Lasten: — siehe Aufgabe 13.4

Auflagerlast Achse B:

$B_d = 174{,}4$ kN

$V_{Ed,(g+q),red} = 174{,}4\,\text{kN} - 0{,}555\,\text{m} \cdot 26{,}16\,\text{kN/m}^2 = 159{,}9\,\text{kN}$ — EC2-1-1, NCI zu 6.2.1(8)

Bemessungsquerkraft infolge Vorspannung:

$P_{m\infty} = 1{,}053\ \text{MN} \cdot 0{,}87 = 0{,}916\ \text{MN}$ — siehe Bild 13-4

$u_2 = 8 \cdot 916\ \text{kN} \cdot 0{,}369\ \text{m}/[15{,}0\ \text{m}]^2 = 12{,}02\ \text{kN/m}$

$V_{Ed,p,red}(x = 19{,}44^5\ \text{m}) = 1{,}0 \cdot (0{,}0848 \cdot 916\ \text{kN} - 12{,}02 \cdot 0{,}555\ \text{kN})$ — EC2-1-1, NCI zu 6.2.1(8)

$V_{Ed,p,red}(x = 19{,}44^5\ \text{m}) = 71{,}0\ \text{kN}$

Gesamte Bemessungsquerkraft:

$V_{Ed,red} = V_{Ed,(g+q),red} - V_{Ed,p,red} = 159{,}9\ \text{kN} - 71{,}0\ \text{kN} = 88{,}9\ \text{kN}$

Durch den Beton aufnehmbare Querkraft: — EC2-1-1, Gl. 6.2.a

$V_{Rd,c} = [C_{Rd,c} \cdot k \cdot (100 \rho_l \cdot f_{ck})^{1/3} + k_1 \cdot \sigma_{cp}] \cdot b_w \cdot d$

mit:

$C_{Rd,c} = 0{,}15/\gamma_C = 0{,}10$ — EC2-1-1, NDP zu 6.2.2(1)

$k = 1 + (200/555)^{0,5} = 1{,}60 < 2{,}0$

$\rho_l = 3 \cdot 1{,}13\ \text{cm}^2/[30 \cdot 55{,}5\ \text{cm}^2] = 0{,}204\ \% \leq 2\ \%$ — Geg.: $A_s = 3{,}39\ \text{cm}^2$

$f_{ck} = 35\ \text{MN/m}^2$

$k_1 = 0{,}12$ — EC2-1-1, NDP zu 6.2.2(1)

$\sigma_{cp} = N_{Ed}/A_c < 0{,}2 \cdot f_{cd}$ — $N_{Ed} = P_{m\infty}$

$\sigma_{cp} = [0{,}916\ \text{MN}/(0{,}225\ \text{m}^2)] = 4{,}07\ \text{MN/m}^2$

$0{,}2 \cdot f_{cd} = 0{,}2 \cdot 19{,}83\ \text{MN/m}^2 = 3{,}97\ \text{MN/m}^2 < 4{,}07\ \text{MN/m}^2$

$\rightarrow \sigma_{cp} = 3{,}97\ \text{MN/m}^2$

$b_w = 0{,}3\ \text{m}$

$V_{Rd,c} = [0{,}1 \cdot 1{,}6 \cdot (0{,}204 \cdot 35\ \text{MN/m}^2)^{1/3} + 0{,}12 \cdot 3{,}97\ \text{MN/m}^2] \cdot b_w \cdot d$

$V_{Rd,c} = 131\ \text{kN} > V_{Ed,red} = 88{,}9\ \text{kN}$

Es ist statisch keine Querkraftbewehrung erforderlich, d. h. die Mindestquerkraftbewehrung nach EC2-1-1 ist ausreichend.

Anmerkung: $V_{Rd,c} \geq V_{Ed}$, d. h. es wird auf den Ansatz von $V_{Rd,c,min}$ nach EC2-1-1, Gl. 6.2aDE verzichtet.

Lösung: **Aufgabe 13.6:**

Teil a)

EC2-1-1, Bild 3.1

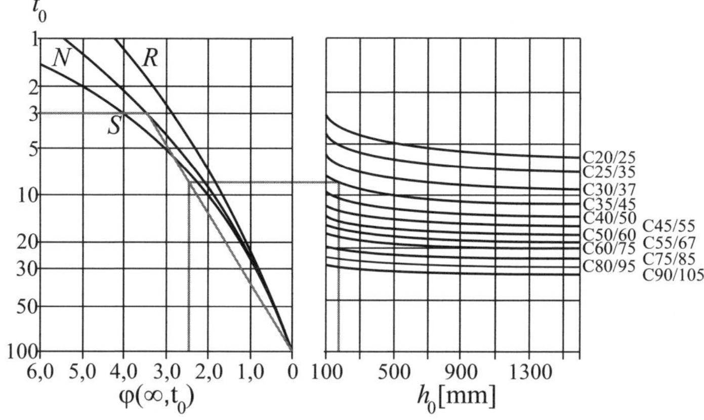

b) Außenluft, relative Luftfeuchte = 80 %

***Bild 13-5:** Ermittlung der Kriechzahl nach EC2-1-1, Bild 3.1*

$h_0 = 2A_c/u$
mit:
$A_c = 0{,}225$ m² (siehe Aufgabe 13.2)
$u = 2{,}4$ m
$h_0 = 187{,}5$ mm
$\varphi(\infty, t_0 = 3d) \approx 2{,}5$

EC2-1-1, 3.1.4(5)
Geg.: CEM 32,2R (Klasse N)

Teil b)

$$E_{c,eff} = \frac{E_{cm}}{1+\varphi(\infty,3d)} = \frac{34.000\ \text{MN/m}^2}{1+2{,}5} = 9714\ \text{MN/m}^2$$

E_{cm} nach EC2-1-1, Tab. 3.1; $E_{c,eff}$ nach EC2-1-1, Gl. 7.20

$I_{c,br} = 7{,}3 \cdot 10^{-3}$ m⁴
$EI = 70{,}9$ MNm²

I_c siehe Aufgabe 13.2

Kragarmverformung im Zustand I infolge äußerer Lasten:
Aus den ständigen Lasten:
$w = [(5{,}0\ \text{m})^3/8 + (5^2 \cdot 15)\text{m}^3/6 - (15\ \text{m})^3/24] \cdot 14{,}38\ \text{kN/m} \cdot 5\ \text{m}/EI$
$w = -4494\ \text{kNm}^3/EI = -0{,}063$ m

[1] Kap. 4, 1.1.6

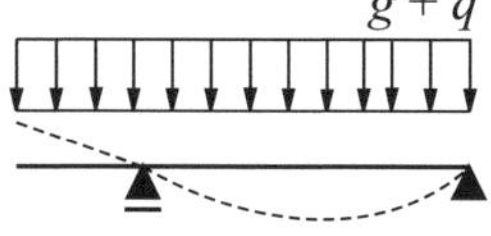

Aus den veränderlichen Lasten:
$w = [(5{,}0\ \text{m})^3/8 + (5^2 \cdot 15)\ \text{m}^3/6 - (15\ \text{m})^3/24] \cdot 3{,}6\ \text{kN/m} \cdot 5\ \text{m}/EI$
$w = -1125\ \text{kNm}^3/EI = -1{,}125\ \text{MNm}^3/EI = -0{,}016$ m

$q_d = 0{,}8 \cdot 4{,}5$ kN/m mit $\psi_2 = 0{,}8$

Kragarmverformung im Zustand I infolge Vorspannung:
Aus der Umlenklast u_2 bzw. der resultierenden Umlenklast U_2:
$U_2 = u_2 \cdot 14{,}5\text{ m} = [8 \cdot (0{,}87 \cdot P) \cdot 0{,}369\text{ m}/(15\text{ m})^2] \cdot 14{,}5\text{ m} = 0{,}165P$ [1] Kap. 4, 1.1.6

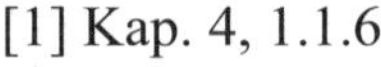

$w = (15 + 7{,}25)\text{ m} \cdot [0{,}165 \cdot P \cdot (7{,}25 \cdot 7{,}75 \cdot 5{,}0)\text{ m}^3]/[6 \cdot 15\text{ m} \cdot EI]$
$w = 11{,}48\text{ m}^3 \cdot P/EI$

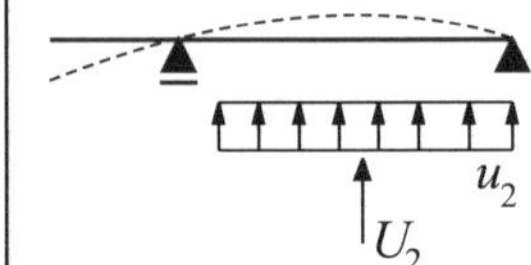

Aus der Vorspannkraft $P_v(x = 0\text{ m})$:
$w = -[(15 \cdot 5)\text{ m}^2/3 + (5\text{ m})^2/2 - (5\text{ m})^2/6] \cdot 0{,}04 \cdot (0{,}87 \cdot P) \cdot 5{,}0\text{ m}/EI$ [1] Kap. 4, 1.1.6
$w = -5{,}80\text{ m}^3 \cdot P/EI$

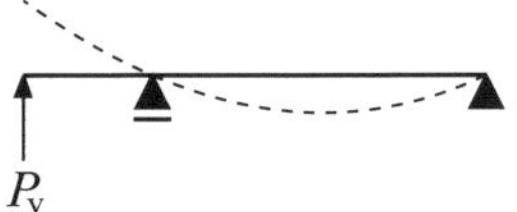

Erforderliche Anzahl an Spanngliedern:
Fall 1: Begrenzung der Verformung nach unten ($+w$):
zul. $w \leq 0{,}02$ m
$w = -(0{,}063 + 0{,}016)\text{ m} + [(11{,}48 - 5{,}80) \cdot P]/[70{,}9\text{ MNm}^2]$
$w = -0{,}079\text{ m} + 0{,}080 \cdot P \cdot \text{m/MN}$
$-0{,}079\text{ m} + 0{,}080 \cdot P \cdot \text{m/MN} \leq 0{,}02\text{ m}$ — $w \leq$ zul. $w = 20$ mm
$P \leq [0{,}099\text{ m}]/[0{,}080\text{ m/MN}] = 1{,}238\text{ MN}$

erf. $n \leq 1238\text{ kN}/(127{,}5\text{ kN/cm}^2 \cdot 9{,}0\text{ cm}^2) = 1{,}08$ — Geg.: $A_p = 9{,}0\text{ cm}^2$

Fall 2: Begrenzung der Verformung nach oben ($-w$):
zul. $w \geq -0{,}02$ m
$w = -(0{,}063 + 0{,}016)\text{ m} + [(11{,}48 - 5{,}80) \cdot P]/[70{,}9\text{ MNm}^2]$
$w = -0{,}079\text{ m} + 0{,}080 \cdot P \cdot \text{m/MN}$
$-0{,}079\text{ m} + 0{,}080 \cdot P \cdot \text{m/MN} \geq -0{,}02\text{ m}$ — $w \geq$ zul. $w = -20$ mm
$P \geq [0{,}059\text{ m}]/[0{,}080\text{ m/MN}] = 0{,}738\text{ MN}$

erf. $n \geq 738\text{ kN}/(127{,}5\text{ kN/cm}^2 \cdot 9{,}0\text{ cm}^2) = 0{,}64$ — Geg.: $A_p = 9{,}0\text{ cm}^2$

$0{,}64 \leq$ erf. $n \leq 1{,}08$, d. h. es ist ein Spannglied erforderlich, um die Verformungen auf ±20 mm zu begrenzen.
Der Träger verbleibt über der Stütze im Zustand I (siehe Aufgabe 13.2).

Beispiel 14: Vorgespannte Bibliothekdecke

Gegeben ist eine einachsig gespannte, zweifeldrige Decke der hiesigen Unibibliothek mit den effektiven Spannweiten von je $l = 10{,}0$ m. Die Deckenstärke beträgt $h = 0{,}3$ m. Die statische Höhe beträgt $d = 25$ cm. Die End- und das Mittelauflager bilden Unterzüge, so dass die Deckenplatte als linienförmig gelagert angesehen werden kann. Die Deckenkonstruktion wird zusätzlich zu ihrer Eigenlast g_{k1} mit einer Ausbaulast von $g_{k2} = 1{,}0$ kN/m² und einer veränderlichen Last von $q_k = 6{,}0$ kN/m² belastet. Aufgrund ihrer großen Schlankheit wird die Konstruktion vorgespannt ausgeführt. Die Spanngliedführung ist parabolisch. Es werden Spannglieder mit nachträglichem Verbund verwendet.

System:

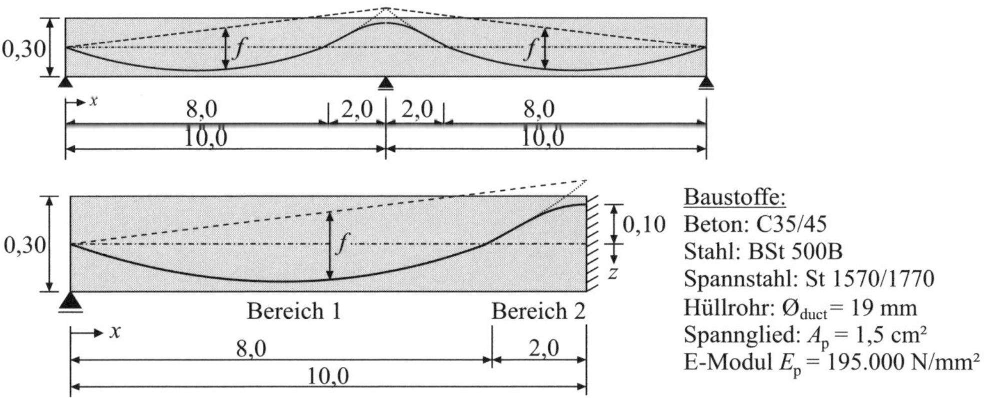

Bild 14-1: *System, statisches Ersatzsystem und Spanngliedführung*

Bereich 1: für: $0 \leq x \leq 8{,}0$ m

$$z_{p,1}(x) = -(8/1125)\cdot x^2 + (12/225)\cdot x$$

$$z'_{p,1}(x) = -(16/1125)\cdot x + 12/225$$

Bereich 2: für: $8{,}0 \text{ m} \leq x \leq 10{,}0$ m

$$z_{p,2}(x) = (1/360)\cdot x^3 - (539/9000)\cdot x^2 + (82/225)\cdot x - 8/15$$

$$z'_{p,2}(x) = (1/120)\cdot x^2 - (539/4500)\cdot x + (82/225)$$

Hinweis: Über dem Mittelauflager liegen Spannstahl und Betonstahl in einer Ebene. Die Verluste der Vorspannkraft aus Kriechen, Schwinden und Relaxation können für alle Spannglieder zum Zeitpunkt $t = \infty$ zu 12 % angenommen werden. Für alle Lastfälle gilt $\gamma_P = r_{inf} = r_{sup} = 1{,}0$. Führen Sie Ihre Untersuchungen an einem 1,0 m breiten Referenzstreifen durch.

Aufgabe 14.1:

Bestimmen Sie den Stich f_1 (Feld) und f_2 (Stütze) und die Umlenklasten $u_1(x)$ und $u_2(x)$ für eine Einheitsvorspannung $p = 1{,}0$ MN/m ohne Berücksichtigung von Spannkraftverlusten. Bestimmen Sie dann das Biegemomente infolge $u_1(x)$ und $u_2(x)$ bei $x = 3{,}75$ m und $x = 10{,}0$ m. Die Auflagerkraft infolge u_1 und u_2 am linken Auflager betrage: $A = -0{,}0495 \cdot p$.

Aufgabe 14.2:

Ermitteln Sie die Anzahl der Litzen pro 1 m breiten Referenzstreifen, so dass unter der quasi-ständigen Einwirkungskombination (es sei: $\psi_2 = 0{,}8$) zum Zeitpunkt $t = \infty$ sowohl bei $x = 3{,}75$ m als auch bei $x = 10{,}0$ m kein Zugspannungen auftreten. Reibungsverluste sind zu vernachlässigen. Verwenden Sie Brutto-Querschnittswerte. Jede Litze wird mit $\sigma_{pm0} = 1275$ MN/m² vorgespannt.

Aufgabe 14.3:

Bemessen Sie die Decke (Referenzstreifen) über dem Mittelauflager ($x = 10{,}0$ m) zum Zeitpunkt $t = \infty$ auf Biegung und geben Sie eine sinnvolle Bewehrung an. Sämtliche Spannkraftverluste (Reibung, K + S + R) bei $x = 10{,}0$ m betragen 17 %. Gehen Sie von einer Vorspannkraft von $p_0 = 0{,}9 \cdot f_{p0,1k} \cdot \Sigma A_p$ aus.

Aufgabe 14.4:

Beurteilen Sie die Schubrissgefahr im Bereich des Auflagers. Berechnen Sie hierzu die maximale Hauptzugspannung in der Schwerachse der Platte im Zustand I. Es seien im Auflagerbereich 4 Litzen angeordnet.

Als Alternative zur nachträglich vorgespannten Decke mit parabolischem Spanngliedverlauf soll eine Decke mit Spanngliedern ohne Verbund (Monolitzen) in der freien Spanngliedlage hergestellt werden. Die Spanngliedexzentrizitäten betragen jeweils $e = 0{,}10$ m (siehe Skizze). Das Flächenträgheitsmoment einer Monolitze ist $I_{Mono} = 269{,}2$ mm^4; die Eigenlast $g_{Mono} = 13{,}03$ N/m. Die horizontale Fixierung der Spannglieder beträgt rechts und links des Mittelauflagers $a = 0{,}3$ m. Der E-Modul ist $E_p = 195.000$ MN/m².

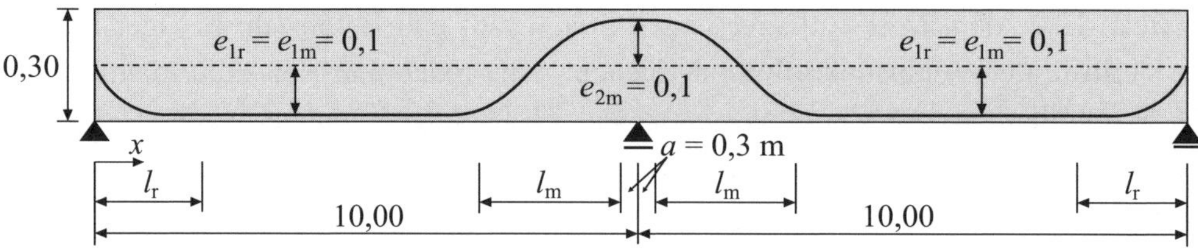

Bild 14-2: *System und Spanngliedführung*

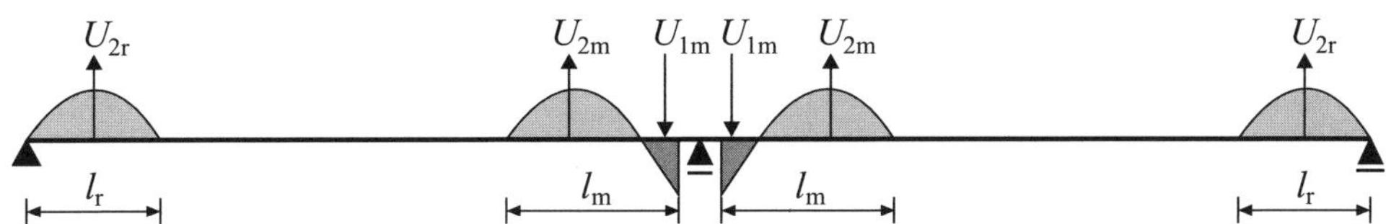

Bild 14-3: *Umlenklasten*

Aufgabe 14.5:

Ermitteln Sie für eine Einheitsvorspannung von p = 1,0 MN/m den Biegemomentenverlauf aus Vorspannung und stellen Sie ihn grafisch dar. Ermitteln Sie dazu zuerst die resultierenden Umlenklasten U_{2r} und $U_{1,2m}$ und deren Lage entlang des Trägers. Die Auflagerkraft am linken Auflager infolge Vorspannung beträgt $A_p = -0{,}109 \cdot p$.

Aufgabe 14.6:

Skizzieren Sie für die freie Spanngliedlage den Spannkraftverlauf vor dem Verankern. Bestimmen Sie hierfür die Spannkraft $p(x)$ an den maßgebenden Punkten. Gehen Sie von folgenden Werten aus: Vorspannkraft einer Litze am Spannanker p_{m0} = 191,3 kN/m, ungewollter Umlenkwinkel k = 0,4°/m, Reibkennwert μ = 0,07.

Lösung: **Aufgabe 14.1:**

Ermittlung des Stichs f_1 (bei $x = l/2$)

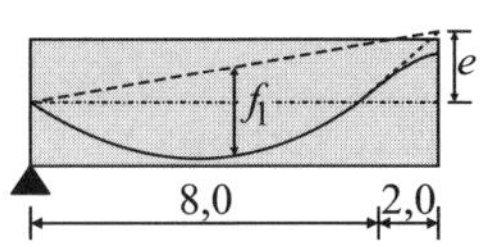

Anteil 1: unterhalb Nulllinie

$z_{p,1}(x = 5{,}0 \text{ m}) = (-8/1125 \cdot 5{,}0^2) + (12/225 \cdot 5{,}0) = 0{,}089 \text{ m}$

Anteil 2: oberhalb Nulllinie

$e = z_{p,1}(x = 10{,}0 \text{ m}) = -8/1125 \cdot 10{,}0^2 + 12/225 \cdot 10{,}0 = -0{,}178 \text{ m}$

$0{,}5 \cdot |(z_{p,A} + e)| = 0{,}5 \cdot (0 + 0{,}178) = 0{,}089 \text{ m}$

$f_1 = 0{,}089 + 0{,}089 \text{ m} = 0{,}178 \text{ m}$

Ermittlung des Stichs f_2 (bei $x = l$)

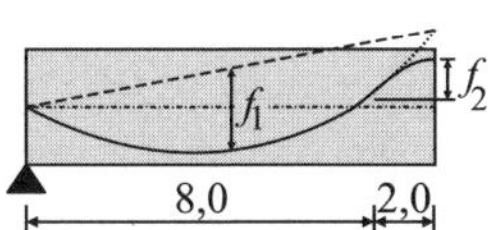

Anteil 1:

Lage im Übergangspunkt der Parabeln:

$z_{p,1}(x = 8{,}0 \text{ m}) = (-8/1125 \cdot 8{,}0^2) + (12/225 \cdot 8{,}0) = -0{,}028 \text{ m}$

Anteil 2:

oberhalb Nulllinie $z_{p,2}(x = 10{,}0 \text{ m}) = -0{,}1 \text{ m}$

$f_2 = |z_{p,2}(x = 10{,}0 \text{ m})| - z_{p,1}(x = 8{,}0 \text{ m}) = 0{,}1 \text{ m} - 0{,}028 \text{ m}$

$f_2 = 0{,}072 \text{ m}$

Umlenklast (für: $0 \leq x \leq 8{,}0$ m):

$u_1(x) = 8 \cdot p \cdot f_1 / l^2 = 8 \cdot 0{,}178 \text{ m}/(10{,}0 \text{ m})^2 \cdot p = 1{,}4 \cdot 10^{-2} \cdot p$

Umlenklast (für: 8,0 m $\leq x \leq$ 10,0 m):
$u_2(x) = 8 \cdot p \cdot f_2/[2 \cdot (l - 8{,}0)]^2 = 8 \cdot 0{,}072\ \text{m}/[2 \cdot 2{,}0\ \text{m}]^2 \cdot p = 0{,}036 \cdot p$

Biegemoment infolge $u_1(x)$ bei x = 3,75 m:
$m(x = 3{,}75\ \text{m}) = 3{,}75 A_P + u_1 \cdot 3{,}75^2/2$
$m(x = 3{,}75\ \text{m}) = 3{,}75 \cdot (-0{,}0495) \cdot p + 1{,}4 \cdot 10^{-2} \cdot p \cdot 3{,}75^2/2 = -0{,}0872 \cdot p$
Einsetzen der Einheitsvorspannung 1,0 MN/m:
$m_P(x = 3{,}75\ \text{m}) = -0{,}0872\ \text{m} \cdot 1{,}0\ \text{MN/m} = -0{,}0872\ \text{MNm/m}$

Geg.: $A_P = -0{,}0495 \cdot p$

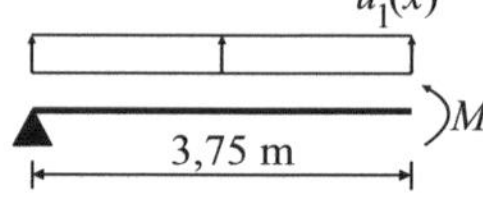

Biegemoment infolge $u_{1,2}(x)$ bei x = 10,0 m:
$m(x = 10\ \text{m}) = 10 A_P + u_1 \cdot 8{,}0\ \text{m} \cdot (8/2+2)\ \text{m} - u_2 \cdot 2{,}0\ \text{m} \cdot 1{,}0\ \text{m}$
$m = 10 \cdot (-0{,}0495) \cdot p + 1{,}4 \cdot 10^{-2} \cdot p \cdot 8{,}0 \cdot 6{,}0\ \text{m}^2 - 0{,}036 \cdot p \cdot 2{,}0 \cdot 1{,}0\ \text{m}^2$
$m(x = 10\ \text{m}) = 0{,}105 \cdot p$
Einsetzen der Einheitsvorspannung 1,0 MN/m:
$m(x = 10\ \text{m}) = 0{,}105\ \text{m} \cdot 1{,}0\ \text{MN/m} = 0{,}105\ \text{MNm/m}$

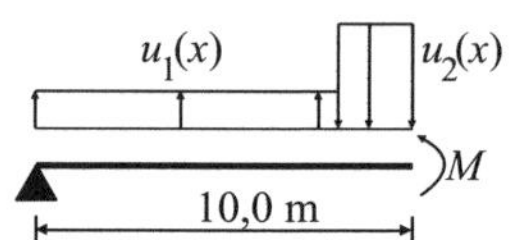

Lösung: **Aufgabe 14.2:**

Brutto-Querschnittswerte:
$A_{c,br} = 1{,}0 \cdot 0{,}3 = 0{,}30\ \text{m}^2$
$W_{c,br,o} = 1{,}0 \cdot 0{,}3^2/6 = -0{,}015\ \text{m}^3$
$W_{c,br,u} = 0{,}015\ \text{m}^3$

Äußere Lasten:
ständig: $g_k = 0{,}3\ \text{m} \cdot 25\ \text{kN/m}^2 + 1{,}0\ \text{kN/m}^2 = 8{,}5\ \text{kN/m}^2$
veränderlich: $q_k = 6{,}0\ \text{kN/m}^2$ (gegeben)

Feld x = 3,75 m:
$A_{g,k} = 3/8 \cdot 8{,}5\ \text{kN/m}^2 \cdot 10{,}0\ \text{m} = 31{,}9\ \text{kN/m}$ — [1] Kap. 4, 1.4.1
$m_{g,k}(x = 3{,}75\ \text{m}) = 3{,}75 A_{g,k} - g_k \cdot 3{,}75^2/2$
$m_{g,k}(x = 3{,}75\ \text{m}) = 31{,}9 \cdot 3{,}75 - 8{,}5 \cdot 3{,}75^2/2 = 59{,}9\ \text{kNm/m}$
$A_{q,k} = 0{,}438 \cdot 6{,}0\ \text{kN/m}^2 \cdot 10{,}0\ \text{m} = 26{,}3\ \text{kN/m}$
$m_{q,k}\,(x = 3{,}75\ \text{m}) = 3{,}75 A_{q,k} - q_k \cdot 3{,}75^2/2$
$m_{q,k}\,(x = 3{,}75\ \text{m}) = 0{,}8 \cdot [26{,}3 \cdot 3{,}75 - 6{,}0 \cdot 3{,}75^2/2] = 45{,}1\ \text{kNm/m}$

$m_q(x$ = 3,75 m) resultiert aus einseitig veränderlicher Last; Geg.: $\psi_2 = 0{,}8$

Nachweis an der Trägerunterseite:

$$-\frac{0{,}88 p_{m0}}{A_{c,br}} + \frac{m_{(g+q)d} - 0{,}88 m_P^{ges}}{W_{c,br,u}} \leq 0$$

Geg.: 12 % Verluste aus K + S + R

$$-\frac{0{,}88 p_{m0}}{0{,}3}+\frac{1{,}0\cdot(0{,}0599+0{,}0451)-0{,}88\cdot 0{,}0872\cdot p_{m0}}{0{,}015}\leq 0$$

$p_{m0}\cdot(-2{,}93 - 5{,}12) \leq -7{,}0$ MN/m
$p_{m0} \geq 0{,}870$ MN/m

Stütze $x = 10{,}0$ m:
$m_{(g+q),k}(x = 10{,}0 \text{ m}) = -0{,}125\cdot(8{,}5 + 0{,}8\cdot 6{,}0)$ kN/m²$\cdot(10{,}0 \text{ m})^2$
$m_{(g+q),k}(x = 10{,}0 \text{ m}) = -166{,}3$ kNm/m

[1] Kap. 4, 1.4.1
$m_q(x = 10{,}0$ m) resultiert aus einer Belastung beider Felder, $\psi_2 = 0{,}8$
Geg.: 12 % Verluste aus K + S + R

Nachweis an der Trägeroberseite:

$$-\frac{0{,}88 p_{m0}}{A_{c,br}}+\frac{m_{(g+q)d}-0{,}88 m_{P}^{ges}}{W_{c,br,o}}\leq 0$$

$$-\frac{0{,}88 p_{m0}}{0{,}3}+\frac{1{,}0\cdot(-0{,}166)+0{,}88\cdot 0{,}105\cdot p_{m0}}{-0{,}015}\leq 0$$

$-(2{,}93 + 6{,}16)\, p_{m0} \leq -11{,}07$ MN/m

$p_{m0} \geq 1{,}22$ MN/m
$p_{m0,\text{Stütze}} > p_{m0,\text{Feld}}$
d. h.: Über der Stütze ist die maßgebende Stelle.

erforderliche Anzahl n an Litzen:
$n = [1.220 \text{ kN/m}]/(127{,}5 \text{ kN/cm}^2\cdot 1{,}5 \text{ cm}^2) = 6{,}4$

Geg.: A_p = 1,50 cm²; $\sigma_{pm0} = 1275$ MN/m²

Es werden 7 Litzen pro laufenden Meter Decke benötigt!

Lösung: **Aufgabe 14.3:**

$p_0 = 0{,}9\cdot 1500 \text{ MN/m}^2\cdot 7\cdot 1{,}5\cdot 10^{-4} \text{ m}^2 = 1{,}418$ MN/m

Geg.: p_0

Spannkraftverluste aus Reibung sowie Kriechen und Schwinden:
$p_\infty = 0{,}83\cdot 1{,}418$ MN/m $= 1{,}177$ MN/m
→: Vordehnung: $\varepsilon_p^{(0)} = p_\infty/[E_p\cdot A_p] = 5{,}75$ ‰

Geg: 17 % Verluste aus K + S + R, Reibung
Geg: A_p; E_p

Biegemoment bei $x = 10{,}0$ m infolge p_∞
$m_{p,ges} = 0{,}105 \text{ m}\cdot 1{,}177 \text{ MN/m} = 0{,}124$ MNm/m
mit:
$m_{p,ges} = m_{p,dir} + m_{p,ind}$ →: $m_{p,ind} = m_{p,ges} - m_{p,dir}$

$m_p(x = 10{,}0$ m) siehe Aufgabe 14.1

$m_{p,dir} = p_\infty \cdot z_p = -1{,}177$ MN/m·(-0,10 m) = 0,118 MNm/m
→: $m_{p,ind}$ = 124 kNm/m - 118 kNm/m = 6,0 kNm/m

Bemessung mit Vorspannung im ULS als äußere Einwirkung:
Annahme: Der Spannstahl fließt.
$p^{ULS} = f_{p0,1k}/\gamma_s \cdot A_p = 1500/1{,}15 \cdot 7 \cdot 1{,}5 \cdot 10^{-4} = 1{,}370$ MN/m

[20] Kap. 8.2.1.2
γ_s = 1,15, EC2-1-1, Tab. 2.1DE

$m_p^{ULS} = p^{ULS} \cdot z_p + m_{p,ind}$
$m_p^{ULS} = -1{,}370$ MN/m·(-0,10 m) + 0,006 MNm/m
$m_p^{ULS} = 0{,}143$ MNm/m = 143 kNm/m

Bemessungsmoment:
$m_{(g+q)Ed} = -(1{,}35 \cdot 8{,}5 + 1{,}5 \cdot 6{,}0)$ kN/m²·(10,0 m)²·1/8
$m_{(g+q)Ed} = -255{,}9$ kNm/m
$m_{Ed}^{ULS} = m_{(g+q)Ed} + m_p^{ULS} = [-255{,}9 + 1{,}0 \cdot 143]$ kNm/m
$m_{Ed}^{ULS} = -112{,}9$ kNm/m

Bemessungsmoment bezogen auf die Stahllage:
$m_{Eds}^{ULS} = m_{Ed}^{ULS} + n_{Ed} \cdot z_s = [|-112{,}9| + 1370 \cdot 0{,}10]$ kNm/m
$m_{Eds}^{ULS} = 249{,}9$ kNm/m

Geg.: $z_p = z_s$
$n_{Ed} = p^{ULS}$

$$\mu_{Eds} = \frac{0{,}250}{1{,}0 \cdot 0{,}25^2 \cdot 0{,}85 \cdot 35/1{,}5} = 0{,}202$$

[1] Kap. 5, Tafel 2a

→: $\omega = 0{,}229$
→: $\varepsilon_{s1} = 8{,}88$ ‰

Kontrolle der Spannstahldehnungen im ULS:
Da der Spannstahl über der Stütze in derselben Lage wie der Betonstahl liegt, ist $\Delta\varepsilon_p \approx \varepsilon_{s1} = 8{,}88$ ‰
$\varepsilon_p^{ULS} = \varepsilon_p^{(0)} + \Delta\varepsilon_p = 5{,}75 + 8{,}88 = 14{,}63$ ‰
$\varepsilon_{p,y} = 1304/195.000 = 6{,}7$ ‰
→: $\varepsilon_p^{ULS} > \varepsilon_{p,y}$
→: Der Spannstahl fließt! Die getroffene Annahme ist korrekt.
$\varepsilon_p^{(0)} + 25$ ‰ $= 30{,}75$ ‰ $\leq 0{,}9 \cdot \varepsilon_{uk} = 0{,}9 \cdot 35$ ‰ $= 31{,}5$ ‰

EC2-1-1, NDP zu 3.3.6(7) und [9]

Erforderliche Betonstahlbewehrung:
erf. $a_s = 1/f_{yd} \cdot [\omega \cdot b \cdot d \cdot f_{cd} + n_{Ed}]$
erf. a_s = 1/[435 MN/m²]·(0,229·1,0·0,25·0,85·35/1,5 - 1,37) MN
erf. $a_s < 0$ →: es ist keine Betonstahlbewehrung nötig

Lösung: **Aufgabe 14.4:**

Bemessungsquerkraft infolge ständiger und veränderlicher Lasten im SLS:

$g_d = 8{,}5\ \text{kN/m}^2$

$q_d = 6{,}0\ \text{kN/m}^2$

Geg.: g_d, q_d

Querkraft infolge äußerer Lasten:

[1] Kap. 4, 1.4.1

$A_{(g+q)d} = [0{,}375 \cdot 8{,}5\ \text{kN/m}^2 + 0{,}438 \cdot 6{,}0\ \text{kN/m}^2] \cdot (10{,}0\ \text{m})$

$A_{(g+q)d} = v_{Ed}(x = 0) = 58{,}2\ \text{kN/m}$

Querkraft infolge Vorspannung:

$p_\infty = (4/7) \cdot 0{,}83 \cdot 1{,}418\ \text{MN/m} = 0{,}673\ \text{MN/m}$

Geg.: 4 Litzen pro Meter im Auflagerbereich; $p_0 = 1{,}418$ MN/m aus Aufgabe 14.3

$A_p = v_{Ed,p}(x = 0\ \text{m}) = -0{,}0495 \cdot 0{,}673\ \text{MN/m}\ 10^3 = -33{,}3\ \text{kN/m}$

vgl. Aufgabe 14.1

$\rightarrow$: $v_{Ed}(x = 0\ \text{m}) = 58{,}2\ \text{kN/m} - 33{,}3\ \text{kN/m} = 24{,}9\ \text{kN/m}$

$$\sigma_n = \frac{p_\infty}{A_c} = -\frac{0{,}673\ \text{MN/m}}{0{,}3\ \text{m}^2/\text{m}} = -2{,}24\ \text{MN/m}^2$$

$$\tau_{max}(x = 0\,\text{m}) = 1{,}5 \cdot \frac{v_{Ed}(x = 0\ \text{m})}{A_c} = 1{,}5 \cdot \frac{0{,}0249\ \text{MN/m}}{0{,}3\ \text{m}^2/\text{m}}$$

$\tau_{max} = 0{,}125\ \text{MN/m}^2$

$$\sigma_{1,2} = \frac{\sigma_x}{2} \pm \sqrt{\left(\frac{\sigma_x}{2}\right)^2 + \tau^2} = \frac{-2{,}24}{2} \pm \sqrt{\left(\frac{-2{,}24}{2}\right)^2 + 0{,}125^2}$$

vgl. [16]

$$\sigma_{1,2} = -1{,}12\ \text{MN/m}^2 \pm 1{,}13\ \text{MN/m}^2 = \begin{cases} 0{,}01\ \text{MN/m}^2 \\ -2{,}25\ \text{MN/m}^2 \end{cases}$$

Der Querschnitt ist zum Zeitpunkt $t = \infty$ im SLS (annähernd) voll überdrückt und befindet sich somit im Zustand I.

Lösung: **Aufgabe 14.5:**

Randanhebung

Festlegung Spanngliedverlauf nach [18]

$$z_p(x) = (e_{1r} + e_{2r}) \cdot [\frac{x^4}{l_r^4} - \frac{2 \cdot x^3}{l_r^3} + \frac{2 \cdot x}{l_r}] - e_{2r}$$

$$z'_p(x) = (e_{1r} + e_{2r}) \cdot [\frac{4 \cdot x^3}{l_r^4} - \frac{6 \cdot x^2}{l_r^3} + \frac{2}{l_r}]$$

z'_p: Neigung

$$z''_p(x) = (e_{1r} + e_{2r}) \cdot [\frac{12 \cdot x^2}{l_r^4} - \frac{12 \cdot x}{l_r^3}]$$

z''_p: Krümmung

$$l_r = \sqrt[4]{\frac{24 \cdot E_p \cdot I \cdot (e_{1r} + e_{2r})}{g}}$$

l_r: Durchhanglänge

$$u(x) = z''_p(x) \cdot p \qquad \rightarrow: U_{2r} = \int_0^{l_r} u(x)\,dx$$

Mittenanhebung

Festlegung Spanngliedverlauf nach [18]

$$z_p(x) = (e_{1m} + e_{2m}) \cdot [\frac{3 \cdot x^4}{l_m^4} - \frac{8 \cdot x^3}{l_m^3} + \frac{6 \cdot x^2}{l_m^2} - 1] - e_{1m}$$

$$z'_p(x) = (e_{1m} + e_{2m}) \cdot [\frac{12 \cdot x^3}{l_m^4} - \frac{24 \cdot x^2}{l_m^3} + \frac{12 \cdot x}{l_m^2}]$$

$$z''_p(x) = (e_{1m} + e_{2m}) \cdot [\frac{36 \cdot x^2}{l_m^4} - \frac{48 \cdot x}{l_m^3} + \frac{12}{l_m^2}]$$

$$l_m = \sqrt[4]{\frac{72 \cdot E_p \cdot I \cdot (e_{1m} + e_{2m})}{g}}$$

l_m: Durchhanglänge

$$u(x) = z''_p(x) \cdot p \qquad \rightarrow: U_{1m} = \int_0^{l_m/3} u(x)\,dx = U_{2m} = \int_{l_m/3}^{l_m} u(x)\,dx$$

siehe auch Skizze nächste Seite

Länge der Randanhebung l_r:

$$l_r = \sqrt[4]{\frac{24 \cdot 195 \cdot 10^3 \cdot 269{,}2 \cdot (10 + 0)}{13{,}03}} = 99{,}162 \cdot \sqrt[4]{10}[cm]$$

$l_r = 176$ cm

Geg.:
g_{Mono} = 13,03 N/m,
I_{Mono} = 269,2 mm^4,
$e_{1r} = 0$, $e_{2r} = 0{,}1$ m
$e_{1m} = e_{2m} = 0{,}1$ m

Länge der Mittenanhebung l_m:

$$l_m = \sqrt[4]{\frac{72 \cdot 195 \cdot 10^3 \cdot 269{,}2 \cdot (10 + 10)}{13{,}03}} = 130{,}5 \cdot \sqrt[4]{2 \cdot 10}[cm]$$

$l_m = 276$ cm

Ermittlung der Resultierenden U_{2r}, U_{1m}, U_{2m}:

$$U_{2r} = \int_0^{l_r} u(x)\,dx = \frac{2 \cdot (e_{1r} + e_{2r})}{l_r} \cdot p = \frac{2 \cdot 0{,}1}{1{,}76} \cdot p = 0{,}114p$$

$$U_{1m} = \int_0^{l_m/3} u(x)\,dx = \frac{16}{9} \cdot \frac{(e_{1m} + e_{2m})}{l_m} \cdot p = \frac{16}{9} \cdot \frac{2 \cdot 0{,}1}{2{,}76} \cdot p = 0{,}129p$$

$U_{1m} = U_{2m}$

Bestimmung der Resultierenden nach [20] Kap. 12.5.2 mit $u(x) = z_p''(x) \cdot p$ nach [18], beachte: $e_{2r} = 0$

Lastangriffspunkte der resultierenden Umlenklasten:

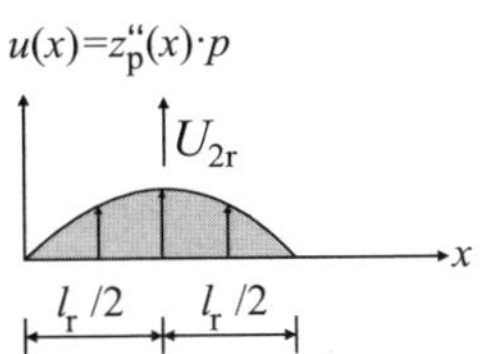

Randanhebung:
Lastangriff von U_{2r} bei $x = 0{,}5 l_r$
→: $x = 0{,}5 \cdot 1{,}76 \text{ m} = 0{,}88 \text{ m}$

Mittenanhebung:
Berechnung der Nullstelle von $u(x)$:

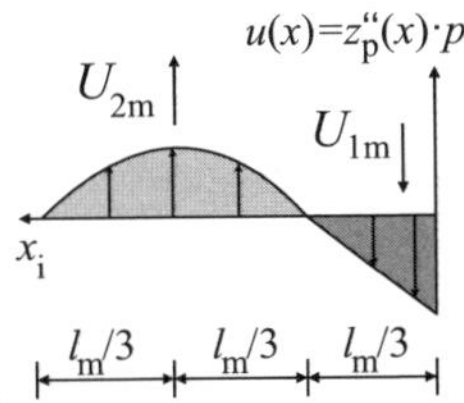

$$u(x) = z_p''(x) \cdot p = (e_{1m} + e_{2m}) \cdot [\frac{36 \cdot x^2}{l_m^4} - \frac{48 \cdot x}{l_m^3} + \frac{12}{l_m^2}] \overset{!}{=} 0$$

$$x_{1,2} = \frac{4}{6} l_m \pm \sqrt{\left(\frac{4}{6} l_m\right)^2 - \frac{1}{3} l_m} = \frac{2}{3} l_m \pm \frac{1}{3} l_m \rightarrow: \begin{cases} x_1 = 1/3 \cdot l_m \\ x_2 = l_m \end{cases}$$

Lastangriff von U_{1m} bei $x_1 \approx 1/3 \cdot (l_m/3) = 1/9 \cdot l_m$
→: $x_1 = 1/9 \cdot l_m = 0{,}31$ m (global: $x = 10{,}0 - 0{,}3 - 0{,}31 = 9{,}39$ m)

Geg.: horizontale Fixierung $a = 0{,}3$ m

Lastangriff von U_{2m} bei $x_2 = 2/3 \cdot l_m = 1{,}84$ m
→: $x_2 = 2/3 \cdot l_m = 1{,}84$ m (global: $x = 10{,}0 - 0{,}3 - 1{,}84 = 7{,}86$ m)

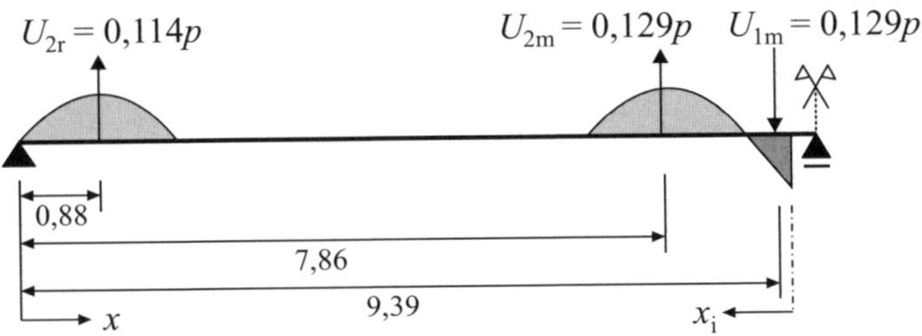

Bild 14-4: *Umlenklasten (Halbsystem)*

Tab. 14-1: *Ermittlung der Biegemomente infolge Vorspannung:*

x [m]	$m_{A,p}(x)$ $A_p =$ $-0{,}109 \cdot p$	$m_{U,2r}(x)$ $U_{2r} =$ $0{,}114 \cdot p$	$m_{U,2m}(x)$ $U_{2m} =$ $0{,}129 \cdot p$	$m_{U,1m}(x)$ $U_{1m} =$ $0{,}129 \cdot p$	$m_p(x)$
0,0	0	0	0	0	0
0,88	$-0{,}096 \cdot p$	0	0	0	$-0{,}096 \cdot p$
7,86	$-0{,}857 \cdot p$	$0{,}796 \cdot p$	0	0	$-0{,}061 \cdot p$
9,39	$-1{,}024 \cdot p$	$0{,}970 \cdot p$	$0{,}197 \cdot p$	0	$0{,}143 \cdot p$
10,0	$-1{,}09 \cdot p$	$1{,}040 \cdot p$	$0{,}276 \cdot p$	$-0{,}079 \cdot p$	$0{,}147 \cdot p$

Geg.: $A_p = -0{,}109 \cdot p$

Momente infolge Einheitsvorspannung

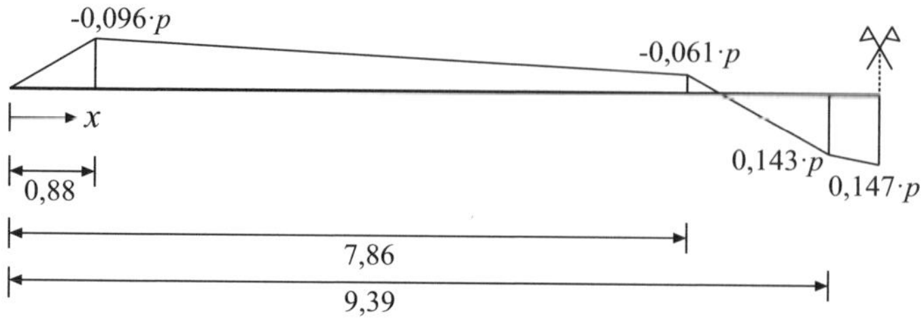

Bild 14-5: *Biegemomente (Halbsystem)*

Lösung: **Aufgabe 14.6:**

Die Nullstelle der Krümmungslinie (z_p'') zeigt den Wendepunkt des Spanngliedverlaufes (z_p). Bei stetigen Funktionen genügt es nach [20], die Steigung $\theta(x) = z_p'$ in den Wendepunkten zu bestimmen.
Im Bereich der Randanhebung ist kein Wendepunkt vorhanden. Damit liegt lediglich eine Winkeländerung von geneigter zu horizontaler Spanngliedlage vor. Im Bereich der Mittenanhebung ist $z_p''(x_1 = l_m/3) = 0$ (vgl. Aufgabe 14.5).

Randanhebung: $x = 0$
$\theta_{ri} = z_p'(x = 0) = 2 \cdot e_{1r} / l_r = 2 \cdot 0{,}1 \text{ m}/1{,}76 \text{ m} = 0{,}114 \text{ rad}$

Mittenanhebung: $x_1 = l_m/3$
$\theta_{mi} = z_p'(x = l_m/3) = 16/9 \cdot (e_{1m} + e_{2m})/l_m = (16/9) \cdot 2 \cdot 0{,}1 \text{ m}/2{,}76 \text{ m}$
$\theta_{mi} = 0{,}129 \text{ rad}$

Aufgrund jeweils eines Wendepunktes zu beiden Seiten einer Stütze ergeben sich 4 Winkeländerungen von geneigtem zu horizontalem Spanngliedverlauf.

$x = 0$ m →: $\theta = 0$
$x = l_r = 1{,}76$ m →: $\theta = 0{,}114$
$x = 10{,}0 - 0{,}3 - l_m = 6{,}94$ m →: $\theta = 0{,}114$
$x = 6{,}94 + 2/3 l_m = 8{,}78$ m →: $\theta = 0{,}243$
$x = 10 - 0{,}3 = 9{,}70$ m →: $\theta = 0{,}372$
$x = 10{,}0$ m →: $\theta = 0{,}372$
$x = 10{,}3$ m →: $\theta = 0{,}372$
$x = 10{,}3 + 1/3 \cdot l_m = 11{,}22$ m →: $\theta = 0{,}501$
$x = 10{,}3 + l_m = 13{,}06$ m →: $\theta = 0{,}63$
$x = 20{,}0 - l_r = 18{,}24$ m →: $\theta = 0{,}63$
$x = 20{,}0$ m →: $\theta = 0{,}744$

Fixierung am Mittelauflager mit $a = 0{,}3$ m

$k = 0{,}4\ [°/\text{m}] = 7{,}0 \cdot 10^{-3}\ [\text{rad/m}]$
$\mu = 0{,}07$

$p_{\text{m0}}(x) = 191{,}3 \cdot e^{-0{,}07(\theta + 7{,}0/10^3 \cdot x)}$

$p_{\text{m0}}(x = 0\ \text{m}) = 191{,}3\ \text{kN}$
$p_{\text{m0}}(x = 1{,}76\ \text{m}) = 191{,}3 \cdot e^{-0{,}07(0{,}114 + 7{,}0/10^3 \cdot 1{,}76)} = 189{,}6\ \text{kN}$
$p_{\text{m0}}(x = 6{,}94\ \text{m}) = 191{,}3 \cdot e^{-0{,}07(0{,}114 + 7{,}0/10^3 \cdot 6{,}94)} = 189{,}1\ \text{kN}$
$p_{\text{m0}}(x = 8{,}78\ \text{m}) = 191{,}3 \cdot e^{-0{,}07(0{,}243 + 7{,}0/10^3 \cdot 8{,}78)} = 187{,}3\ \text{kN}$
$p_{\text{m0}}(x = 9{,}70\ \text{m}) = 191{,}3 \cdot e^{-0{,}07(0{,}372 + 7{,}0/10^3 \cdot 9{,}70)} = 185{,}5\ \text{kN}$
$p_{\text{m0}}(x = 10{,}0\ \text{m}) = 191{,}3 \cdot e^{-0{,}07(0{,}372 + 7{,}0/10^3 \cdot 10{,}0)} = 185{,}5\ \text{kN}$
$p_{\text{m0}}(x = 10{,}3\ \text{m}) = 191{,}3 \cdot e^{-0{,}07(0{,}372 + 7{,}0/10^3 \cdot 10{,}3)} = 185{,}4\ \text{kN}$
$p_{\text{m0}}(x = 11{,}22\ \text{m}) = 191{,}3 \cdot e^{-0{,}07(0{,}501 + 7{,}0/10^3 \cdot 11{,}22)} = 183{,}7\ \text{kN}$
$p_{\text{m0}}(x = 13{,}06\ \text{m}) = 191{,}3 \cdot e^{-0{,}07(0{,}63 + 7{,}0/10^3 \cdot 13{,}06)} = 181{,}9\ \text{kN}$
$p_{\text{m0}}(x = 18{,}24\ \text{m}) = 191{,}3 \cdot e^{-0{,}07(0{,}63 + 7{,}0/10^3 \cdot 18{,}24)} = 181{,}4\ \text{kN}$
$p_{\text{m0}}(x = 20{,}0\ \text{m}) = 191{,}3 \cdot e^{-0{,}07(0{,}744 + 7{,}0/10^3 \cdot 20)} = 179{,}8\ \text{kN}$

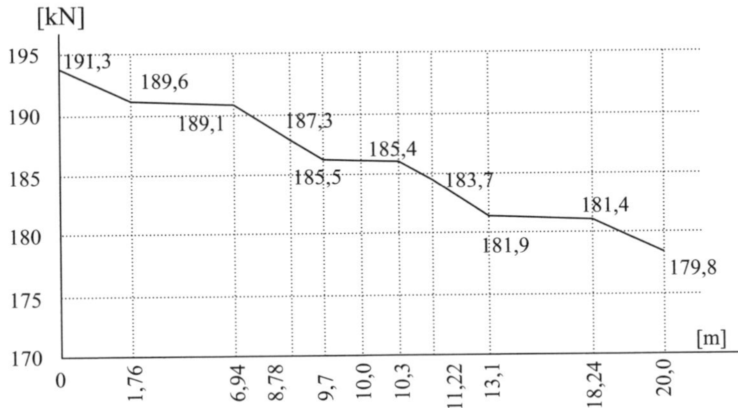

Bild 14-6: *Spannkraftverlauf*

Geg.: $k = 0{,}4\ [°/\text{rad}]$
Geg.: $\mu = 0{,}07$

[20] Kap. 4.4 und EC2-1-1, 5.10.5.2
Geg.: $p_{\text{m0}} = 191{,}3\ \text{kN}$

Beispiel 15: Vorgespannter Rahmenriegel

Gegeben ist der vorgespannte Rahmenriegel einer integralen Brücke über einen Fluss sowie das statische Ersatzsystem. Die Spannweite beträgt l = 25,0 m. Der Riegel wurde mit Vorspannung im nachträglichen Verbund hergestellt. Die Spanngliedführung ist parabolisch. Betrachten Sie für die weiteren Berechnungen einen 1,0 m breiten Streifen (Balken).

System

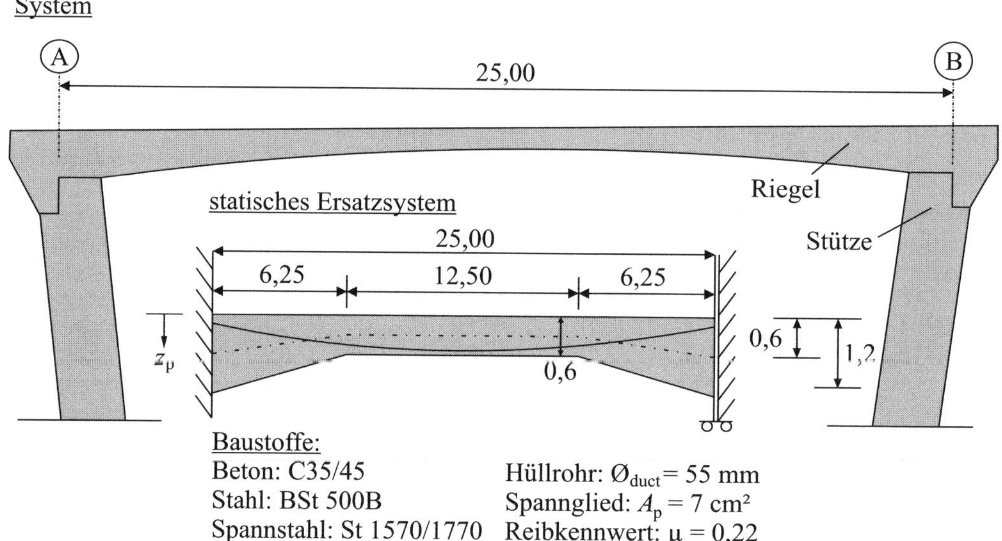

Bild 15-1: *System in Querrichtung sowie statisches Ersatzsystem*

für: $0 \leq x \leq 25{,}0$ m $\qquad z_p(x) = -41/15625 \cdot x^2 + 41/625 \cdot x + 0{,}095$

Aufgabe 15.1:

a) Bestimmen Sie die Umlenkkräfte $u(x)$ für eine Einheitsvorspannung P = 1,0 MN ohne Berücksichtigung der Reibungsverluste. Bestimmen Sie weiterhin die Umlenklasten infolge des Knickes der Schwerachse. Fertigen Sie eine Skizze an, die das Kräftegleichgewicht infolge Vorspannung im Knickpunkt beschreibt.

b) Ermitteln Sie die Biegemomente $m_{P,ges}$ infolge $u(x)$ und U am Auflager A und in Feldmitte. Die Anpassungsfaktoren für die Einzellasten U_v lauten: α_F = 1,21 (Feld) und α_S = 0,37 (Stütze).

Aufgabe 15.2:

Bestimmen Sie die Biegemomente getrennt nach ständigen Einwirkungen ($g_{k,1}$, $g_{k,2}$ = 2,0 kN/m²) und veränderliche Einwirkung (q_k= 7,5 kN/m²) am Auflager A und in Feldmitte. Infolge der Eigenlast $g_{k,1}$ beträgt das Feldmoment $m_{F,gk1}$ = 221,9 kNm/m und das Stützmoment $m_{S,gk1}$ = -1047,5 kNm/m. Geben Sie den Biegemomentenverlauf getrennt für g_k und q_k.

Aufgabe 15.3:

Ermitteln Sie den Spannkraftverlauf eines Spanngliedes unter Berücksichtigung der Reibungsverluste und des Keilschlupfes und stellen Sie ihn exemplarisch dar. Gehen Sie von einer Spannstahlspannung am Spannanker von $\sigma_{pm0} = 0{,}85 \cdot f_{p0,1k}$ aus. Es wird einseitig angespannt.

Kennwerte des Spannstahls:

E-Modul	E_p = 195.000 N/mm²
Ungewollter Umlenkwinkel	k = 0,3°/m
Keilschlupf	Δl_{sl} = 4 mm

Aufgabe 15.4:

Aufgrund der ungeschützten Lage des Spanngliedes auf der Baustelle ist mit einem erhöhten Reibungsbeiwert von μ^{ist} = 0,33 zu rechnen. Ermitteln Sie die maximale Spannkraft $P_{0,max}$ beim Anspannen, damit auch mit μ^{ist} = 0,33 die Sollspannkraft am Spannende erreicht werden kann. Stellen Sie den Spannkraftverlauf grafisch dar. Es darf maximal mit $\sigma_{p0,max} = 0{,}95 \cdot f_{p0,1k}$ überspannt werden.

Aufgabe 15.5:

Bemessen Sie den Riegel in Achse A zum Zeitpunkt $t = \infty$ auf Biegung und geben Sie eine sinnvolle Bewehrung an. Reibungsverluste sind zu vernachlässigen! Gehen Sie dabei von 2 Spanngliedern pro Meter und einer Vorspannkraft nach dem Verankern von $P_0 = 0{,}9 \cdot f_{p0,1k} \cdot \Sigma A_p$ aus. Verluste aus K + S + R betragen 18 %. Es sei c_{nom} = 5 cm.

Aufgabe 15.6:

a) Ermitteln Sie die Bemessungsquerkraft und den Druckstrebenwinkel θ bei $x = d$ unter Berücksichtigung der Voute (v_{ccd}). Die Querkraft aus Vorspannung und äußeren Lasten ist $v_{Ed}(x = d)$ = 263,6 kN/m. Die Biegemomente bei $x = d$ sind gegeben zu m_p = 742,5 kNm/m und m_{g+q} = 1770,6 kNm/m (γ-fach).

b) Prüfen Sie, ob eine Querkraftbewehrung erforderlich ist.

c) Weisen Sie die Druckstrebe an der maßgebenden Stelle nach. Es sind 2 Metallhüllrohre (ϕ_{duct} = 55 mm) vorhanden. Die Querkraft in Achse A ist v_{Ed} = 315 kN.

Lösung: **Aufgabe 15.1:**

Teil a)

Ermittlung des Stiches f (bei $x = l/2$)

Anteil 1: $z_p(x = 0\ \text{m})$ = 0,095 m

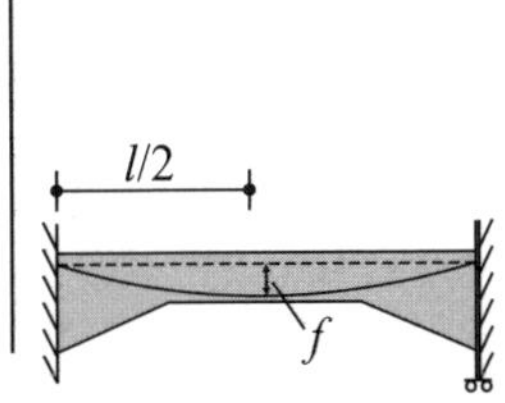

Anteil 2:

$z_P(x = l/2 = 12{,}5\text{ m}) = -41/15625 \cdot (12{,}5)^2 + 41/625 \cdot 12{,}5 + 0{,}095$

$z_P(x = l/2 = 12{,}5\text{ m}) = 0{,}505\text{ m}$

$\rightarrow f = 0{,}505\text{ m} - 0{,}095\text{ m} = 0{,}41\text{ m}$

Auf das System wirkende Lasten:

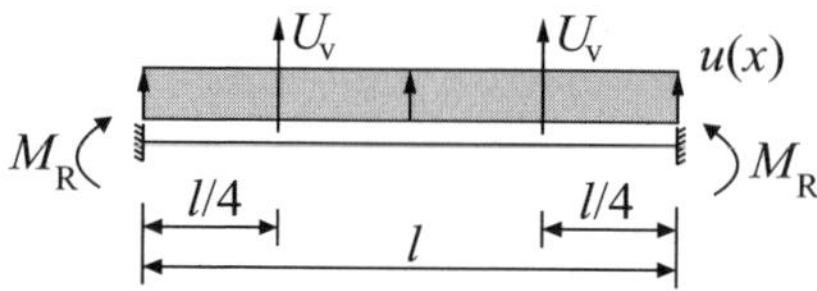

Umlenklast (für: 0 m ≤ x ≤ 25,0 m):

$u(x) = 8 \cdot P \cdot f/l^2 = 8 \cdot 0{,}41\text{ m} \cdot P/[25\text{ m}]^2 = 5{,}248 \cdot 10^{-3} \cdot P$

Umlenkkräfte infolge genickter Schwerachse (x = 6,25 m): [20] Kap. 4.2

Knickwinkel der Schwerachse:

$\tan\alpha = 30\text{ cm}/625\text{ cm} \rightarrow: \alpha = 2{,}75°$

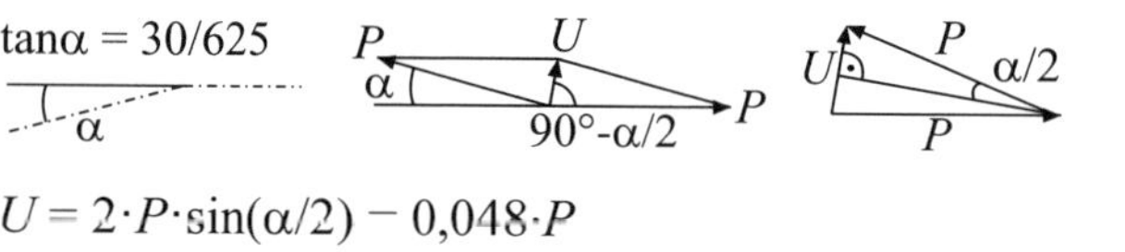

$U = 2 \cdot P \cdot \sin(\alpha/2) = 0{,}048 \cdot P$

$U_v = U \cdot \cos(\alpha/2) = 0{,}048 \cdot P$

Teil b)

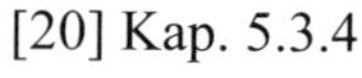
Anpassungsfaktoren für die Momente aus Gleichlasten infolge nicht konstanter Steifigkeit (Voute): [20] Kap. 5.3.4

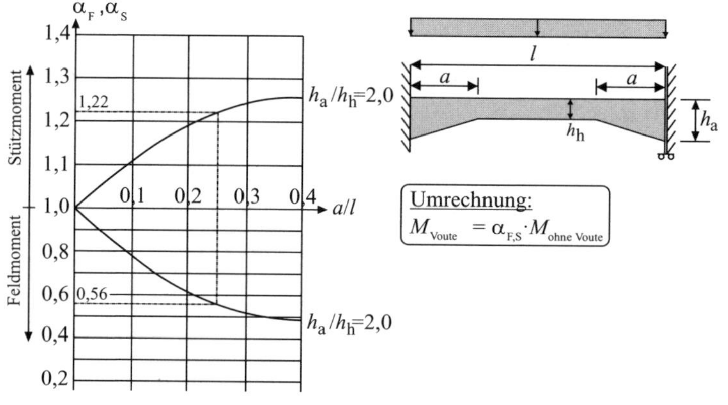

Bild 15-2: *Anpassungsfaktoren*

Die Anpassungsfaktoren für die Einzellasten U_v sind per EDV zu $\alpha_F = 1{,}21$ (Feld) und $\alpha_S = 0{,}37$ (Stütze) ermittelt worden.

Bestimmung des Feld- und Stützmomentes:
Stützmoment ($x = 0$ m):
aus der Gleichlast $u(x)$ mit $P = 1$ MN = 1000 kN:
$m_{p,S}(x = 0\text{ m}) = 5{,}248 \cdot 10^{-3} \cdot 1000\text{ kN} \cdot (25{,}0\text{ m})^2/12$ [1] Kap. 4, 1.1.3
$m_{p,S}(x = 0\text{ m}) = 273{,}3\text{ kNm/m}$
aus den Einzellasten U_v mit $P = 1$ MN = 1000 kN:
$m_{p,S}(x = 0\text{ m}) = 0{,}048 \cdot 1000\text{ kN} \cdot (25{,}0\text{ m}) \cdot 3/16 = 225{,}0\text{ kNm/m}$ [1] Kap. 4, 1.1.3

Feldmoment ($x = 12{,}5$ m):
aus der Gleichlast $u(x)$ mit $P = 1$ MN = 1000 kN:
$m_{p,F}(x = 12{,}5\text{ m}) = -5{,}248 \cdot 10^{-3} \cdot 1\text{ MN} \cdot (25{,}0\text{ m})^2/24$ [1] Kap. 4, 1.1.3
$m_{p,F}(x = 12{,}5\text{ m}) = -136{,}7\text{ kNm/m}$
aus den Einzellasten U_v mit $P = 1$ MN = 1000 kN:
$m_{p,F}(x = 12{,}5\text{ m}) = -0{,}048 \cdot 1000\text{ kN} \cdot (25{,}0\text{ m}) \cdot 1/16 = -75\text{ kNm/m}$ [1] Kap. 4, 1.1.3

Anpassung der Momente infolge nicht konstanter Steifigkeit (Voute):
Gesamtmoment in Achse A:
$m_{p,S}(x = 0\text{ m}) = 1{,}22 \cdot 273{,}3\text{ kNm/m} + 1{,}21 \cdot 225{,}0\text{ kNm/m}$ $\alpha_S = 1{,}22$ (Bild 15-2),
$m_{p,S}(x = 0\text{ m}) = 605{,}7\text{ kNm/m}$ geg.: $\alpha_S = 1{,}21$ (U_v)

Gesamtmoment in Feldmitte:
$m_{p,F}(x = 12{,}5\text{ m}) = 0{,}56 \cdot (-136{,}7\text{ kNm/m}) - 0{,}37 \cdot 75{,}0\text{ kNm/m}$ $\alpha_F = 0{,}56$ (Bild 15-2),
$m_{p,F}(x = 12{,}5\text{ m}) = -104{,}3\text{ kNm/m}$ geg.: $\alpha_F = 0{,}37$ (U_v)

Lösung: **Aufgabe 15.2:**

Ständige Lasten (Aufbau):
$m_{g2,k}(x = 0\text{ m}) = -(1/12) \cdot 2{,}0\text{ kN/m} \cdot (25\text{ m})^2 = -104{,}2\text{ kNm/m}$ [1] Kap. 4, 1.1.3
$m_{g2,k}(x = 0\text{ m}) = 1{,}22 \cdot (-104{,}2\text{ kNm/m}) = -127{,}1\text{ kNm/m}$ $\alpha_S = 1{,}22$ (Bild 15-2)
$m_{g2,k}(x = 12{,}5\text{ m}) = (1/24) \cdot 2{,}0\text{ kN/m} \cdot (25\text{ m})^2 = 52{,}1\text{ kNm/m}$
$m_{g2,k}(x = 12{,}5\text{ m}) = 0{,}56 \cdot 52{,}1\text{ kNm/m} = 29{,}2\text{ kNm/m}$ $\alpha_F = 0{,}56$ (Bild 15-2)

Summe der Momente aus ständigen Lasten (Eg + Aufbau): Geg.:
$m_{g,k}(x = 0\text{ m}) = [-1047{,}5 - 127{,}1]\text{ kNm/m} = -1174{,}6\text{ kNm/m}$ $m_{S,g} = -1.047^5\text{ kNm/m}$
$m_{g,k}(x = 12{,}5\text{ m}) = 221{,}9\text{ kNm/m} + 29{,}2\text{ kNm/m} = 251{,}1\text{ kNm/m}$ $m_{F,g} = 221{,}9\text{ kNm/m}$

Veränderliche Lasten:

$m_{q,k}(x = 0\text{ m}) = -1/12 \cdot 7{,}5\text{ kN/m} \cdot (25\text{ m})^2 = -390{,}6\text{ kNm/m}$

$m_{q,k}(x = 0\text{ m}) = 1{,}22 \cdot (-390{,}6\text{ kNm/m}) = -476{,}5\text{ kNm/m}$

$\alpha_S = 1{,}22$ (Bild 15-2)

$m_{q,k}(x = 12{,}5\text{ m}) = 1/24 \cdot 7{,}5\text{ kN/m} \cdot (25\text{ m})^2 = 195{,}3\text{ kNm/m}$

$m_{q,k}(x = 12{,}5\text{ m}) = 0{,}56 \cdot 195{,}3\text{ kNm/m} = 109{,}4\text{ kNm/m}$

$\alpha_F = 0{,}56$ (Bild 15-2)

ständigen Lasten [kNm/m]: veränderlichen Lasten [kNm/m]:

-1174,6

251,1

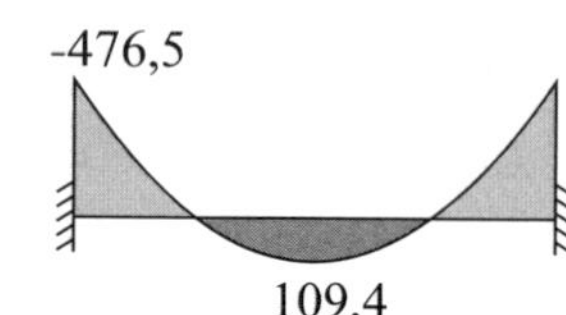

***Bild 15-3:** Momente aus äußeren Lasten*

Lösung: **Aufgabe 15.3:**

$0 \leq x \leq 25{,}0\text{ m} \qquad z'_p(x) = -82/15.625 \cdot x + 41/625$

Spanngliedneigung:

Stelle $x = 0$ m: →: $z'_p(x = 0\text{ m}) = 41/625 = 0{,}066$

Stelle $x = 25{,}0$ m: →: $z'_p(x = 25{,}0\text{ m}) = -0{,}066$

[20] Kap. 4.4 und EC2-1-1, 5.10.5.2

Umlenkwinkel:

$\theta^{ges}(x = 0\text{ m}) = 0$

$\theta^{ges}(x = 25{,}0\text{ m}) = 2 \cdot 0{,}066\text{ rad} = 0{,}132\text{ rad}$

Ungewollter Umlenkwinkel:

$k = 0{,}3\ [°/\text{m}] = 5{,}24 \cdot 10^{-3}\ [\text{rad/m}]$

Spannkraft Anspannen:

$P_{m0}(x = 0\text{ m}) = 0{,}85 \cdot 150{,}0\text{ kN/cm}^2 \cdot 7\text{ cm}^2 = 892{,}5\text{ kN}$

$P_{m0}(x = 25{,}0\text{ m}) = 892{,}5 \cdot e^{-0{,}22(0{,}132+5{,}24 \cdot 1/10^3 \cdot 25{,}0)}$

$P_{m0}(x = 25{,}0\text{ m}) = 892{,}5 \cdot 0{,}944 = 842{,}5\text{ kN}$

Spannkraft Keilschlupf: $\Delta l_{sl} = 4$ mm

$$l_{sl} = \sqrt{\frac{\Delta l_{sl} \cdot A_p \cdot E_p}{P_{10} - P_{1e}} \cdot l}$$

[20] Kap. 4.9.1 und EC2-1-1, 5.10.5.3

Geg.: $\Delta l_{sl} = 4$ mm

$$l_{sl} = \sqrt{\frac{4 \cdot 7 \cdot 10^2 \cdot 195.000}{(1 - 0{,}944) \cdot 892{,}5 \cdot 10^3} \cdot 25.000 \cdot 10^{-3}} = 16{,}53\,\text{m}$$

Anmerkung: Die Anwendung der Gl. gilt nur bei annähernd linearem und stetigem Spannkraftverlauf.

$z'_p(x = 16{,}53\text{ m}) = -82/15.625 \cdot x + 41/625 = -0{,}021$
$\theta^{ges}(x = 16{,}53\text{ m}) = 0{,}066\text{ rad} + |-0{,}021|\text{ rad} = 0{,}087\text{ rad}$

$P_{m0}(x = 16{,}53\text{ m}) = 892{,}5 \cdot e^{-0{,}22(0{,}087+5{,}24 \cdot 1/10^3 \cdot 16{,}53)}$
$P_{m0}(x = 16{,}53\text{ m}) = 892{,}5 \cdot 0{,}963 = 859{,}5\text{ kN}$
$P_{m0}(x = 0\text{ m}) = 859{,}5 \cdot e^{-0{,}22(0{,}087+5{,}24 \cdot 1/10^3 \cdot 16{,}53)}$
$P_{m0}(x = 0\text{ m}) = 859{,}5 \cdot 0{,}963 = 827{,}7\text{ kN}$

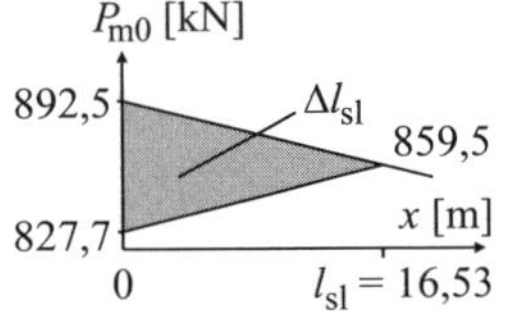

Spannkraftverluste (unmaßstäbliche Darstellung):

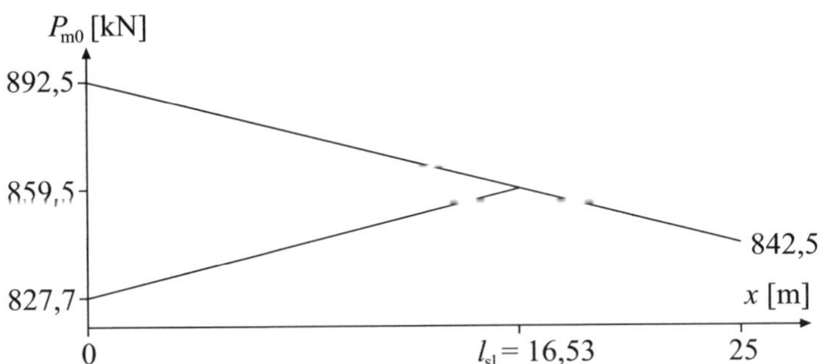

Bild 15-4: *Spannkraftverluste infolge Reibung*

Lösung: **Aufgabe 15.4:**

$P_{m0}(x = 25{,}0\text{ m}) = 892{,}5 \cdot e^{-0{,}33(0{,}132+5{,}24 \cdot 1/10^3 \cdot 25{,}0)}$
$P_{m0}(x = 25{,}0\text{ m}) = 892{,}5 \cdot 0{,}917 = 818{,}3\text{ kN}$
$P_{m0}(x = 0\text{ m}) = 818{,}3/0{,}944 = 866{,}9\text{ kN}$

aus Aufgabe 15.3:
$\theta^{ges} = 0{,}132\text{ rad}$

$0{,}944 < 0{,}95$ als zul. Obergrenze beim Anspannen

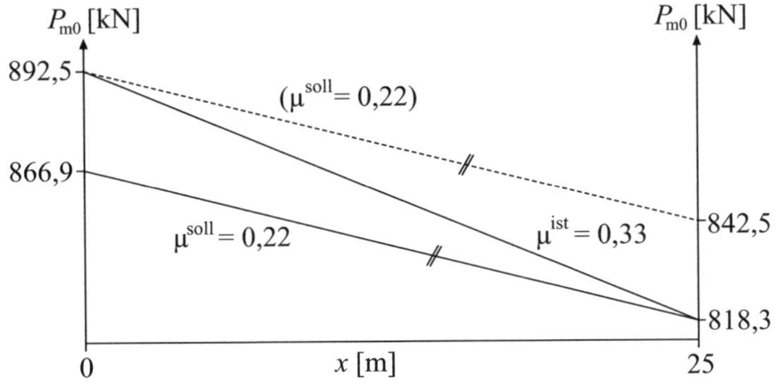

Bild 15-5: *Spannkraftverluste infolge erhöhter Reibung*

Es muss mit P_{m0} = 866,9 kN vorgespannt werden, damit für μ^{ist} = 0,33 durch Überspannen eine Kraft von P_{m0} = 842,5 kN am Spanngliedende erreicht werden kann.

Lösung: **Aufgabe 15.5:**

Spannkraft mit Verlusten aus Kriechen und Schwinden:
$p_0 = 0{,}9 \cdot 1500\ \text{MN/m}^2 \cdot 2 \cdot 7 \cdot 10^{-4}\ \text{m}^2 = 1{,}890\ \text{MN/m}$
$p_\infty = 1{,}890\ \text{MN} \cdot 0{,}82 \cdot 10^3 = 1550\ \text{kN/m}$
→: Vordehnung: $\varepsilon_p^{(0)} = p_\infty / [E_p \cdot A_p] = 5{,}5$ ‰

Geg.: 18 % Verluste aus K + S + R

Schwerpunktlage der Spannglieder bei x = 0 m:
Anmerkung: Für das statisch bestimmte Biegemoment ist der Hebelarm in der Voute zu verwenden (vgl. [20] Kap. 5.4).
$z_p(x = 0\ \text{m}) = 0{,}095\ \text{m}$
$z_p^*(x = 0\ \text{m}) = 0{,}60\ \text{m} - 0{,}095\ \text{m} = 0{,}505\ \text{m}$

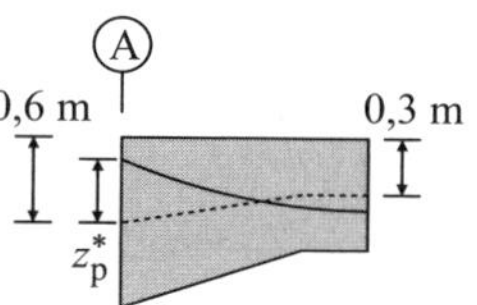

Biegemoment bei x = 0 m infolge p_∞:
$m_{p,A} = 0{,}606\ \text{m} \cdot 1550\ \text{kN/m} = 939{,}3\ \text{kNm/m}$
mit:
$m_{p,A} = m_{p,A,dir} + m_{p,A,ind}$ →: $m_{p,A,ind} = m_{p,A} - m_{p,A,dir}$
$m_{p,A,dir}(x = 0\ \text{m}) = p_\infty \cdot z_p^*(x = 0\ \text{m}) = 1550\ \text{kN/m} \cdot 0{,}505\ \text{m}$
$m_{p,A,dir}(x = 0\ \text{m}) = 782{,}8\ \text{kNm/m}$
→: $m_{p,A,ind} = 939{,}3\ \text{kNm/m} - 782{,}8\ \text{kNm/m} = 156{,}5\ \text{kNm/m}$

$m_{p,A}$ = 606 kNm/m nach Aufgabe 15.1

Bemessung mit Vorspannung im ULS als äußere Einwirkung:
Annahme: Der Spannstahl fließt im ULS.
$p^{ULS} = f_{p0,1k}/\gamma_S \cdot A_p = (1500/1{,}15\ \text{MN/m}^2) \cdot (2 \cdot 7\ \text{cm}^2) \cdot 10^{-4}$
$p^{ULS} = 1{,}826\ \text{MN/m}$
$m_{p,A}^{ULS} = p^{ULS} \cdot z_p^*(x = 0\ \text{m}) + m_{p,A,ind}$
$m_{p,A}^{ULS} = 1826\ \text{kN/m} \cdot 0{,}505\ \text{m} + 156{,}5\ \text{kNm/m}$
$m_{p,A}^{ULS} = 1078{,}6\ \text{kNm/m}$

[20] Kap. 8.2.1.2

Im ULS: $f_{pd} = f_{p0,1k}/\gamma_S$ EC2-1-1, Bild 3.10 und EC2-1-1, 3.3.6(6)
γ_S = 1,15, EC2-1-1, Tab. 2.1DE
z_p^* = -0,505 m

Bemessungsmoment in Achse A:
$m_{(g+q)Ed} = 1{,}35 \cdot (-1174{,}6\ \text{kNm/m}) + 1{,}5 \cdot (-476{,}5\ \text{kNm/m})$
$m_{(g+q)Ed} = -2300{,}5\ \text{kNm/m}$
$m_{Ed}^{ULS} = m_{(g+q)Ed} + m_{p,A}^{ULS}$
$m_{Ed}^{ULS} = -2300{,}5\ \text{kNm/m} + 1{,}0 \cdot 1078{,}6\ \text{kNm/m}$
$m_{Ed}^{ULS} = -1221{,}9\ \text{kNm/m}$

aus Aufgabe 15.2:
m_{gk} = -1174,6 kNm/m
m_{qk} = -476,5 kNm/m

Bemessungsmoment bezogen auf die Bewehrungslage:

$z_s = 0{,}60$ m - $0{,}05$ m = 55 cm

Geg.: $c_{nom} = 5$ cm

$d = 1{,}20$ m - $0{,}05$ m = $1{,}15$ m

$m_{Eds} = |m_{Ed} + N_{Ed} \cdot z_s|$

$m_{Eds} = |-1221{,}9 \text{ kNm/m} + 1826 \text{ kN/m} \cdot 0{,}55 \text{ m}|$

$m_{Eds} = 2226{,}2$ kNm/m

$$\mu_{Eds} = \frac{2{,}226}{1{,}0 \cdot 1{,}15^2 \cdot 19{,}83} = 0{,}085$$

$\omega = 0{,}089$ $\quad \varepsilon_{s1} = 25{,}0$ ‰ $\quad \varepsilon_{c2} = -3{,}18$ ‰ $\quad x = 12{,}9$ cm

[1] Kap. 5, Tafel 2a

Kontrolle der Spannstahldehnungen im ULS (siehe Skizze):

$\Delta\varepsilon_p = 97{,}6/12{,}9 \cdot 3{,}18 = 24{,}1$ ‰

$\varepsilon_p^{ULS} = \varepsilon_p^{(0)} + \Delta\varepsilon_p = 5{,}5 + 24{,}1 = 29{,}6$ ‰

$\varepsilon_p^{ULS} = \varepsilon_p^{(0)} + \Delta\varepsilon_p > \varepsilon_{p,y} = 1304/195.000 = 6{,}7$ ‰

Der Spannstahl fließt; die getroffene Annahme ist korrekt.

$\varepsilon_p^{(0)} + 25$ ‰ $= 30{,}5$ ‰ $\leq 0{,}9 \cdot \varepsilon_{uk} = 0{,}9 \cdot 35$ ‰ $= 31{,}5$ ‰

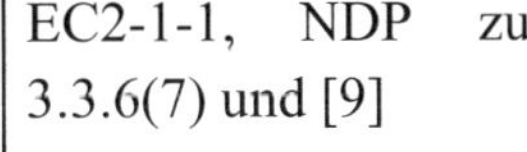
EC2-1-1, NDP zu 3.3.6(7) und [9]

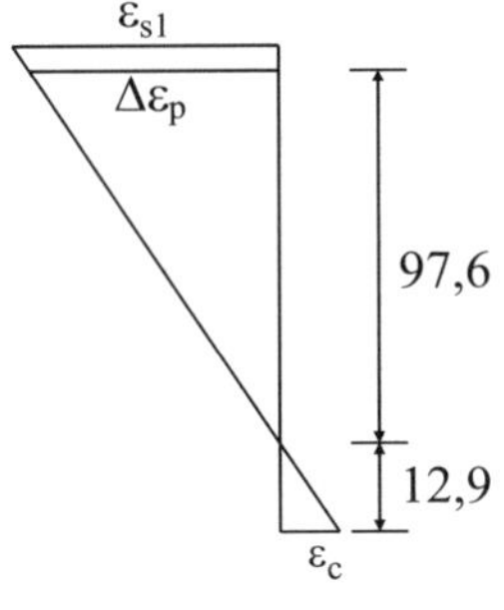

Bild 15-6: *Dehnungen an der Einspannstelle*

Erforderliche Betonstahlbewehrung:

erf. $a_s = 1/f_{yd} \cdot (\omega \cdot b \cdot d \cdot f_{cd} + p^{ULS})$

erf. $a_s = 1/435 \cdot (0{,}089 \cdot 1{,}0 \cdot 1{,}15 \cdot 19{,}83 - 1{,}826) \cdot 10^4 = 4{,}7$ cm²/m

gewählt: ϕ16-15 →: vorh. $a_s = 13{,}4$ cm²/m

Lösung: **Aufgabe 15.6:**

Teil a)

Ermittlung von v_{ccd} bei $x = d$:

EC2-1-1, Bild 6.2

$v_{ccd} = F_{cd} \cdot \tan\varphi = (m_{Ed}/z) \cdot \tan\varphi$

mit:

$\tan\varphi = 30$ cm/625 cm →: $\varphi = 2{,}75°$

horizontale
(A) Schwerachse
625 cm
30 cm
φ
abgeknickte
Schwerachse

$d = 115\text{ cm} - 115\text{ cm}\cdot 60/625 = 104\text{ cm}$

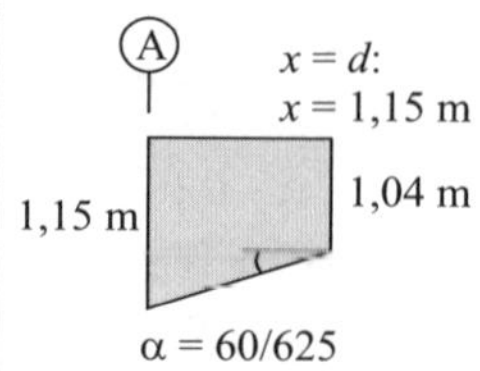

$z = 0{,}9\cdot d = 0{,}9\cdot 1{,}04\text{ m} = 0{,}94\text{ m}$ — EC2-1-1, 6.2.3(1)

Die Momente aus äußeren Lasten und Vorspannung sind bei $x = d$ gegeben zu: $m_p = 742{,}5$ kNm/m; $m_{g+q} = -1770{,}6$ kNm/m

$\rightarrow$: $m_{Ed} = 742{,}5\text{ kNm/m} - 1770{,}6\text{ kNm/m} = -1028{,}1\text{ kNm/m}$

$\rightarrow$: $F_{cd} = m_{Ed}/z = |-1028{,}1\text{ kNm/m}|/0{,}94\text{ m} = 1093{,}72\text{ kNm/m}$

$\rightarrow$: $v_{ccd} = 1093{,}72\text{ kNm/m}\cdot(30/625) = 52{,}5\text{ kN/m}$

Ermittlung der Bemessungsquerkraft:

$v_{Ed,red} = 263{,}6\text{ kN/m} - 52{,}5\text{ kN/m} = 211{,}1\text{ kN/m}$ — Geg.: $v_{Ed}(x = d)$

Ermittlung des Druckstrebenwinkels θ:

$v_{Rd,cc} = c\cdot 0{,}48\cdot f_{ck}^{1/3}\cdot(1 - 1{,}2\cdot\sigma_{cp}/f_{cd})\cdot b_w\cdot z$ — EC2-1-1, Gl. 6.7bDE

mit:

$c = 0{,}5$

$z = 0{,}9\cdot d = 0{,}94\text{ m}$ — EC2-1-1. 6.2.3(1)

$\sigma_{cp} = 1{,}55\text{ MN/m}/[1{,}0\text{ m}\cdot 1{,}04\text{ m}] = 1{,}49\text{ MN/m}^2$ — p_∞ siehe Aufgabe 15.5

$f_{cd} = 0{,}85\cdot 35\text{ MN/m}^2/1{,}5 = 19{,}83\text{ MN/m}^2$ — EC2-1-1, Gl. 3.15 und NDP zu 3.1.6(1) Geg.: C35/45

$v_{Rd,cc} = 0{,}5\cdot 0{,}48\cdot 35^{1/3}\text{ MN/m}^2\cdot(1 - 1{,}2\cdot 1{,}49/19{,}83)\cdot 1{,}0\text{ m}\cdot 0{,}94\text{ m}$

$v_{Rd,cc} = 0{,}671\text{ MN/m}$

$$1{,}0 \leq \cot\theta \leq \frac{1{,}2 + 1{,}4\cdot\sigma_{cp}/f_{cd}}{1 - v_{Rd,cc}/v_{Ed,red}} \leq 3{,}0$$

EC2-1-1, Gl. 6.7aDE

$$\frac{1{,}2 + 1{,}4\cdot 1{,}49/19{,}83}{1 - 0{,}671/0{,}211} = -0{,}6 \leq 0 \quad \rightarrow: \text{gew.: } \cot\theta = 1{,}2$$

EC2-1-1, NDP zu 6.2.3(2)

Teil b) Durch den Beton aufnehmbare Querkraft:	
$v_{Rd,c} = [C_{Rd,c} \cdot k \cdot (100 \rho_l \cdot f_{ck})^{1/3} + k_1 \cdot \sigma_{cp}] \cdot b_w \cdot d$	EC2-1-1, Gl. 6.2a
mit: $C_{Rd,c} = 0{,}15/1{,}5 = 0{,}1$ $k = 1 + (200/1040)^{0,5} = 1{,}44$	
$\rho_l = 13{,}4/[100 \cdot 104] = 0{,}129\ \%$	vorh. ϕ16-15
$f_{ck} = 35\ \text{MN/m}^2$	
$\sigma_{cp} = 1{,}550\ \text{MN}/[1{,}0 \cdot 1{,}04\ \text{m}^2] = 1{,}490\ \text{MN/m}^2$	p_∞ siehe Aufgabe 15.5
$k_1 = 0{,}12$	EC2-1-1, NDP zu 6.2.2(1)
$b_w = 1{,}0\ \text{m}$	
$v_{Rd,c} = [0{,}1 \cdot 1{,}44 \cdot (0{,}129 \cdot 35)^{1/3} + 0{,}12 \cdot 1{,}490] \cdot 1{,}0 \cdot 1{,}04$ $v_{Rd,c} = 0{,}432\ \text{MN/m} \geq 0{,}211\ \text{MN/m}$	
→: Es ist statisch keine Querkraftbewehrung erforderlich.	
Teil c) Anmerkung: Beim Nachweis der Druckstrebe wird die Querkraft nicht abgemindert, EC2-1-1, NCI zu 6.2.1(8).	
$v_{Rd,max} = \alpha_{cw} \cdot v_1 \cdot f_{cd} \cdot b_{w,nom} \cdot z / [\cot\theta + \tan\theta]$	EC2-1-1, Gl. 6.9
mit:	Geg.: $\cot\theta = 1{,}2$
$\alpha_{cw} = 1{,}0$	EC2-1-1, NDP zu 6.2.3(3)
$v_1 = 0{,}75 \cdot v_2$ $v_2 = (1{,}1 - f_{ck}/500) = 1{,}03 \leq 1{,}0$	EC2-1-1, NDP zu 6.2.3(3)
$f_{cd} = 0{,}85 \cdot 35/1{,}5\ \text{MN/m}^2 = 19{,}83\ \text{MN/m}^2$	EC2-1-1, Gl. 3.15 und NDP zu 3.1.6(1)
$b_{w,nom} = 1{,}0\ \text{m}\ (\Sigma\phi_{duct} = 11\ \text{cm} < b_w/8 = 12{,}5\ \text{cm})$	EC2-1-1, NCI zu 6.2.3(6)
$v_{Rd,max} = 0{,}75 \cdot 1{,}0 \cdot 19{,}83\ \text{MN/m}^2 \cdot 1{,}0\ \text{m} \cdot (0{,}9 \cdot 1{,}15\ \text{m})/[1{,}2+1/1{,}2]$	
$v_{Rd,max} = 7{,}57\ \text{MN/m} > v_{Ed} = 0{,}315\ \text{MN/m}$	Geg.: $v_{Ed} = 315\ \text{kN}$
Die Druckstrebe ist tragfähig.	

Beispiel 16: Aussteifung eines Bürogebäudes

Gegeben sei der dargestellte Grundriss eines neu zu errichtenden 14-geschossigen Bürogebäudes. Die Geschosshöhe beträgt h_l = 2,75 m. Die Deckenstärke beträgt h = 0,28 m, die Wände des rechteckigen Aussteifungskernes besitzen eine Stärke von t = 0,25 m, die Stützen einen Durchmesser von d = 30 cm. Für sämtliche Stahlbetonbauteile wird ein Beton C30/37 und ein Betonstahl B500B verwendet.
Die Ausbaulasten betragen g_{k2} = 1,5 kN/m², die Nutzlasten q_k = 3,0 kN/m² (inklusive Trennwandzuschlag). Auf die Abminderung der veränderlichen Lasten soll verzichtet werden. Türöffnungen im Kern sind vereinfachend mit einer pauschalen Reduktion der Steifigkeiten von 15 % zu berücksichtigen. Der aussteifende Kern reißt im ULS auf.

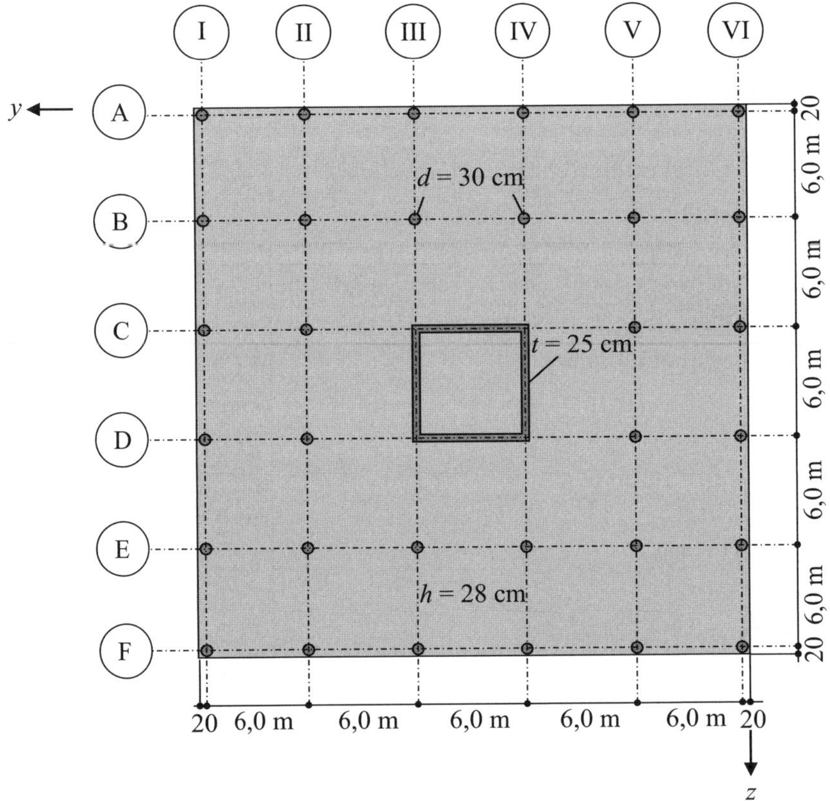

***Bild 16-1:** System*

Aufgabe 16.1

Berechnen Sie das Trägheitsmoment $I_y = I_z$ sowie das Torsionsträgheitsmoment I_T und den Wölbwiderstand I_ω des zentralen aussteifenden Kernes.

Aufgabe 16.2:

Weisen Sie die Aussteifung gegen Translation nach. Die Dachdecke sei vereinfachend mit den Lasten einer Regeldecke zu berechnen; der Bereich innerhalb des aussteifenden Kernes ebenfalls.

Aufgabe 16.3:

Weisen Sie die Aussteifung gegen Rotation nach. Die Dachdecke sei vereinfachend mit den Lasten einer Regeldecke zu berechnen. Das Produkt aus Vertikallast des stützenden Bauteils j und Abstand des Bauteils j vom Schubmittelpunkt des Gesamtsystems ist $\Sigma F_{Ed,j} \cdot r_j^2 = 23.016$ MNm².

Lösung: **Aufgabe 16.1:**

$I_y = I_z = 6{,}25\ m^4/12 - 5{,}75\ m^4/12 = 36{,}06\ m^4$	[1] Kap. 4, 2.1.2
$I_T = 4 \cdot A_m^2/[\Sigma(s_i/t_i)]$	
$I_T = 4 \cdot (6{,}0\ m \cdot 6{,}0\ m)^2/[4 \cdot (6{,}25\ m - 0{,}25\ m)/0{,}25\ m] = 54{,}0\ m^4$	[1] Kap. 4, 2.3.1
$I_\omega = 0$	
Schubmittelpunkt des Gesamtsystems (Ersatzstab) ist gleich dem Schubmittelpunkt des aussteifenden Kerns.	I_ω siehe [3]
$\rightarrow$: $y_{Mmi} = z_{Mmi} = 0$	

Lösung: **Aufgabe 16.2:**

	EC2-1-1, 5.8.3.3
Reduktion der Steifigkeit EI um 15 %	s. Aufgabenstellung
$EI = 33.000\ MN/m^2 \cdot 0{,}85 \cdot 36{,}0\ m^4 = 1.009.800\ MNm^2$	E_{cm} nach EC2-1-1, Tab. 3.1
Summe der vertikalen Lasten pro Geschoss	
Eigenlast der Decke:	
$g_{k1} = 0{,}28\ m \cdot 25\ kN/m^3 = 7{,}0\ kN/m^2$	Geg.: $h = 28$ cm
Fläche der Decke:	
$A = (30{,}4\ m)^2 = 924{,}2\ m^2$	
aus ständigen Lasten $g_{k1} + g_{k2}$:	
$924{,}2\ m^2 \cdot (7{,}0 + 1{,}5)\ kN/m^2 = 7{,}86\ MN$	
aus veränderlichen Lasten q_k:	
$924{,}2\ m^2 \cdot 3{,}0\ kN/m^2 = 2{,}77\ MN$	
Eigenlast der Stützen:	Geg.: $d = 30$ cm
$32 \cdot [(0{,}3\ m)^2/4] \cdot \pi \cdot (2{,}75\ m - 0{,}28\ m) \cdot 25\ kN/m^3 = 139{,}7\ kN$	Geg.: $n = 32$ Stützen

Eigenlast der Wände (vereinfacht ohne Türen): $A_{Wand} = [(6{,}25\ m)^2 - (5{,}75\ m)^2] = 6{,}0\ m^2$ $G_{k,Wand} = 6{,}0\ m^2 \cdot (2{,}75\ m - 0{,}28\ m) \cdot 25\ kN/m^3 = 370{,}5\ kN$	Geg.: $t = 25$ cm
$F_v = [7{,}86 + 2{,}77 + 0{,}14 + 0{,}371]\ MN = 11{,}14\ MN$ pro Geschoss	
Vertikale Gesamtlast ($\gamma_F = 1{,}0$): $F_{v,Ed} = 14 \cdot 11{,}14\ MN = 156{,}0\ MN$	EC2-1-1, NDP zu 5.8.3.3(1)
Gesamthöhe: $L = n_s \cdot h_1 = 14 \cdot 2{,}75\ m = 38{,}5\ m$	Geg.: n_s = 14 Geschosse
$\frac{F_{v,Ed} \cdot L^2}{\sum E_{cd} \cdot I_c} \leq K_1 \cdot \frac{n_s}{n_s + 1{,}6}$	EC2-1-1, Gl. 5.18DE
mit: $K_1 = 0{,}31$ (gerissener Querschnitt mit $\sigma_{cd} > f_{ctm}$)	EC2-1-1, NDP zu 5.8.3.3(1)
$E_{cd} = E_{cm}/\gamma_{CE}$	EC2-1-1, Gl. 5.20
mit: $\gamma_{CE} = 1{,}2$	EC2-1-1, NDP zu 5.8.6(3)
$\frac{156\ MN \cdot (38{,}5\ m)^2}{(1.009.800\ MNm^2)/1{,}2} \leq 0{,}31 \cdot \frac{14}{14 + 1{,}6}$ $0{,}275 < 0{,}278$	
Die Aussteifung gegen Translation ist nachgewiesen.	
Lösung: **Aufgabe 16.3:**	EC2-1-1, Gl. NA. 5.18.1 und [2]
$G_{cm} = E_{cm}/[2 \cdot (1 + 0{,}2)]$ $G_{cm} = 33.000\ MN/m^2/[2 \cdot 1{,}2] = 13.750\ MN/m^2$	nach [17] angenommen $\mu = 0{,}2$
$\frac{1}{\left(\frac{1}{L}\sqrt{\frac{E_{cd} \cdot I_\omega}{\sum_j F_{v,Ed,j} \cdot r_j^2}} + \frac{1}{2{,}28}\sqrt{\frac{G_{cd} \cdot I_T}{\sum_j F_{v,Ed,j} \cdot r_j^2}}\right)^2} \leq K_1 \cdot \frac{n_s}{n_s + 1{,}6}$	

mit:

$I_\omega = 0$

$I_T = 54 \text{ m}^4$ — aus Aufgabe 16.1

$G_{cd} = G_{cm}/\gamma_{CE}$

mit:

$\gamma_{CE} = 1{,}2$ — EC2-1-1, NDP zu 5.8.6(3)

Reduktion der Steifigkeit um 15 % — s. Aufgabenstellung

$$\frac{1}{\left(0+\frac{1}{2{,}28}\sqrt{\frac{(13.750\text{ MN/m}^2/1{,}2)\cdot 0{,}85\cdot 54{,}0\text{ m}^4}{23.016\text{ MNm}^2}}\right)^2} \leq 0{,}31\cdot\frac{14}{15{,}6}$$

$0{,}227 < 0{,}278$

Die Aussteifung gegen Rotation ist nachgewiesen.

Beispiel 17: Aussteifung eines Verwaltungsgebäudes und Bemessung einer Geschossdecke

Für das unten in Grund- und Aufriss skizzierte 8-geschossige Verwaltungsgebäude ($g_{k2} = 2{,}0$ kN/m², $q_k = 3{,}0$ kN/m²) ist zuerst die Aussteifung des Bürogebäudes und dann die Geschossdecke (Flachdecke) an ausgewählten Stellen nachzuweisen. Als Beton ist ein C25/30 vorgesehen, der Betonstahl ist B500B. Die Deckenstärke beträgt $h = 22$ cm; als mittlere statische Höhe kann $d_m = 18{,}5$ cm angenommen werden.

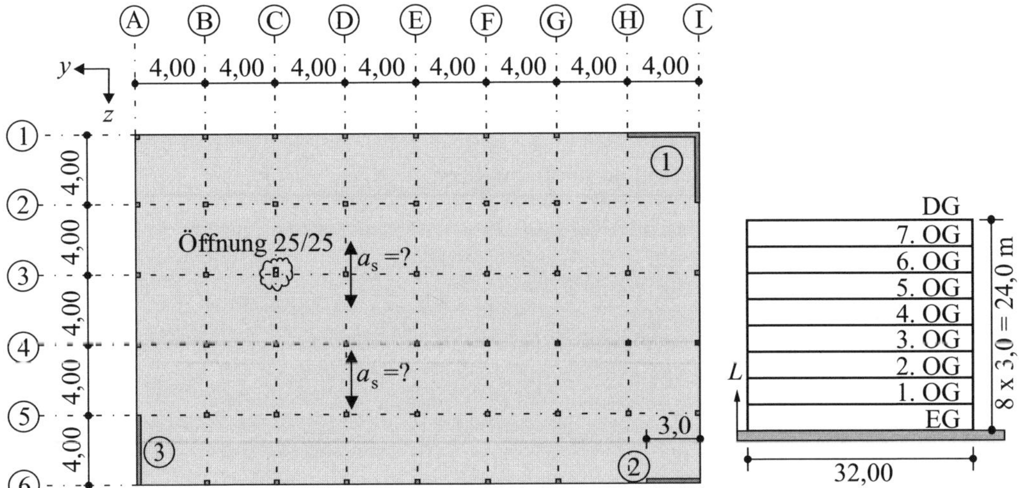

Bild 17-1: *Regelgrundriss des Bürogebäudes*

Bild 17-2: *Ansicht*

Aufgabe 17.1:

Ermitteln Sie die Flächenträgheitsmomente der aussteifenden Bauteile 1, 2 und 3. Die Wandstärke beträgt für alle Bauteile $t = 25$ cm.

Aufgabe 17.2:

Prüfen Sie, ob die Labilitätszahl in y- und z-Richtung eingehalten ist und auf einen Nachweis nach Th. II. Ordnung verzichtet werden kann. Die Stützen beteiligen sich nicht an der Aussteifung. Die Dachdecke wird durch eine Schneelast $s_k = 1{,}0$ kN/m² belastet. Öffnungen (Treppenhaus etc.) und die Abminderung der veränderlichen Lasten können vernachlässigt werden; im ULS ist $\sigma_{cd} > f_{ctm}$.

Aufgabe 17.3:

Berechnen Sie für den Lastfall „Wind in z-Richtung" den auf das Bauteil 3 entfallenden Anteil infolge Translation und ermitteln Sie die erforderliche

Zugbewehrung am Anschnitt zur Bodenplatte (Einspannstelle). Die (konstante) Bemessungswindlast beträgt $w_d = 1{,}79$ kN/m² und die Bemessungsvertikallast am Wandfuß $N_{(G+Q)d} = 2150$ kN.

Aufgabe 17.4:

Bestimmen Sie die Biegebewehrung in *z*-Richtung für den Gurtstreifen in Achse D einer Regeldecke (1. OG bis 7. OG) des dargestellten Bürogebäudes mit dem Näherungsverfahren nach Heft 240 des DAfStb sowohl über der Stütze D/3 als auch zwischen den Achsen 4-5.

Aufgabe 17.5:

Überprüfen Sie, ob an der Stütze in Achse C/3 eine Durchstanzbewehrung nötig ist. Die Stützenabmessung beträgt 25/25 cm. Ebenso die Abmessungen einer Öffnung für Installationen unmittelbar an der Stütze. Als Grundbewehrung liegt eine Matte Q 335 A über der Stütze und die Einflussfläche der Stützenlast in C/3 betrage $A = 17{,}0$ m².

Lösung: **Aufgabe 17.1:**

Bauteil 1:

$A_c = 4{,}0\,\text{m}\cdot 4{,}0\,\text{m} - 3{,}75\,\text{m}\cdot 3{,}75\,\text{m} = 1{,}94\,\text{m}^2$

$$y_s = \frac{4\cdot 0{,}25\cdot 0{,}25/2\,\text{m}^3 + 3{,}75\cdot 0{,}25\cdot(3{,}75/2+0{,}25)\text{m}^3}{1{,}94\,\text{m}^2} = 1{,}09\,\text{m}$$

$$I_y = I_z = \frac{1}{3}(0{,}25\cdot 4^3 + 3{,}75\cdot 0{,}25^3)\,\text{m}^4 - (1{,}94\cdot 1{,}09^2)\,\text{m}^4 = 3{,}05\,\text{m}^4$$ [1] Kap. 4, 2.1.2

Bauteil 2:

$I_y \approx 0$

$I_z = 1/12\cdot 0{,}25\,\text{m}\cdot(3{,}0\,\text{m})^3 = 0{,}56\,\text{m}^4$

Bauteil 3:

$I_y = 1/12\cdot 0{,}25\,\text{m}\cdot(4{,}0\,\text{m})^3 = 1{,}33\,\text{m}^4$

$I_z \approx 0$

Lösung: **Aufgabe 17.2:** EC2-1-1, 5.8.3.3

Zusammenstellung der Lasten:

Ständige Lasten:

Eigenlast der Decke:	$g_{k1} = 0{,}22\,\text{m}\cdot 25\,\text{kN/m}^3 = 5{,}5\,\text{kN/m}^2$	Geg.: $h = 22$ cm
Ausbaulast:	$g_{k2} = 2{,}00\,\text{kN/m}^2$	

Veränderliche Lasten:
Verkehr: $q_k = 3{,}00$ kN/m²
Schnee: $s_k = 1{,}00$ kN/m²

Dachdecke (DG): — Dachdecke 1×
$V_{G,k} = 20{,}0 \text{ m} \cdot 32{,}0 \text{ m} \cdot (5{,}50 + 2{,}00) \text{ kN/m}^2 = 4800 \text{ kN}$
$V_{Q,k} = 20{,}0 \text{ m} \cdot 32{,}0 \text{ m} \cdot 1{,}00 \text{ kN/m}^2 = 640 \text{ kN}$
Regeldecke (1.OG bis 7. OG): — Regeldecke 7×
$V_{G,k} = 7 \cdot 20{,}0 \text{ m} \cdot 32{,}0 \text{ m} \cdot (5{,}50 + 2{,}00) \text{ kN/m}^2 = 33.600 \text{ kN}$
$V_{Q,k} = 7 \cdot 20{,}0 \text{ m} \cdot 32{,}0 \text{ m} \cdot 3{,}00 \text{ kN/m}^2 = 13.440 \text{ kN}$

Gesamtlast $F_{v,Ed}$: — EC2-1-1, NDP zu 5.8.3.3(1), $\gamma_F = 1{,}0$
$F_{v,Ed} = 1{,}0 \cdot (4800 + 640 + 33.600 + 13.440) \text{ kN} = 52.480 \text{ kN}$

Gesamthöhe des Gebäudes bis zur Einspannebene/Bodenplatte:
$L = 24{,}0$ m — Geg.: $n_s = 8$, $h_1 = 3$ m

Nachweis am Gesamttragwerk nach Th. II. Ordnung für I_y: — I_y siehe Aufgabe 17.1

$$\frac{F_{v,Ed} \cdot L^2}{\sum E_{cd} \cdot I_c} \leq K_1 \cdot \frac{n_s}{n_s + 1{,}6}$$
EC2-1-1, Gl. 5.18DE

mit:
$K_1 = 0{,}31$ (gerissener Querschnitt mit $\sigma_{cd} > f_{ctm}$) — EC2-1-1, NDP zu 5.8.3.3(1)

$E_{cd} = E_{cm}/\gamma_{CE}$ — EC2-1-1, Gl. 5.20
mit:
$E_{cm} = 31.000$ MN/m² — EC2-1-1, Tab. 3.1
$\gamma_{CE} = 1{,}2$ — EC2-1-1, NDP zu 5.8.6(3)

$$\frac{52{,}48 \text{ MN} \cdot (24{,}0 \text{ m})^2}{(31.000/1{,}2 \text{ MN/m}^2 \cdot 4{,}38 \text{ m}^4)} \leq 0{,}31 \cdot \frac{8}{8 + 1{,}6}$$

$0{,}267 > 0{,}258$

Es ist ein genauerer Nachweis nach Th. II. O. erforderlich.

Nachweis am Gesamttragwerk nach Th. II. Ordnung für I_z: — analog Nachweis I_y

$$\frac{52{,}48 \text{ MN} \cdot (24{,}0 \text{ m})^2}{(31.000/1{,}2 \text{ MN/m}^2 \cdot 3{,}61 \text{ m}^4)} \leq 0{,}31 \cdot \frac{8}{8 + 1{,}6}$$
I_z siehe Aufgabe 17.1

$0{,}324 > 0{,}258$

Es ist ein genauerer Nachweis nach Th. II. O. erforderlich.

Lösung: **Aufgabe 17.3:**

Auf Bauteil 3 entfallen aus Wind in z-Richtung infolge Translation 1,33/(1,33 + 3,05) = 0,304 der Windlasten

Bemessungsmoment:
$M_d(L = 0) = 0{,}304 \cdot 1{,}79\ \text{kN/m}^2 \cdot 32{,}00\ \text{m} \cdot (24{,}00\ \text{m})^2/2$
$M_d(L = 0) = 5015\ \text{kNm}$

Geg.: $w_d = 1{,}79\ \text{kN/m}^2$

Bemessungsmoment bezogen auf die Betonstahllage:
$z_{s1} \approx 3{,}95\ \text{m} - 2{,}00\ \text{m} = 1{,}95\ \text{m}$
$M_{Eds}(L = 0) = 5015\ \text{kNm} + 2150\ \text{kN} \cdot 1{,}95\ \text{m} = 9207{,}5\ \text{kNm}$

Gew.: $d = 3{,}95$ m
Geg.: $N_{(G+Q)d}$

Bemessung:

$$\mu_{Eds} = \frac{M_{Eds}(L=0)}{b \cdot d^2 \cdot f_{cd}} = \frac{9{,}21\ \text{MN}}{0{,}25\ \text{m} \cdot 3{,}95^2\ \text{m}^2 \cdot 14{,}17\ \text{MN/m}^2} = 0{,}167$$

$\omega = 0{,}185$

[1] Kap. 5, Tafel 2a
f_{cd} mit $\alpha_{cc} = 0{,}85$ nach EC 2-1-1, Gl. 3.15
$d = h - c_{nom} - \phi_w - 0{,}5\phi_s$
mit: $c_{nom} = 3{,}0$ cm

erf. $A_s = (1/f_{yd}) \cdot [\omega \cdot b \cdot d \cdot f_{cd} + N_{Ed}]$
erf. $A_s = (1/435) \cdot [0{,}185 \cdot 0{,}25 \cdot 3{,}95 \cdot 14{,}17 - 2{,}15]$
erf. $A_s = (1/435\ \text{MN/m}^2) \cdot [2{,}59\ \text{MN} - 2{,}15\ \text{MN}]$
erf. $A_s = 1{,}01 \cdot 10^{-3}\ \text{m}^2 = 10{,}0\ \text{cm}^2$

gewählt: $4\phi 20$ →: vorh. $A_s = 12{,}6\ \text{cm}^2$

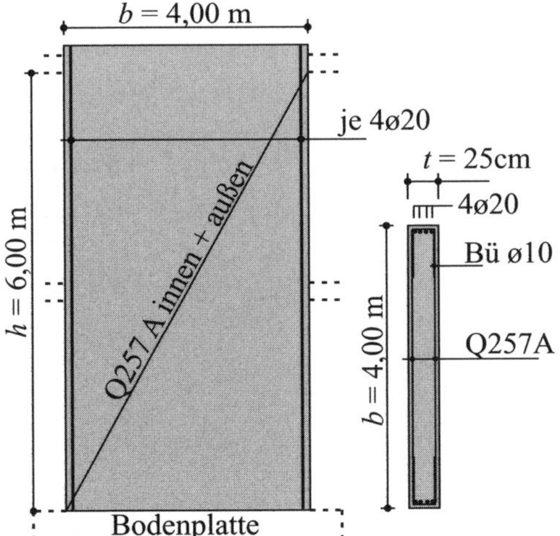

Bild 17-3: *Bewehrungsskizze (Ansicht und Schnitt Bauteil 3 im EG und 1.OG)*

Lösung: **Aufgabe 17.4:**

In z-Richtung (Achse D) kann ein 5-Feld-Träger für das Näherungsverfahren nach DAfStb Heft 240 angenommen werden.

$\Sigma g_d = 10{,}13$ kN/m²
$q_d = 4{,}5$ kN/m²

Stützmoment über Stütze D/3:

$$M_{\text{Ed,S}} = (-0{,}079 \cdot g_d - 0{,}111 \cdot q_d) \cdot 4{,}0^2\,\text{m}^2 \cdot 4{,}0\,\text{m} = -83{,}19\ \text{kNm}$$

[1] Kap. 4, 1.4.1

g

1 2 3 4 5 6

Feldmoment zwischen Achse D/4-5:

$$M_{\text{Ed,F}} = (0{,}033 \cdot g_d + 0{,}079 \cdot q_d) \cdot 4{,}0^2\,\text{m}^2 \cdot 4{,}0\,\text{m} = 44{,}14\ \text{kNm}$$

q q

1 2 3 4 5 6

Momentenverteilung im Gurtstreifen:
Stützmoment über Achse 3:
max. $m_{\text{S,Ed}} = 2{,}1 \cdot (-83{,}19\ \text{kNm})/(4{,}0\ \text{m}) = -43{,}67\ \text{kNm/m}$
Feldmoment zw. Achse 4-5:
max. $m_{\text{F,Ed}} = 1{,}25 \cdot (44{,}14\ \text{kNm})/(4{,}0\ \text{m}) = 13{,}80\ \text{kNm/m}$

[4] Kap. 3.3, Bild 3.4

Bemessung über der Stütze in Achse D/3:

$$\mu_{\text{Eds}} = \frac{43{,}67 \cdot 10^{-3}\,\text{MNm/m}}{1{,}0\,\text{m} \cdot 0{,}185^2\,\text{m}^2 \cdot 14{,}17\,\text{MN/m}^2} = 0{,}090$$

$\omega = 0{,}095$

[1] Kap. 5, Tafel 2a
f_{cd} mit $\alpha_{cc} = 0{,}85$ nach EC 2-1-1, Gl. 3.15
Geg.: $d_m = 18{,}5$ cm

erf. $a_s = (1/f_{yd}) \cdot [\omega \cdot b \cdot d \cdot f_{cd}]$
erf. $a_s = (1/435\ \text{MN/m}^2) \cdot [0{,}095 \cdot 1{,}0\ \text{m} \cdot 0{,}185\ \text{m} \cdot 14{,}17\ \text{MN/m}^2]$
erf. $a_s = 5{,}7 \cdot 10^{-4}\ \text{m}^2/\text{m} = 5{,}7\ \text{cm}^2/\text{m}$

$f_{cd} = 14{,}17$ MN/m²

gewählt: ϕ12 - 10 →: vorh. $a_s = 11{,}3$ cm²/m

Bemessung im Feld in Achse D/4-5:

$$\mu_{\text{Eds}} = \frac{13{,}8 \cdot 10^{-3}\,\text{MNm/m}}{1{,}0\,\text{m} \cdot 0{,}185^2\,\text{m}^2 \cdot 14{,}17\,\text{MN/m}^2} = 0{,}028$$

$\omega = 0{,}028$

[1] Kap. 5, Tafel 2a
f_{cd} mit $\alpha_{cc} = 0{,}85$ nach EC 2-1-1, Gl. 3.15
Geg.: $d_m = 18{,}5$ cm

erf. $a_s = (1/f_{yd}) \cdot [\omega \cdot b \cdot d \cdot f_{cd}]$
erf. $a_s = (1/435\ \text{MN/m}^2) \cdot [0{,}028 \cdot 1{,}0\ \text{m} \cdot 0{,}185\ \text{m} \cdot 14{,}17\ \text{MN/m}^2]$
erf. $a_s = 1{,}7 \cdot 10^{-4}\ \text{m}^2/\text{m} = 1{,}7\ \text{cm}^2/\text{m}$

$f_{cd} = 14{,}17$ MN/m²

gewählt: Q 188 A →: vorh. $a_s = 1{,}88$ cm²/m

Lösung: **Aufgabe 17.5:**

$V_{\mathrm{Ed}} = 17{,}0\ \mathrm{m}^2 \cdot [1{,}35 \cdot (5{,}50 + 2{,}00) + 1{,}5 \cdot 3{,}00]\ \mathrm{kN/m}^2 = 248{,}6\ \mathrm{kN}$ — Geg.: $A = 17{,}0\ \mathrm{m}^2$

Kritischer Rundschnitt (im Abstand $2{,}0d$): — u_1 begrenzt A_{cont}

$u_1 = u_{2,0\mathrm{d}} = 3 \cdot 0{,}25\ \mathrm{m} + 2 \cdot [3/4 \cdot 2{,}0 \cdot \pi \cdot 0{,}185\ \mathrm{m}] = 2{,}5\ \mathrm{m}$ — EC2-1-1, 6.4.2(1)

Maximal aufzunehmende Querkraft: — EC2-1-1, Gl. 6.38

$$v_{\mathrm{Ed}} = \beta \cdot \frac{V_{\mathrm{Ed}}}{u_1 \cdot d_{\mathrm{m}}}$$

$\beta = 1{,}10$ (Innenstütze)

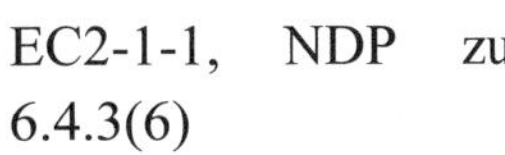
EC2-1-1, NDP zu 6.4.3(6)

EC2-1-1, Bild 6.14

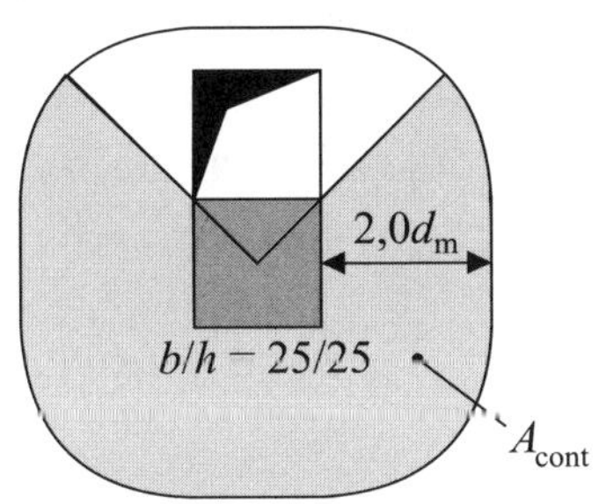

Bild 17-4: *Fläche und Umfang des kritischen Rundschnittes*

$$v_{\mathrm{Ed}} = 1{,}10 \cdot \frac{248{,}5\ \mathrm{kN}}{2{,}5\ \mathrm{m} \cdot 0{,}185\ \mathrm{m}} = 591\ \mathrm{kN/m}^2 = 0{,}591\ \mathrm{MN/m}^2$$

Querkrafttragfähigkeit ohne Durchstanzbewehrung:

$v_{\mathrm{Rd,c}} = C_{\mathrm{Rd,c}} \cdot k \cdot (100\rho_1 \cdot f_{\mathrm{ck}})^{1/3} \geq v_{\min}$ (Bauteile ohne Normalkraft) — EC2-1-1, Gl. 6.47

mit:

$C_{\mathrm{Rd,c}} = 0{,}18/\gamma_{\mathrm{C}} = 0{,}18/1{,}5 = 0{,}12$ — EC2-1-1, NDP zu 6.4.4(1)

$k = 1 + (200/185)^{0,5} = 2{,}04 \geq 2{,}0 \rightarrow: k = 2{,}0$

$$\rho_1 = \frac{3{,}35\ \mathrm{cm}^2/\mathrm{m}}{100 \cdot 18{,}5\ \mathrm{cm}^2} = 1{,}81 \cdot 10^{-3} < 0{,}02$$ — Geg.: Q 335 A

$v_{\mathrm{Rd,c}} = 0{,}12 \cdot 2{,}0 \cdot (100 \cdot 1{,}81 \cdot 10^{-3} \cdot 25\ \mathrm{MN/m}^2)^{1/3} = 0{,}397\ \mathrm{MN/m}^2$

$v_{\min} = (0{,}0525/\gamma_{\mathrm{C}}) \cdot k^{3/2} \cdot f_{\mathrm{ck}}^{1/2}$ — EC2-1-1, NDP zu 6.4.4(1) bzw. Gl. 6.3aDE

$v_{\min} = (0{,}0525/1{,}5) \cdot 2{,}0^{3/2} \cdot (25\ \mathrm{MN/m}^2)^{1/2} = 0{,}495\ \mathrm{MN/m}^2$

$v_{\mathrm{Rd,c}} < v_{\min}$

$v_{\min} < v_{\mathrm{Ed}}$, d. h.: es ist Durchstanzbewehrung nötig

Erhöhen des Längsbewehrungsgrades zum Vermeiden der Durchstanzgefahr:

$$\rho_l \geq \left(\frac{v_{Ed}}{0{,}12 \cdot k}\right)^3 \cdot \frac{1}{100 \cdot f_{ck}} = \left(\frac{0{,}591\,\text{MN/m}^2}{0{,}12 \cdot 2{,}0}\right)^3 \cdot \frac{\text{m}^2}{100 \cdot 25\,\text{MN/m}^2}$$

→: erf. $a_s = 0{,}006 \cdot 18{,}5$ cm·100 cm/m = 11,1 cm²/m

gewählt ϕ12-10; vorh. a_s = 11,3 cm²/m

Anmerkung zu Aufgabe 17.5:
Anstelle der Matte Q 335 A wird die Decke im Bereich der Stützen in der oberen Lage mit Stabstahl ϕ12-10 bewehrt. Bei einer Betondeckung von c_{nom} = 2,0 cm (XC1) und kreuzweise ϕ12-10 ist die eingangs angenommene statische Nutzhöhe d_m = 18,5 cm hinreichend genau und wird nicht neu angepasst.

Alternativ wäre der Einbau von Bügeln bzw. Dübelleisten möglich.

Bewehrungswahl analog Aufgabe 17.4

Innenbauteil → XC1
$d_m = 22 - 2 - 3/2 \cdot 1{,}2$
d_m = 18,2 cm

Beispiel 18: Nachweis der Aussteifung und Bemessung einer Unterzugdecke eines Bürohauses

Nachfolgend sind 2 Varianten (A: Flach- bzw. B: Unterzugdecke) für die Regelgeschossdecke eines 14-geschossigen Bürogebäudes gegeben. Die Höhe des Bürogebäudes ab OK Bodenplatte beträgt $L = 38{,}5$ m. Die Wandstärke beträgt stets $t = 25$ cm. Die Abmessungen der Stützen immer $b/h = 30/30$ cm. Die Deckenstärke variiert. In Variante A beträgt sie $h = 25$ cm, in Variante B sei $h = 22$ cm.
Die Betongüte der Decken ist C20/25, die der vertikalen Bauteile (mit $\sigma_{cd} > f_{ctm}$ im ULS) ist C30/37. Als Betonstahl wird B500B verwendet.
Die Decke wird zusätzlich zu ihrer Eigenlast g_{k1} durch Ausbaulasten $g_{k2} = 2{,}0$ kN/m² und veränderliche Lasten $q_k = 3{,}0$ kN/m² (inkl. Trennwandzuschlag) belastet. Auf die Dachdecke ist eine Schneelast von $s_k = 1{,}0$ kN/m² anzusetzen.

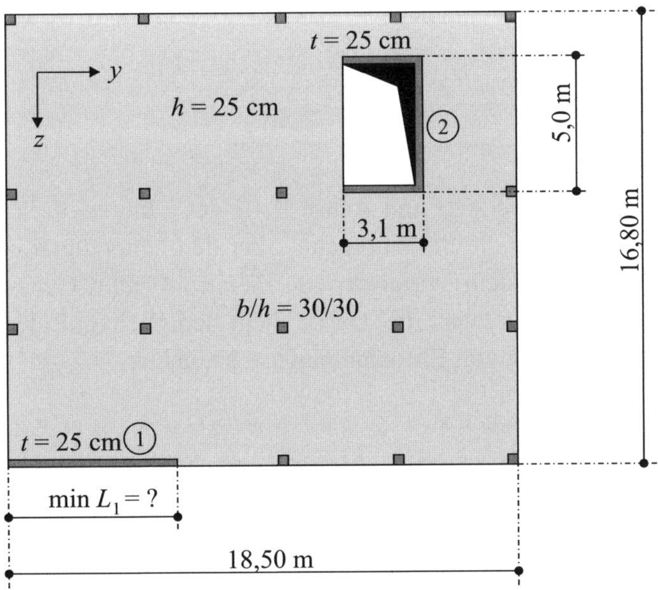

Bild 18-1: *Variante A – Flachdecke (Regelgeschoss)*

Aufgabe 18.1:

Ermitteln Sie die minimale Schenkellänge min. L_1 für Bauteil 1, so dass eine Berechnung des Gebäudes nach Theorie I. Ordnung möglich ist. Weisen Sie lediglich die Labilitätszahl für Biegung nach. Die Dachdecke wird mit den gleichen Ausbaulasten wie ein Regelgeschoss belastet, besitzt jedoch keine Öffnung. Auf die Abminderung der veränderlichen Lasten wird verzichtet.

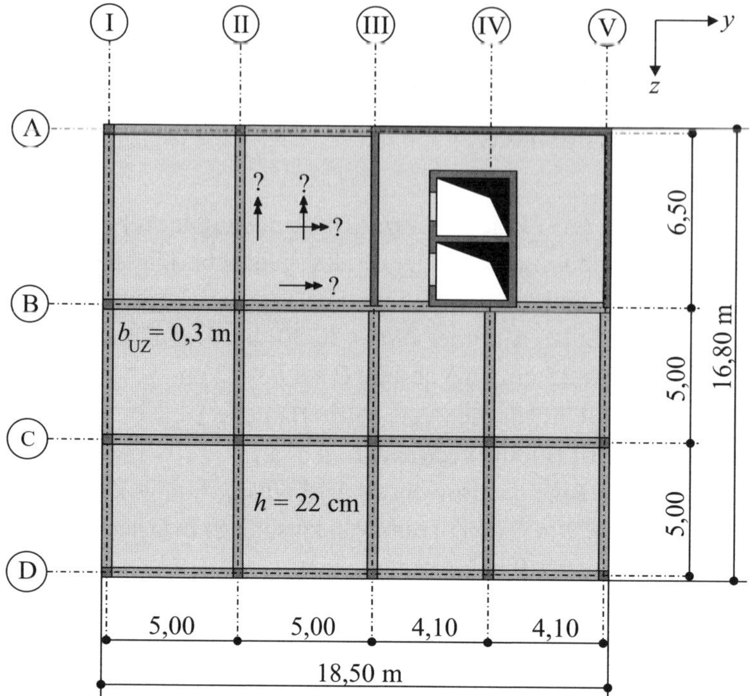

Bild 18-2: *Variante B – Unterzugdecke*

Aufgabe 18.2:

Ermitteln Sie für das Feld zwischen Achse A-B und Achse II-III der Unterzugdecke die maximalen Feldmomente (y, z), sowie die Stützmomente über den Unterzügen in Achse B/II-III und in Achse II/A-B nach dem Verfahren von *Pieper/Martens*. Gehen Sie von voller Drillsteifigkeit der Decke aus; die Decke liegt lediglich auf den Randunterzügen gelenkig auf, ansonsten ist von Einspannungen auszugehen.

Aufgabe 18.3:

Führen Sie eine Biegebemessung für das größere Moment im Feld zw. Achse A-B/II-III und über der Stützung in Achse B/II-III durch. Ermitteln Sie dafür die statische Höhe. Verwenden Sie Betonstahl $\phi = 10$ mm.

Lösung: **Aufgabe 18.1:**

Zusammenstellung der Lasten:

Ständige Lasten:

Eigenlast (h = 0,25 m)	$g_{k1} = 0{,}25\ \text{m} \cdot 25\ \text{kN/m}^3 = 6{,}25\ \text{kN/m}^2$	Geg.: h = 25 cm
Ausbaulasten	$g_{k2} = 2{,}00\ \text{kN/m}^2$	
Veränderliche Lasten:		
Büronutzung	$q_k = 3{,}00\ \text{kN/m}^2$	

Schnee $s_k = 1{,}00$ kN/m²

Ermittlung der Vertikallasten:

13 × Regelgeschoss: — $n_{s,1} = 13$

$A_{Regel} = 16{,}80\ m \cdot 18{,}5\ m - 2{,}85\ m \cdot 4{,}50\ m = 298{,}0\ m^2$ — Öffnung $2{,}85 \cdot 4{,}5$ m

aus ständigen Lasten $g_{k1} + g_{k2}$:

$13 \cdot 298\ m^2 \cdot (6{,}25 + 2{,}0)\ kN/m^2 = 31.960{,}5\ kN$

aus veränderlichen Lasten q_k:

$13 \cdot 298\ m^2 \cdot 3{,}0\ kN/m^2 = 11.622\ kN$

1 × Dachgeschoss: — $n_{s,2} = 1$

$A_{Dach} = 16{,}80\ m \cdot 18{,}5\ m = 310{,}8\ m^2$

aus ständigen Lasten $g_{k1} + g_{k2}$:

$1 \cdot 310{,}8\ m^2 \cdot (6{,}25 + 2{,}0)\ kN/m^2 = 2564\ kN$

aus veränderlichen Lasten s_k:

$1 \cdot 310{,}8\ m^2 \cdot 1{,}0\ kN/m^2 = 310{,}8\ kN$

Eigenlast der Stützen: — Geg.: $b/h = 30/30$ cm

$17 \cdot (0{,}3\ m)^2 \cdot (38{,}5\ m - 14 \cdot 0{,}25\ m) \cdot 25\ kN/m^3 = 1339\ kN$ — Geg.: $n = 17$ Stützen

Eigenlast der Wände: — Geg.: $t = 25$ cm

$A_{BT1} = 0{,}25\ m \cdot L_1$

$G_{k,BT1} = 0{,}25\ m \cdot L_1 \cdot (38{,}5\ m - 14 \cdot 0{,}25\ m) \cdot 25\ kN/m^3 = 218{,}8 \cdot L_1$

$A_{BT2} = (5{,}0\ m \cdot 3{,}1\ m) - (4{,}5\ m \cdot 2{,}85\ m) = 2{,}675\ m^2$

$G_{k,BT2} = 2{,}675\ m \cdot (38{,}5\ m - 14 \cdot 0{,}25\ m) \cdot 25\ kN/m^3$

$G_{k,BT2} = 2340{,}6\ kN$

Vertikallasten $F_{v,Ed}$ mit $\gamma_F = 1{,}0$: — EC2-1-1, NDP zu 5.8.3.3(1)

$F_v = [31.961 + 11.622 + 2564 + 311 + 1339 + 218{,}8 L_1 + 2341]\ kN$

$F_v = 50.138\ kN + 218{,}8 \cdot L_1$

$F_{v,Ed} = F_k \cdot \gamma_F = [50.138\ kN + 218{,}8 \cdot L_1] \cdot 1{,}0$

Ermittlung der Steifigkeiten:

um die y-Achse:

$I_{BT1} \approx 0$

$$I_{BT2} = \frac{3{,}1\,m \cdot (5{,}0\,m)^3 - 2{,}85\,m \cdot (4{,}5\,m)^3}{12} = 10{,}65\,m^4$$ — [1] Kap. 4, 2.1.2

um die z-Achse:

$I_{BT1} = L_1^3 \cdot 0{,}25\ m/12 = 1/48 \cdot L_1^3$ — [1] Kap. 4, 2.1.2

$$y_s = \frac{4{,}5\,\text{m} \cdot (0{,}25\,\text{m})^2 + 2 \cdot 0{,}25\,\text{m} \cdot (3{,}1\,\text{m})^2}{2 \cdot 2{,}68\,\text{m}^2} = 0{,}95\,\text{m}$$

$$I_{BT2} = \frac{4{,}5\,\text{m} \cdot (0{,}25\,\text{m})^3 + 2 \cdot 0{,}25\,\text{m} \cdot (3{,}1\,\text{m})^3}{3} - 2{,}68\,\text{m}^2 \cdot (0{,}95\,\text{m})^2$$ [1] Kap. 4, 2.1.2

$I_{BT2} = 2{,}57\ \text{m}^4$

Nachweis der Stabilität infolge Translation: EC2-1-1, Gl. 5.18DE

$$\frac{F_{v,Ed} \cdot L^2}{\sum E_{cd} \cdot I_c} \leq K_1 \cdot \frac{n_s}{n_s + 1{,}6}$$

$$\text{erf.} I_c \geq \frac{1}{K_1} \cdot \frac{n_s + 1{,}6}{n_s} \cdot \frac{F_{v,Ed} \cdot L^2}{E_{cd}}$$

Geg.: $L = 38{,}5$ m, $n_s = n_{s,1} + n_{s,2} = 14$

mit:
$K_1 = 0{,}31$ (gerissener Querschnitt mit $\sigma_{cd} > f_{ctm}$) EC2-1-1, NDP zu 5.8.3.3(1)

$E_{cd} = E_{cm}/\gamma_{CE}$ EC2-1-1, Gl. 5.20
mit:
$E_{cm} = 33.000\ \text{MN/m}^2$ EC2-1-1, Tab. 3.1
$\gamma_{CE} = 1{,}2$ EC2-1-1, NDP zu 5.8.6(3)

$$\text{erf.} I_c \geq \frac{1}{0{,}31} \cdot \frac{14 + 1{,}6}{14} \cdot \frac{[50.138\,\text{kN} + 218{,}8 \cdot L_1] \cdot (38{,}5\,\text{m})^2}{33.000.000 / 1{,}2\,\text{kN/m}^2}$$

erf. $I_c \geq 9{,}714\ \text{m}^4 + 0{,}042 \cdot L_1$

vorh. $I_z = 2{,}57\ \text{m}^4 + 1/48 \cdot L_1^3$
erf. $I_c \geq$ vorh. I_z

$9{,}714\ \text{m}^4 + 0{,}042 \cdot L_1 \geq 2{,}57\ \text{m}^4 + 1/48 \cdot L_1^3$
$-1/48 \cdot L_1^3 + 0{,}042 \cdot L_1 + 7{,}144 \geq 0$

Lösen der kubischen Gleichung nach *Cardano*: vgl. [13]
$y^3 + py + q = 0$
mit:

$$p = \frac{3 \cdot (-1/48) \cdot 0{,}042}{3 \cdot (1/48)^2} = -2{,}016 \qquad q = \frac{7{,}144}{(-1/48)} = -342{,}912$$

$$D = \left(\frac{-342{,}912}{2}\right)^2 + \left(\frac{-2{,}016}{3}\right)^3 = 29.396{,}856$$

$$u = \sqrt[3]{-\left(\frac{-342{,}912}{2}\right) + \sqrt{29.396{,}856}} = 7{,}0$$

$$v = \sqrt[3]{-\left(\frac{-342{,}912}{2}\right) - \sqrt{29.396{,}856}} = 0{,}096$$

$y = u + v = 7{,}0 + 0{,}096 = 7{,}096$

$L_1 \geq 7{,}09^6$ m

Bauteil 1 muss mindestens $7{,}09^6$ m lang sein, um eine Berechnung nach Theorie I. Ordnung zu gewährleisten.

Lösung: **Aufgabe 18.2:**

$g_k = 0{,}22\ \text{m} \cdot 25\ \text{kN/m}^3 + 2{,}0\ \text{kN/m}^2 = 7{,}50\ \text{kN/m}^2$

Geg.: $h = 22$ cm

Bedingung für die Anwendbarkeit des Verfahrens:
(1): $3{,}0\ \text{kN/m}^2 \leq 2 \cdot (7{,}5 + 3{,}0)\ \text{kN/m}^2/3 = 7{,}0\ \text{kN/m}^2$ √
(2): $3{,}0\ \text{kN/m}^2 \leq 2 \cdot 7{,}5\ \text{kN/m}^2 = 15{,}0\ \text{kN/m}^2$ √

System Platte zw. Achse A-B/II-III:

Im globalen Koordinatensystem ist $l_y < l_z$, d. h. es wird ein lokales System y'/z' eingeführt. Darin ist $l'_y = 6{,}8$ m und $l'_z = 5{,}0$ m. Die Indizes y'/z' der Momente bezeichnen die Bewehrungsrichtung.

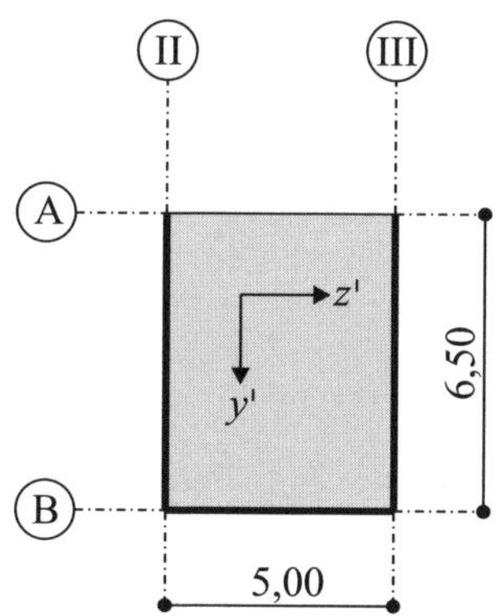

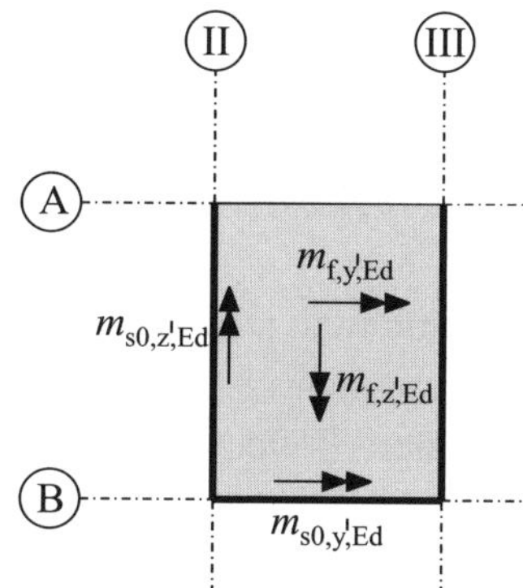

Bild 18-3: *Stützungstyp 5.1*

nach [19]

$l_z = l'_y = 6{,}50$ m
$l_y = l'_z = 5{,}00$ m
$l'_y/l'_z = 6{,}50/5{,}00 = 1{,}30$

Stützungstyp 5.1: $f_z' = 21{,}8$ $\quad f_y' = 42{,}7$ $\quad s'_z = 13{,}2$ $\quad s'_y = 17{,}5$ nach [19]

Zusammenstellung der Lasten:
Ständige Lasten:

Eigenlast	$g_{k1} = 0{,}22\ \text{m} \cdot 25\ \text{kN/m}^2 = 5{,}50\ \text{kN/m}^2$
Ausbaulasten	$g_{k2} = 2{,}00\ \text{kN/m}^2$

Veränderliche Lasten:
Verkehr $q_k = 3{,}0$ kN/m²

$(g + q)_d = 1{,}35 \cdot 7{,}5$ kN/m² + $1{,}5 \cdot 3{,}0$ kN/m² = 14,6 kN/m²

Ermittlung der Momente:
Feldmomente:
$m_{fz',Ed} = 14{,}6$ kN/m²·(5,00 m)²/21,8 = 16,7 kNm/m
$m_{fy',Ed} = 14{,}6$ kN/m²·(5,00 m)²/42,7 = 8,5 kNm/m

Anmerkung: Die Indizes y'/z' bezeichnen die Bewehrungsrichtung

Stützmoment:
$m_{s0,z',Ed} = -14{,}6$ kN/m²·(5,00 m)²/13,2 = -27,7 kNm/m
$m_{s0,y',Ed} = -14{,}6$ kN/m²·(5,00 m)²/17,5 = -20,9 kNm/m

Lösung: **Aufgabe 18.3:**

Ermittlung der statischen Höhe:
Innenbauteil → Expositionsklasse XC 1 →: $c_{min,dur} = 1{,}0$ cm — EC2-1-1, Tab. 4.4DE
Vorhaltemaß $\Delta c_{dev} = 1{,}0$ cm — EC2-1-1, NDP zu 4.4.1.3(1)

Nennmaß $c_{nom} = c_{min} + \Delta c_{dev} = 2{,}0$ cm — EC2-1-1, Gl. 4.1
Durchmesser der Längsbewehrung $\phi = 10$ mm
$d_m = 22{,}0$ cm - 2,0 cm - 1,0 cm = 19,0 cm

Bemessung für das größere Feldmoment (zw. A-B/II-III):
Anmerkung: Das größere Feldmoment ist $m_{fz',Ed}$. D. h. die ermittelte Bewehrung ist in lokaler z'-Richtung bzw. globaler y-Richtung einzulegen.

$$\mu_{Eds} = \frac{16{,}7 \cdot 10^{-3}\,\text{MNm/m}}{1{,}0\,\text{m} \cdot (0{,}19\,\text{m})^2 \cdot 11{,}3\,\text{MN/m}^2} = 0{,}041$$

[1] Kap. 5, Tafel 2a

mit:
$f_{cd} = \alpha_{cc} \cdot f_{ck}/\gamma_C = 0{,}85 \cdot 20$ MN/m²/1,5 = 11,33 MN/m² — EC2-1-1, Gl. 3.15 und NDP zu 3.1.6(1)
Geg.: C20/25

$\omega = 0{,}042$ (interpoliert)
erf. $a_s = (1/f_{yd}) \cdot [\omega \cdot b \cdot d \cdot f_{cd}]$
erf. a_s = (1/435 MN/m²)·[0,042·1,0 m·0,19 m·11,3 MN/m²]
erf. $a_s = 2{,}1 \cdot 10^{-4}$ m²/m = 2,1 cm²/m

Es wird eine Matte Q 257 A (vorh. a_s = 2,57 cm²/m) eingelegt.

Momentenausgleich über der Stützung in Achse II/A-B:

Im globalen Koordinatensystem ist $l_y = l_z$, d. h. das globale Koordinatensystem wird verwendet.
Der Index z bezeichnet die Bewehrungsrichtung.

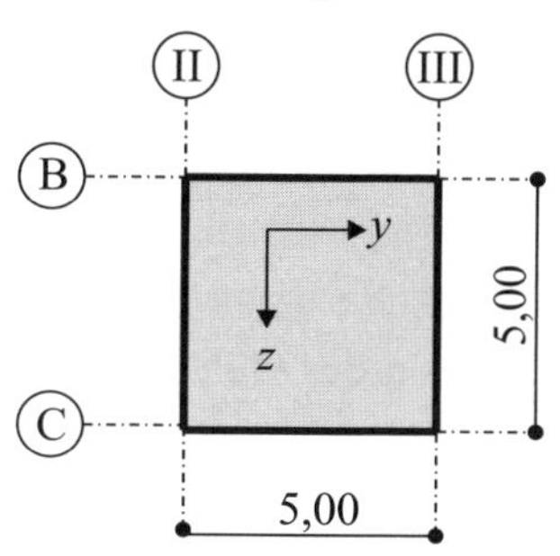

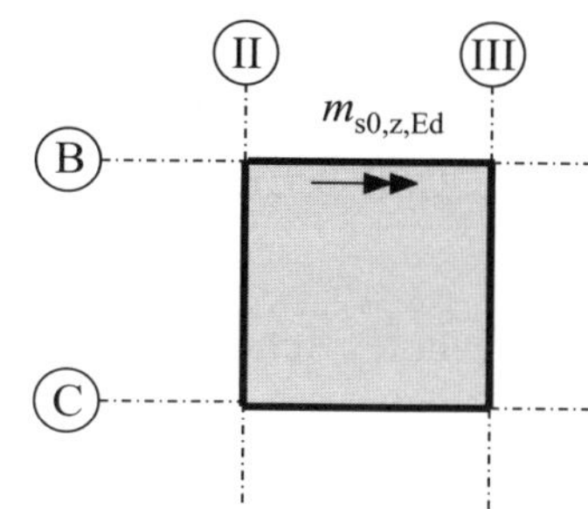

Bild 18-4: *Stützungstyp 6*

nach [19]

$l_y/l_z = 5{,}00/5{,}00 = 1{,}0$

Stützungstyp 6: $f_y = 36{,}8$ $\quad f_z = 36{,}8$ $\quad s_y = 19{,}4$ $\quad s_z = 19{,}4$

nach [19]

Stützmoment:
$m_{s0,z,Ed} = -14{,}6\ \text{kN/m}^2 \cdot (5{,}00\ \text{m})^2/19{,}4 = -18{,}81\ \text{kNm/m}$

Momentenausgleich über der Stützung in Achse B/II-III:
$m_{s,Ed} = [-20{,}9\ \text{kNm/m} - 18{,}8\ \text{kNm/m}]/2 = -19{,}9\ \text{kNm/m}$
$|m_{s,Ed}| > 0{,}75 \cdot |-20{,}9\ \text{kNm/m}| = 15{,}7\ \text{kNm/m}$

Bemessung über der Stützung (B/II-III):

$$\mu_{Eds} = \frac{|-19{,}9| \cdot 10^{-3}\ \text{MNm/m}}{1{,}0\,\text{m} \cdot (0{,}19\,\text{m})^2 \cdot 11{,}3\,\text{MN/m}^2} = 0{,}049$$

$\omega = 0{,}050$ (interpoliert)
erf. $a_s = (1/f_{yd}) \cdot [\omega \cdot b \cdot d \cdot f_{cd}]$
erf. $a_s = (1/435\ \text{MN/m}^2) \cdot [0{,}05 \cdot 1{,}0\ \text{m} \cdot 0{,}19\ \text{m} \cdot 11{,}3\ \text{MN/m}^2]$
erf. $a_s = 2{,}5 \cdot 10^{-4}\ \text{m}^2/\text{m} = 2{,}5\ \text{cm}^2/\text{m}$

Es wird eine Matte Q 257 A (vorh. $a_s = 2{,}57\ \text{cm}^2/\text{m}$) eingelegt.

Anordnung der Bewehrung:

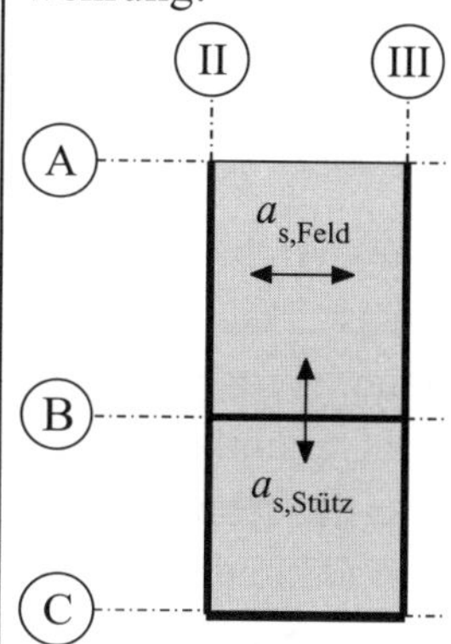

Beispiel 19: Aussteifung eines Schulgebäudes und Berechnung einer Geschossdecke

Gegeben sei folgender Grundriss eines Schulgebäudes in Stahlbeton der Güte C30/37. Die Decke hat eine Stärke von $h = 28$ cm.
Die veränderlichen Lasten betragen $q_k = 3{,}0$ kN/m². Die ständigen Lasten aus Eigenlast g_{k1} sind zu ermitteln, die aus Aufbau betragen $g_{k2} = 1{,}5$ kN/m².

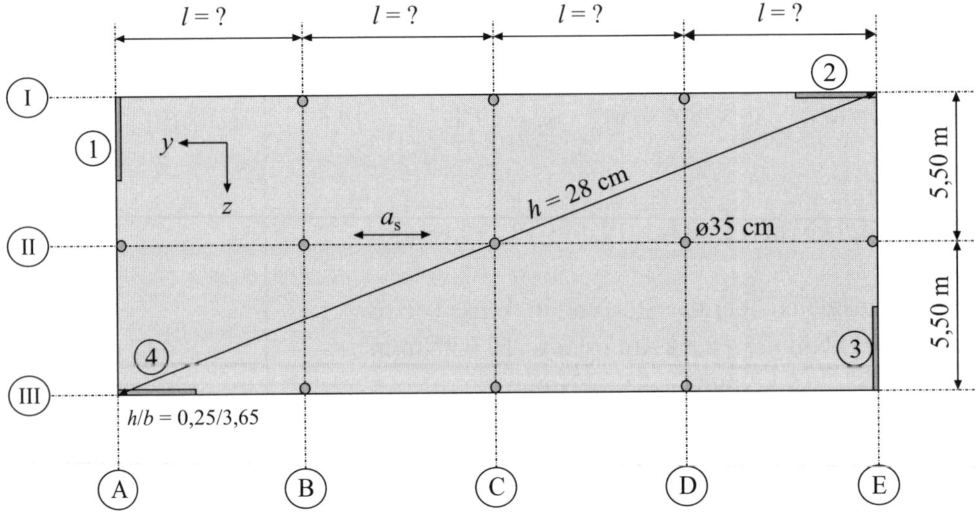

Bild 19-1: *System*

Aufgabe 19.1:

Der Architekt des Bürogebäudes möchte von Ihnen als verantwortlichem Tragwerksplaner wissen, wie lang das Gebäude bei einer Breite $B = 11{,}0$ m werden kann, so dass die Labilitätszahl gegen Translation eingehalten ist. Ermitteln Sie also die Gesamtlänge $l_{ges} = 4 \cdot l$ des Gebäudes. Die vier aussteifenden Bauteile (1-4) besitzen alle die Abmessung $h/b = 0{,}25/3{,}65$ m. Die Stützen weisen alle einen Durchmesser von Ø35 cm auf. Das Gebäude besitzt 8 Geschosse mit einer Höhe von je $l_0 = 3{,}0$ m. Setzen Sie die Ausbau- und veränderlichen Lasten auf allen Decken (inkl. Dachdecke) gleich an ($\alpha_n = 1{,}0$). Gehen Sie davon aus, dass die aussteifenden Bauteile im GZT gerissen sind.

Aufgabe 19.2:

Berechnen Sie die erforderliche Zugbewehrung an der Einspannung in die Bodenplatte für Bauteile 3, die sich aus dem Lastfall „Wind in z-Richtung“ ergibt. Das γ-fache

Einspannmoment aus Wind beträgt auf Höhe der Bodenplatte $M_{Ed,z} = 4{,}63$ MNm. Die γ-fache Normalkraft beträgt $N_{Ed} = 1{,}5$ MN. Bestimmen Sie außerdem die konstruktive Mindestbewehrung für die Wand nach EC2-1-1 an und prüfen Sie, ob der Ansatz eines gerissenen Querschnitts im GZT korrekt war. Es sei $c = 5$ cm.

Aufgabe 19.3:

Überprüfen Sie, ob die vorhandene Biegebewehrung im Stützbereich von ϕ20-15 cm je Richtung ausreichend ist, um ein Durchstanzen der Stütze in Achse B/II zu verhindern. Die Stütze sei kreisrund mit einem Durchmesser Ø35 cm. Die mittlere statische Höhe sei $d_m = 23{,}0$ cm. Auf den Ansatz der Mindestmomente nach EC2-1-1 sowie die Ermittlung der Kollapsbewehrung soll verzichtet werden.

Lösung: **Aufgabe 19.1:**	
Bauteil 1+3:	
$I_{y,1} = I_{y,3} \rightarrow I_{y,ges} = 2\cdot[b\cdot h^3/12] = 0{,}5\ \text{m}\cdot(3{,}65\ \text{m})^3/12 = 2{,}02\ \text{m}^4$	[1] Kap. 4, 2.1.2
Bauteil 2+4:	
$I_{z,1} = I_{z,3} \rightarrow I_{y,ges} = 2\cdot[b\cdot h^3/12] = 0{,}5\ \text{m}\cdot(3{,}65\ \text{m})^3/12 = 2{,}02\ \text{m}^4$	
Vertikallasten aus Stützen, Wänden und Decken:	
$F_{V,k,Stützen} = 11\cdot(\pi\cdot 0{,}35^2/4)\ \text{m}^2\cdot 25\ \text{kN/m}^3\cdot 24{,}0\ \text{m} = 635\ \text{kN}$	
$F_{V,k,Wände} = 4\cdot(0{,}25\cdot 3{,}65)\ \text{m}^2\cdot 25\ \text{kN/m}^3\cdot 24{,}0\ \text{m} = 2190\ \text{kN}$	
$F_{V,k,Decke} = [8\cdot[(0{,}28\cdot 25+1{,}5) + 3{,}0]\ \text{kN/m}^2]]\cdot[(11{,}0\ \text{m})\cdot 4\cdot l]$	
$F_{V,k,Decke} = [4048\ \text{kN/m}]\cdot l$	
Gesamte Vertikallast $F_{V,Ed}$	EC2-1-1, NDP zu 5.8.3.3(1), $\gamma_F = 1{,}0$
$F_{V,Ed} = 1{,}0\cdot[635\ \text{kN} + 2190\ \text{kN} + (4048\ \text{kN/m})\cdot l]$	
$F_{V,Ed} = 2825\ \text{kN} + (4048\ \text{kN/m})\cdot l$	
Stabilität um y- bzw. z-Achse gleichermaßen maßgebend:	
$\frac{F_{v,Ed}\cdot L^2}{\sum E_{cd}\cdot I_c} \leq K_1\cdot\frac{n_s}{n_s+1{,}6}$	EC2-1-1, Gl. 5.18DE
mit:	
$K_1 = 0{,}31$ (gerissener Querschnitt mit $\sigma_{cd} > f_{ctm}$)	EC2-1-1, NDP zu 5.8.3.3(1)
$n_s = 8$	Geg.: 8 Geschosse
$L = 8\cdot l_0 = 8\cdot 3{,}0\ \text{m} = 24\ \text{m}$	Geg.: $l_0 = 3{,}0$ m
$f_{ctm} = 2{,}9\ \text{MN/m}^2$	EC2-1-1, Tab. 3.1

$E_{cd} = E_{cm}/\gamma_{CE}$ — EC2-1-1, Gl. 5.20 und NDP zu 5.8.6(3)

mit:

$\gamma_{CE} = 1{,}2$

$E_{cm} = 33.000$ MN/m² — EC2-1-1, Tab. 3.1

$$\frac{[2{,}825\,\text{MN} + 4{,}048\,\text{MN/m}\cdot l]\cdot(24\,\text{m})^2}{(33.000\cdot 2{,}02)\,\text{MN}/1{,}2} \leq 0{,}31\cdot\frac{8}{8+1{,}6}$$

$$\frac{2{,}825\,\text{MN} + 4{,}048\,\text{MN/m}\cdot l}{55.550\,\text{MN}} \leq \frac{0{,}2583}{(24\,\text{m})^2}$$

$2{,}825\,\text{MN} + [4{,}048\,\text{MN/m}]\cdot l \leq 24{,}91\,\text{MN}$

$l \leq 5{,}45$ m

Es wird eine Wandlänge von $l = 5{,}5$ m gewählt. Damit ergibt sich eine Gebäudelänge von $l_{ges} = 4\cdot 5{,}5\text{ m} = 22$ m.

Lösung: **Aufgabe 19.2:**

Bauteil 3:

Bemessungsschnittgrößen auf Höhe der Bodenplatte:

$N_{Ed} = 1{,}5$ MN — Geg.: N_{Ed} M_{Ed}

$M_{Ed,z} = 4{,}63$ MNm

Spannung im GZT:

$\sigma_{cd} = N_{Ed}/A + M_{Ed}/W$

$$\sigma_{cd} = \frac{-1{,}5\,\text{MN/m}^2}{0{,}25\,\text{m}\cdot 3{,}65\,\text{m}} + \frac{4{,}63\,\text{MNm}}{0{,}25\cdot(3{,}65\,\text{m})^2/6}$$

$\sigma_{cd} = [-1{,}64 + 8{,}34]\,\text{MN/m}^2 = 6{,}7\,\text{MN/m}^2 > f_{ctm} = 2{,}9\,\text{MN/m}^2$

Das Bauteil ist im GZT gerissen. Der Ansatz von $K_1 = 0{,}31$ in Aufgabenteil a) ist korrekt. — EC2-1-1, 5.8.3.3(2)

Bemessungsmoment bezogen auf die Betonstahllage:

$z_s = (3{,}65/2)\,\text{m} - 0{,}05\,\text{m} \approx 1{,}79$ m — Geg.: $c = 5$ cm

$M_{Eds} = 4630\,\text{kNm} + 1500\,\text{kN}\cdot 1{,}79\,\text{m} = 7315$ kNm

Bemessung:

$f_{cd} = 0{,}85\cdot 30\,\text{MN/m}^2/1{,}5 = 17{,}0\,\text{MN/m}^2$ — EC2-1-1, Gl. 3.15 und NDP zu 3.1.6(1)

$d = 3{,}65\,\text{m} - 0{,}05\,\text{m} = 3{,}60$ m

$\mu_{Eds} = \dfrac{7{,}315 \text{ MNm}}{0{,}25 \text{ m} \cdot (3{,}65 \text{ m})^2 \cdot 17 \text{ MN/m}^2} = 0{,}13$	[1] Kap. 5, Tafel 2a
$\omega = 0{,}140$	
erf. $A_s = [1/435 \text{ MN/m}^2] \cdot [0{,}14 \cdot 0{,}25 \cdot 3{,}60 \cdot 17 - 1{,}5] \text{ MN} \cdot 10^4$ erf. $A_s = 14{,}8 \text{ cm}^2$	
gewählt: $5\phi20 \rightarrow$ vorh. $A_s = 15{,}7 \text{ cm}^2$	
Lotrechte Mindestbewehrung: $A_{s,vmin} = 0{,}003 \cdot A_c$, falls $\left\{\begin{matrix} \lvert N_{Ed} \rvert \geq 0{,}3 \cdot f_{cd} \cdot A_c \\ \text{die Wand schlank ist} \end{matrix}\right\}$ sonst: $0{,}0015 \cdot A_c$	EC2-1-1, NDP zu 9.6.2(1)
Ermittlung der Schlankheit: $n = N_{Ed}/[A_c \cdot f_{cd}] = 1{,}5 \text{ MN}/[0{,}25 \cdot 3{,}65 \text{ m}^2 \cdot 17 \text{ MN/m}^2] = 0{,}097$	EC2-1-1, NDP zu 5.8.3.1(1)
$\lambda_{lim} = \dfrac{16}{\sqrt{n}} = \dfrac{16}{\sqrt{0{,}097}} = 51{,}45$ für $n < 0{,}41$	EC2-1-1, Gl. 5.13bDE
$l = \dfrac{l_0}{i} = \dfrac{3{,}0 \text{ m}}{0{,}289 \cdot 0{,}25 \text{ m}} = 41{,}5$ ① $l < l_{lim} \rightarrow$ das Gebäude ist nicht schlank	EC2-1-1, Gl. 5.14
② $\lvert N_{Ed} \rvert = 1{,}5 \text{ MN} < 0{,}3 \cdot 17 \text{ MN/m}^2 \cdot 0{,}91 \text{ m}^2 = 3{,}88 \text{ MN}$	
Beide Bedingungen sind nicht erfüllt $\rightarrow A_{s,vmin} = 0{,}0015 \cdot A_c$	
$A_{s,vmin} = 0{,}0015 \cdot 25 \text{ cm} \cdot 365 \text{ cm} = 13{,}7 \text{ cm}^2$ $\rightarrow a_{s,vmin} = 13{,}7 \text{ cm}^2/3{,}65 \text{ m} = 3{,}75 \text{ cm}^2/\text{m}$ (innen und außen)	
Waagerechte Bewehrung: $a_{s,hmin} = 0{,}5 \cdot a_{s,vmin} = 1{,}88 \text{ cm}^2/\text{m}$ (innen und außen)	Bei aussteifenden Wandscheiben nach [6] Ansatz von 50 % von $a_{s,vmin}$
Es wird eine Matte R188 A innen und außen angeordnet. Die Ränder werden konstruktiv mit Steckern $\phi8$ mm – 25 cm gem. EC2-1-1, Bild 9.8 eingefasst.	

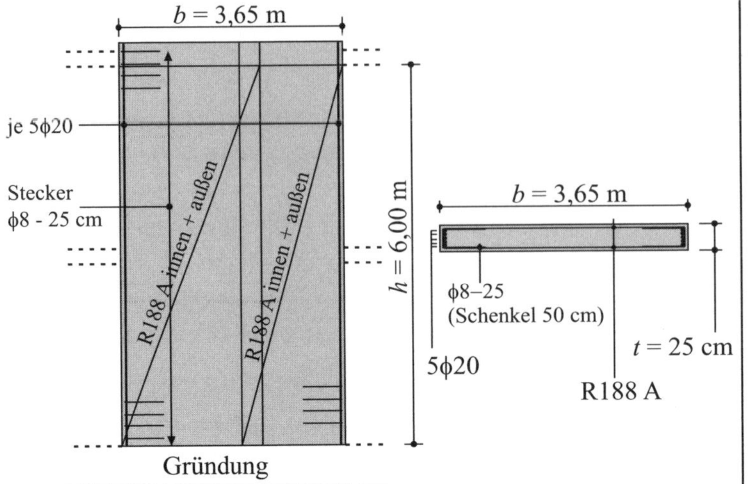

Bild 19-1: *Bewehrungsskizze*

Anmerkung: Die Querstäbe der Lagermatte R188 sind alle 25 cm angeordnet.

Lösung: **Aufgabe 19.3:**

Innenstütze in Achse B/II

Bemessungswert v_{Ed} der einwirkenden Querkraft:

Lasteinfluss in y-Richtung:

[1] Kap. 4, 1.4.1

Infolge g: $1{,}143 \cdot l_y$ aus idealisiertem 4-Feld-Träger

Infolge q: $1{,}223 \cdot l_y$ aus idealisiertem 4-Feld-Träger

$$\text{Einflusszahl} = \frac{1{,}143 \cdot 8{,}5\,\text{kN/m}^2 + 1{,}223 \cdot 3\,\text{kN/m}^2}{(8{,}5+3{,}0)\,\text{kN/m}^2} = 1{,}163$$

Lasteinfluss in z-Richtung:

Infolge g, q: $1{,}25 \cdot l_z$ aus idealisiertem 2-Feld-Träger

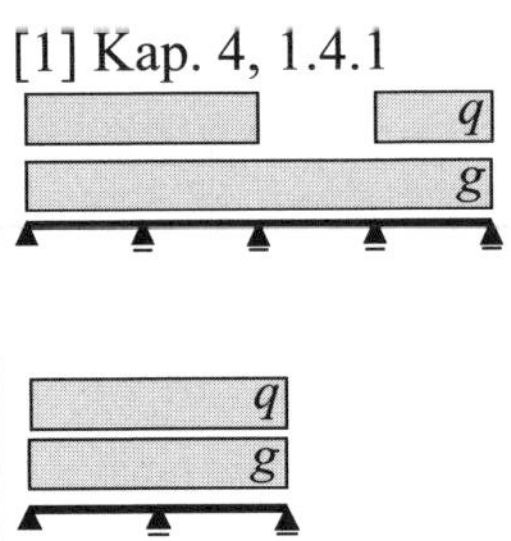

Einflussfläche $A = (1{,}163 \cdot 5{,}5\text{ m}) \cdot (1{,}25 \cdot 5{,}5\text{ m}) \approx 44{,}0\text{ m}^2$

$V_{Ed,B/II} = 44{,}0\text{ m}^2 \cdot (1{,}35 \cdot 8{,}5\text{ kN/m}^2 + 1{,}5 \cdot 3\text{ kN/m}^2) = 702{,}9\text{ kN}$

$$v_{Ed} = V_{Ed,C/III} \cdot \frac{\beta}{u_1 \cdot d_m}$$

EC2-1-1, Gl. 6.38

mit:

Kritischer Rundschnitt:

$u_1 = u_{2,0d} = 2\pi \cdot (0{,}5 \cdot 0{,}35\text{ m} + 2{,}0 \cdot 0{,}23\text{ m}) = 3{,}99\text{ m}$

EC2-1-1, 6.4.2(1) und Bild 6.13

$\beta = 1{,}10$ (Innenstütze)

EC2-1-1, NDP zu 6.4.3(6)

$$v_{Ed,2,0d} = 702{,}9\,\text{kN} \cdot \frac{1{,}10}{3{,}99\,\text{m} \cdot 0{,}23\,\text{m}} = 842{,}5\,\text{kN/m}^2$$

Querkrafttragfähigkeit ohne Durchstanzbewehrung: — EC2-1-1, Gl. 6.47

$v_{Rd,c} = C_{Rd,c} \cdot k \cdot (100\rho_l \cdot f_{ck})^{1/3} \geq v_{min}$

mit:

$C_{Rd,c} = 0{,}18/\gamma_C = 0{,}18/1{,}5 = 0{,}12$ — EC2-1-1, NDP zu 6.4.4(1)

$k = 1 + (200/230)^{0,5} = 1{,}93 \leq 2{,}0$

$$\rho_l = \frac{20{,}94\,\text{cm}^2/\text{m}}{100 \cdot 23\,\text{cm}^2} = 9{,}1 \cdot 10^{-3} < 0{,}02$$

vorh. $a_s = 20{,}94\,\text{cm}^2/\text{m}$

$v_{Rd,c} = 0{,}12 \cdot 1{,}93 \cdot (100 \cdot 9{,}1 \cdot 10^{-3} \cdot 30\,\text{MN/m}^2)^{1/3} = 0{,}697\,\text{MN/m}^2$

Mindestquerkrafttragfähigkeit ohne Durchstanzbewehrung:

$v_{min} = (0{,}0525/\gamma_C) \cdot k^{3/2} \cdot f_{ck}^{1/2}$ — EC2-1-1, Gl. 6.3aDE

$v_{min} = (0{,}0525/1{,}5) \cdot 1{,}93^{3/2} \cdot (30\,\text{MN/m}^2)^{1/2} = 0{,}502\,\text{MN/m}^2$

$v_{Rd,c} > v_{min}$

$v_{Ed} = 842{,}5\,\text{kN/m}^2 > v_{Rd,c} = 697{,}3\,\text{kN/m}^2$

→ Es ist Durchstanzbewehrung nötig.

Maximale Querkrafttragfähigkeit der Platte mit Durchstanzbewehrung im krit. Rundschnitt u_1:

$v_{Rd,max} = 1{,}4 \cdot v_{Rd,c,u1} = 1{,}4 \cdot 697{,}3\,\text{kN/m}^2 = 976{,}3\,\text{kN/m}^2$ — EC2-1-1, NA.6.53.1

$v_{Rd,max} > v_{Ed} = 842{,}5\,\text{kN/m}^2$

v_{Ed} kann mit Durchstanzbewehrung aufgenommen werden.

Ermittlung der Bewehrung zum Vermeiden des Durchstanzens:
Es wird Bügelbewehrung mit $\alpha = 90°$ verwendet.

Äußerer Rundschnitt u_{out}:

$u_{out} = \beta \cdot V_{Ed}/[v_{Rd,c} \cdot d]$ — EC2-1-1, Gl. 6.54

$u_{out} = 1{,}1 \cdot 702{,}9\,\text{kN}/[697{,}3\,\text{kN/m}^2 \cdot 0{,}23\,\text{m}]$ — $V_{Ed} = 702{,}9\,\text{kN}$

$u_{out} = 4{,}82\,\text{m}$ — u_{out} = Rundschnitt, für den keine Durchstanzbewehrung erforderlich ist.

Rundschnitt Lasteinleitung:

$u_0 = \pi \cdot 0{,}35$ m = 1,1 m — EC2-1-1, NCI zu 6.4.2(1)

u_0/d = 1,1 m/0,23 m = 4,78 > 4 — EC2-1-1, NDP zu 6.4.4(1)

Ansatz von $C_{Rd,c}$ = 0,12 ist in Ordnung.

Abstand a_{out} des äußeren Rundschnittes von A_{load}: — EC2-1-1, Bild 6.22

$a_{out} = [u_{out} - u_0]/[2\pi]$ = [4,82 m - 1,1 m]/[2π] = 0,59 m

a_{out} beträgt damit ca. $2{,}6 \cdot d$ vom Stützenrand (0,59 m/0,23 m).

Abstand der letzten Bewehrungsreihe von u_{out}: — EC2-1-1, 6.4.5(4)

$k \cdot d = 1{,}5 \cdot d$ — k = 1,5 nach EC2-1-1, NDP zu 6.4.5(4)

d. h. es ist Durchstanzbewehrung bis $(2{,}6 - 1{,}5)d = 1{,}1 \cdot d$ nötig

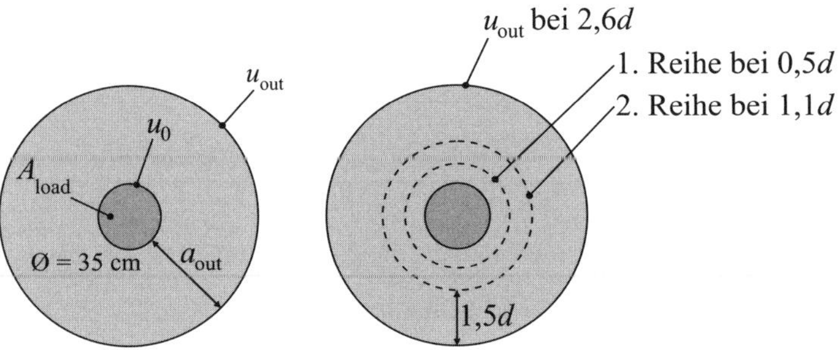

Bild 19-2: *Äußerer Rundschnitt (links) und Anordnung der Bügelbewehrung (rechts)*

Gewählte Reihenabstände der Bügel vom Auflagerrand: — EC2-1-1, 9.4.3(1) und Bild 9.10

1. Reihe bei $0{,}5d$ ($0{,}3d \leq s_r \leq 0{,}5d$)
2. Reihe bei $1{,}1d$ ($s_r \leq 0{,}75d$)

Grundbewehrungsmenge je Reihe: — EC2-1-1, Gl. 6.52

$v_{Rd,cs} = 0{,}75 \cdot v_{Rd,c} + 1{,}5 \cdot (d/s_r) \cdot A_{sw} \cdot f_{ywd,ef} \cdot [1/(u_1 \cdot d)] \cdot \sin\alpha$

mit:

$f_{ywd,ef} = 250 + 0{,}25 \cdot d \leq f_{ywd}$ [N/mm²] — EC2-1-1, 6.4.5(1)

$f_{ywd,ef} = 250 + 0{,}25 \cdot 230$ mm = 307,5 N/mm² < 435 N/mm²

$s_r = 0{,}6d = 0{,}6 \cdot 230$ mm = 138 mm (max. radialer Abstand) — EC2-1-1, NCI zu 6.4.5(1)

$A_{sw} = (v_{Ed} - 0{,}75 \cdot v_{Rd,c}) \cdot u_1 \cdot d / [1{,}5 \cdot (d/s_r) \cdot f_{ywd,ef}]$ — Gl. 6.52 umgestellt

$A_{sw} = 319{,}5\ \text{kN/m}^2 \cdot 3{,}99\ \text{m} \cdot 0{,}23\ \text{m}/[769 \cdot 10^{-1}\ \text{kN/cm}^2] = 3{,}81\ \text{cm}^2$

darin sind:
$v_{Ed} - 0{,}75 \cdot v_{Rd,c} = (842{,}5 - 0{,}75 \cdot 697{,}3)\ \text{kN/m}^2 = 319{,}5\ \text{kN/m}^2$
$1{,}5 \cdot (d/s_r) \cdot f_{ywd,ef} = 1{,}5 \cdot (230/138) \cdot 307{,}5\ \text{N/mm}^2 = 769\ \text{N/mm}^2$

Erforderliche Bewehrung je Reihe:
1. Bewehrungsreihe im Abstand $0{,}5 \cdot d$:
erf. $A_{sw,1} = \kappa_{sw,1} \cdot A_{sw}$
mit:
$\kappa_{sw,1} = 2{,}5$ (für die erste Bewehrungsreihe) — EC2-1-1, NCI zu 6.5.4(1)
erf. $A_{sw,1} = 2{,}5 \cdot 3{,}81\ \text{cm}^2 = 9{,}5\ \text{cm}^2$

2. Bewehrungsreihe im Abstand $1{,}1 \cdot d$:
erf. $A_{sw,2} = \kappa_{sw,2} \cdot A_{sw}$
mit:
$\kappa_{sw,2} = 1{,}4$ (für die zweite Bewehrungsreihe)
erf. $A_{sw,2} = 1{,}4 \cdot 3{,}81\ \text{cm}^2 = 5{,}3\ \text{cm}^2$

Maximaler Bügelschenkeldurchmesser: — EC2-1-1, NCI zu 9.4.3(1)
max. $\phi_{sw} \leq 0{,}05 \cdot d = 0{,}05 \cdot 230\ \text{mm} = 11{,}5\ \text{mm}$

Maximaler tangentialer Abstand der Bügel: — EC2-1-1, 9.4.3(1)
Innerhalb des kritischen Rundschnitts:
max. $s_t = 1{,}5d = 1{,}5 \cdot 0{,}23\ \text{m} = 0{,}345\ \text{m}$

Minimale Anzahl an Bügelschenkeln in der 1. Bewehrungsreihe:
$n = u_{0,5d}/\text{max.}\ s_t = [2\pi \cdot (0{,}5 \cdot 0{,}35\ \text{m} + 0{,}5 \cdot 0{,}23\ \text{m})]/[0{,}345\ \text{m}]$
$n = 1{,}82\ \text{m}/0{,}345\ \text{m} = 5{,}3$
Minimale Anzahl an Bügelschenkeln in der 2. Bewehrungsreihe:
$n = u_{1,1d}/\text{max.}\ s_t = [2\pi \cdot (0{,}5 \cdot 0{,}35\ \text{m} + 1{,}1 \cdot 0{,}23\ \text{m})]/[0{,}345\ \text{m}]$
$n = 2{,}06\ \text{m}/0{,}315\ \text{m} = 7{,}8$

Mindestdurchstanzbewehrung je Bügelschenkel: — EC2-1-1, Gl. 9.11DE und [11]

$$A_{sw,min} = \frac{0{,}08}{1{,}5} \cdot \frac{\sqrt{f_{ck}}}{f_{yk}} \cdot s_r \cdot s_t = 0{,}0533 \cdot \frac{\sqrt{30}}{500} \cdot 0{,}6 \cdot 1{,}5 \cdot 23^2$$

$A_{sw,min} = 0{,}28\ \text{cm}^2$ je Bügelschenkel

Ein Bügel $\phi 8$ mm < zul. ϕ_{sw} = 11,5 mm besitzt eine Bügelschenkelfläche von 0,5 cm² > 0,28 cm².

Tabelle 19-1: *Gewählte Bügelbewehrung*

	Anzahl (Schenkel)	vorh. a_{sw} [cm²]
1. Reihe: Bü ϕ10mm	8 (16 > 5,3)	12,6 (> 9,5)
2. Reihe: Bü ϕ8mm	6 (12 > 7,8)	6,0 (> 5,3)

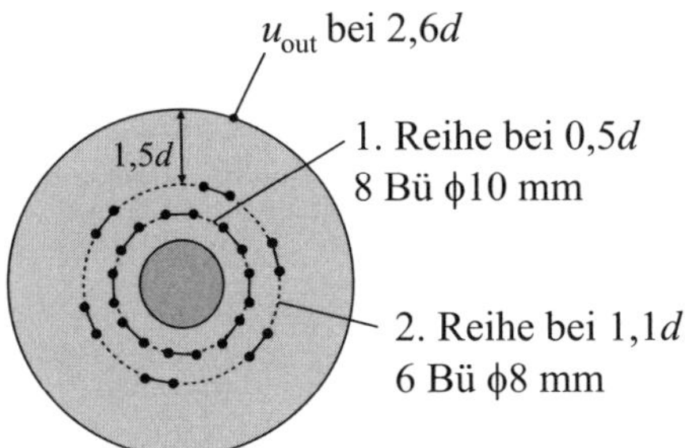

Bild 19-3: *Anordnung der Durchstanz(bügel)bewehrung über der Stütze B/II*

Beispiel 20: Bemessung einer Flachdecke in Stahlbetonbauweise

Die dargestellte Regelgeschossdecke eines Verwaltungsgebäudes ist nachfolgend zu bemessen. Die Decke wird als Flachdecke in Stahlbetonbauweise ausgeführt. Die verwendetet Betongüte beträgt C30/37, als Betonstahl ist B500B (normalduktil) vorgesehen ($E_s = 200.000$ MN/m²). Die Decke soll mit einer Höhe $h = 25$ cm und einer mittleren statischen Nutzhöhe $d = d_m = 21{,}0$ cm ausgeführt werden. Infolge der Nutzung beträgt die veränderliche Last inklusive leichter Trennwände $q_k = 3{,}0$ kN/m² und die Ausbaulast $g_{k2} = 1{,}0$ kN/m². Der Rechenwert der Rissbreite beträgt $w_k = 0{,}4$ mm (Innenbauteil, Anforderungsklasse F).

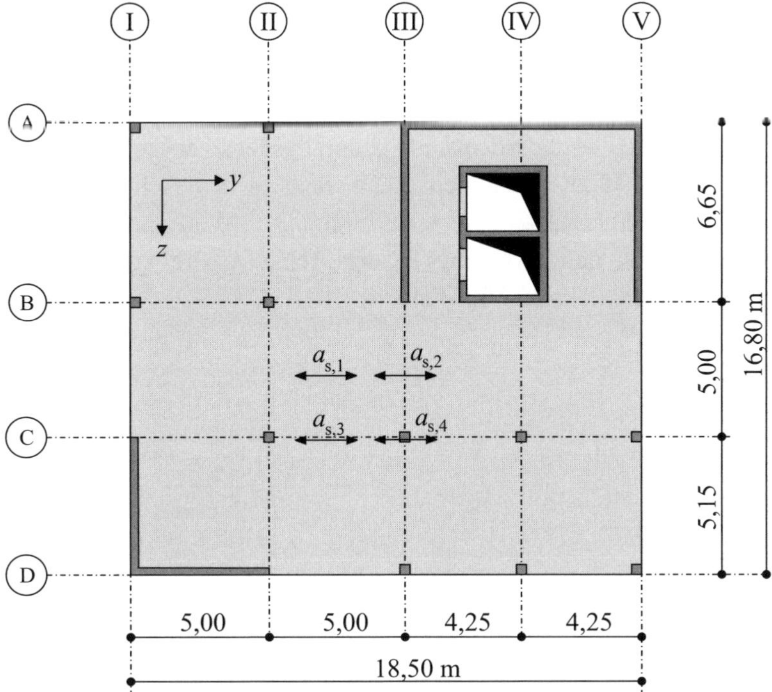

***Bild 20-1:** Grundriss des Verwaltungsgebäudes*

Aufgabe 20.1:

Überprüfen Sie die Stärke der Flachdecke ($h = 25$ cm, $d = 21{,}0$ cm) und anschließend die Mindestbewehrung infolge abfließender Hydratationswärme im Bereich des Treppenhauses und diejenige zur Vermeidung eines spröden Versagens der gesamten Decke.

Aufgabe 20.2:

Ermitteln Sie für das Innenfeld B-C/II-III der Flachdecke die Biegebewehrung in y-Richtung im Feld- und im Gurtstreifen. Verwenden Sie dabei das Näherungsverfahren zur Ermittlung der Momente mit Ersatzdurchlaufträgern nach Heft 240 des DAfStb.

Aufgabe 20.3:

Ermitteln Sie die Kopf- und Fußmomente in die Randstütze in Achse C/V rechtwinklig zum freien Rand (in y-Richtung) nach DAfStb Heft 240. Alle Stützen haben eine Abmessung von b/h = 30/30 cm. Die Regelgeschosshöhe beträgt h = 2,75 m.

Aufgabe 20.4:

Überprüfen Sie, ob für die Decke über der Innenstütze in Achse C/III eine Durchstanzbewehrung erforderlich wird. Die Bewehrung aus Aufgabe 20.2 (y-Richtung) soll auch in z-Richtung eingelegt werden. Ermitteln Sie außerdem die Kollapsbewehrung nach EC2-1-1 für die Stütze C/III.

Aufgabe 20.5:

Ein zweiter Entwurf sieht vor, die Geschossdecke als Unterzugsdecke auszuführen und auf die Wandscheiben in C-D/I-II zu verzichten. Es werden in den Achsen A - D Unterzüge angeordnet (Plattendicke h_f = 25 cm, b_{Steg}/h_0 = 40/60 cm, h_0 inkl. Deckenplatte). Ermitteln Sie für den Unterzug in der Achse C die erforderliche Längsbewehrung über der Stütze C/III sowie im Feld zw. II-III.

Lösung: **Aufgabe 20.1:**	
Innenfeld:	
$l/d < K \cdot 35$	EC2-1-1, NCI zu 7.4.2(2)
mit:	
$K = 1{,}2$	EC2-1-1, Tab. 7.4N
erf. $d > 5{,}00$ m/[35·1,2] = 0,120 m	
Randfeld:	analog zum Innenfeld
$l/d < K \cdot 35$	
mit:	
$K = 1{,}2$	
erf. $d > 6{,}55$ m/[35·1,2] = 0,156 m > 0,120 m (Innenfeld)	maßgebend: Randfeld
vorh. d = 21 cm > erf. d	
vorh. h = 25 cm > min. h = 20 cm	EC2-1-1, NCI zu 9.3.2(1)

Referenzbewehrungsgrad ρ_0 für einen Beton C30/37: — EC2-1-1, 7.4.2(2)

$\rho_0 = 10^{-3} \cdot f_{ck}^{1/2} = 10^{-3} \cdot 30^{1/2} = 0{,}55\ \%$

$$\frac{l}{d} = K \cdot \left[11 + 1{,}5\sqrt{f_{ck}} \cdot \frac{\rho_0}{\rho} + 3{,}2\sqrt{f_{ck}} \cdot \left(\frac{\rho_0}{\rho} - 1 \right)^{1{,}5} \right]$$

EC2-1-1, Gl. 7.16a

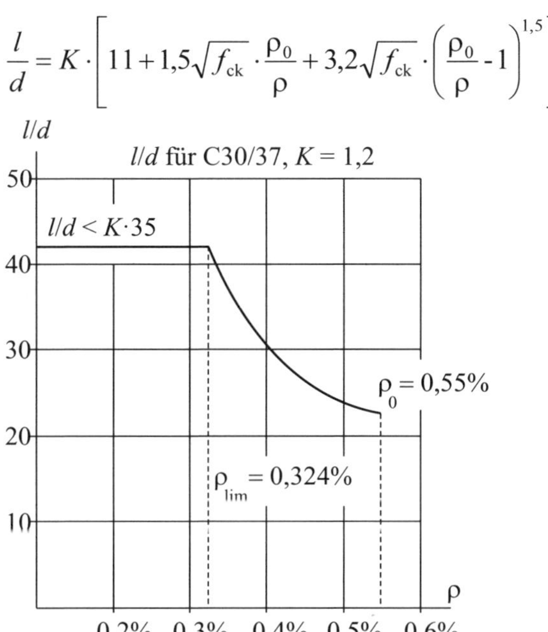

Bild 20-2: *Grafische Auswertung von EC2-1-1, Gl. 7.16a*

$l/d = 35 \cdot 1{,}2 = 42$

nach [6] gilt: Sofern erf. ρ im GZT bestimmt wurde und kleiner ρ_{lim} ist, ist der Verformungsnachweis mit dem oberen Grenzwert der Biegeschlankheit l/d erbracht

Aus Bild 20-2 ergibt sich ein Grenzbewehrungsgrad $\rho_{lim} = 0{,}324\ \%$.

Eine EDV-gestützte Biegebemessung der Flachdecke ergibt für die Deckenstärke h = 25 cm und die statische Höhe von d = 21 cm in y-Richtung eine Biegebewehrung von $a_s = 6{,}3$ cm²/m im Randfeld zw. den Achsen A/I und A/II.

$\rho = (6{,}3\ \text{cm}^2/\text{m})/[21\ \text{cm} \cdot 100\ \text{cm}] = 3{,}0 \cdot 10^{-3} = 0{,}30\ \% < \rho_{lim}$

Damit ist der vereinfachte Nachweis zur Begrenzung der Durchbiegung nach EC2-1-1 erbracht. Siehe auch [10].

Mindestbewehrung aus abfließender Hydratationswärme:

erf. $a_s = k_c \cdot k \cdot f_{ct,eff} \cdot A_{ct}/\sigma_s$ — EC2-1-1, Gl. 7.1

$$k_c = 0{,}4 \cdot \left[1 + \frac{\sigma_c}{k_1 \cdot (h/h^*) \cdot f_{ct,eff}} \right] \leq 1{,}0$$

EC2-1-1, Gl. 7.2

$\sigma_c = f_{ct,eff} = 0{,}5 \cdot f_{ctm} = 0{,}5 \cdot 2{,}90\ MN/m^2 = 1{,}45\ MN/m^2$	EC2-1-1, NCI zu 7.3.2(2)
$k_1 = 2h^*/[3h]$	mit $h^* = h$ für $h < 1{,}0$ m
$\rightarrow$: $k_c = 1{,}0$	
$k = 1{,}0 \cdot 0{,}8$ (Zugspannungen bei $h < 0{,}30$ m)	EC2-1-1, 7.3.2(2) und NCI zu 7.3.2(2)
$A_{ct} = h \cdot 1{,}0\ m = 0{,}25\ m^2/m$	
Gewählt: $\phi_s^* = 25$ mm $\rightarrow \sigma_s = 240\ N/mm^2$ (für $w_k = 0{,}4$ mm)	EC2-1-1, Tab. 7.2DE
Kontrolle des vorhandenen und zulässigen Stabstahldurchmessers: max. $\phi_s = \phi_s^* \cdot f_{ct,eff}/2{,}9$	EC2-1-1, Gl. 7.7DE
max. $\phi_s = 25\ mm \cdot 1{,}45/2{,}9 = 12{,}5$ mm	
vorh. $\phi_s = 10$ mm < max. ϕ_s	
erf. $a_s = [1{,}0 \cdot 0{,}8 \cdot 1{,}45\ MN/m^2 \cdot 0{,}25\ m^2/m \cdot 10^4]/[240\ MN/m^2]$ erf. $a_s = 12{,}1\ cm^2/m$	
gewählt: ϕ10-12[5]; vorh. $a_s = 6{,}28\ cm^2/m$ oben + unten	
Die erforderliche Bewehrung ist im Bereich des Treppenhauses einzulegen, da dort Zwangsschnittgrößen auftreten können.	
Mindestbewehrung zur Vermeidung eines spröden Versagens (Robustheitsbewehrung):	EC2-1-1, NDP zu 9.2.1.1(1)
$m_{cr} = f_{ctm} \cdot W_c = 2{,}9\ MN/m^2 \cdot [1{,}0\ m \cdot (0{,}25\ m^2)/6] = 0{,}030\ MNm/m$	$f_{ctm} = 2{,}9\ MN/m^2$ nach EC2-1-1, Tab. 3.1
erf. $a_s = m_{cr}/[z \cdot f_{yk}] = 0{,}030\ MN/m \cdot 10^3/[0{,}9 \cdot 0{,}21\ m \cdot 50{,}0\ kN/m^2]$ mit: $z \approx 0{,}9 \cdot d$ (siehe Fußnote S. 4) erf. $a_s = 3{,}17\ cm^2/m$	
gewählt: Q 335 A; vorh. $a_s = 3{,}35\ cm^2/m$ oben + unten	

Die erforderliche Bewehrung wird als Grundbewehrung in die Decke eingelegt.

Lösung: **Aufgabe 20.2:**

Ständige Lasten:
$g_k = g_{k1} + g_{k2} = 0{,}25 \text{ m} \cdot 25 \text{ kN/m}^3 + 1{,}0 \text{ kN/m}^2 = 7{,}25 \text{ kN/m}^2$

Veränderliche Lasten:
$q_k = 3{,}0 \text{ kN/m}^2$

Stützmoment:
max. $M_{Ed,S} = -[0{,}071 g_d + 0{,}107 q_d] \cdot l^2 \cdot b_L$
$M_{Ed,S} = -[0{,}071 \cdot 1{,}35 \cdot 7{,}25 + 0{,}107 \cdot 1{,}5 \cdot 3{,}0] \text{ kN/m}^2 \cdot (5 \text{ m})^2 \cdot 5 \text{ m}$
$M_{Ed,S} = -147{,}0 \text{ kNm}$

[1] Kap. 4, 1.4.1

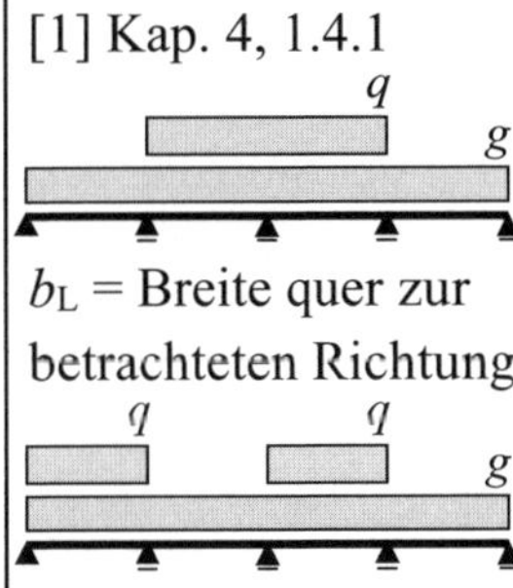

Feldmoment:
max. $M_{Ed,F} = [0{,}036 g_d + 0{,}080 q_d] \cdot l^2 \cdot b_L$
$M_{Ed,F} = [0{,}036 \cdot 1{,}35 \cdot 7{,}25 + 0{,}080 \cdot 1{,}5 \cdot 3{,}0] \text{ kN/m}^2 \cdot (5 \text{ m})^2 \cdot 5 \text{ m}$
$M_{Ed,F} = 89{,}0 \text{ kNm}$

Momentenverteilung im Feldstreifen (B-C/II-III):

[4] Kap. 3.3, Bild 3.4

Feldmoment:

$$m_{Ed,F} = 0{,}84 \cdot \frac{M_{Ed,F}}{b_L} = 0{,}84 \cdot \frac{89{,}0 \text{ kNm}}{5{,}0 \text{ m}} = 15{,}0 \text{ kNm/m}$$

Stützmoment:

$$m_{Ed,S} = 0{,}5 \cdot \frac{M_{Ed,S}}{b_L} = 0{,}5 \cdot \frac{-147{,}0 \text{ kNm}}{5{,}0 \text{ m}} = -14{,}7 \text{ kNm/m}$$

Momentenverteilung im Gurtstreifen (Achse C/III):
Feldmoment:

$$m_{Ed,F} = 1{,}25 \cdot \frac{M_{Ed,F}}{b_L} = 1{,}25 \cdot \frac{89{,}0 \text{ kNm}}{5{,}0 \text{ m}} = 22{,}3 \text{ kNm/m}$$

Stützmoment:

$$m_{Ed,S} = 2{,}1 \cdot \frac{M_{Ed,S}}{b_L} = 2{,}1 \cdot \frac{-147{,}0 \text{ kNm}}{5{,}0 \text{ m}} = -61{,}8 \text{ kNm/m}$$

Bemessung:

im Feld des Feldstreifens ($a_{s,1}$):

$$\mu_{Eds} = \frac{15{,}0 \cdot 10^{-3}\,\text{MNm/m}}{1{,}0\,\text{m} \cdot (0{,}21\,\text{m})^2 \cdot 17\,\text{MN/m}^2} = 0{,}02$$

[1] Kap. 5, Tafel 2a

mit:

$f_{cd} = \alpha_{cc} \cdot f_{ck}/\gamma_C = 0{,}85 \cdot 30\ \text{MN/m}^2/1{,}5 = 17{,}0\ \text{MN/m}^2$

EC2-1-1, Gl. 3.15 und NDP zu 3.1.6(1)
Geg.: C30/37

$\omega = 0{,}02$

erf. $a_{s,1} = (1/f_{yd}) \cdot [\omega \cdot b \cdot d \cdot f_{cd}]$

erf. $a_{s,1} = (1/435\ \text{MN/m}^2) \cdot [0{,}02 \cdot 1{,}0\ \text{m} \cdot 0{,}21\ \text{m} \cdot 17\ \text{MN/m}^2]$

erf. $a_{s,1} = 1{,}64 \cdot 10^{-4}\ \text{m}^2/\text{m} = 1{,}64\ \text{cm}^2/\text{m} <$ vorh. $a_s = 3{,}35\ \text{cm}^2/\text{m}$

Vorh.: Q 335 A aus Aufgabe 20.1

über der Stützung des Feldstreifens ($a_{s,2}$):

$$\mu_{Eds} = \frac{|-14{,}7| \cdot 10^{-3}\,\text{MNm/m}}{1{,}0\,\text{m} \cdot (0{,}21\ \text{m})^2 \cdot 17\,\text{MN/m}^2} = 0{,}02$$

$\omega = 0{,}02$

erf. $a_{s,2} = (1/f_{yd}) \cdot [\omega \cdot b \cdot d \cdot f_{cd}]$

erf. $a_{s,2} = (1/435\ \text{MN/m}^2) \cdot [0{,}02 \cdot 1{,}0\ \text{m} \cdot 0{,}21\ \text{m} \cdot 17\ \text{MN/m}^2]$

erf. $a_{s,2} = 1{,}64 \cdot 10^{-4}\ \text{m}^2/\text{m} = 1{,}64\ \text{cm}^2/\text{m} <$ vorh. $a_s = 3{,}35\ \text{cm}^2/\text{m}$

im Feld des Gurtstreifens ($a_{s,3}$):

$$\mu_{Eds} = \frac{22{,}3 \cdot 10^{-3}\,\text{MNm/m}}{1{,}0\,\text{m} \cdot (0{,}21\ \text{m})^2 \cdot 17\,\text{MN/m}^2} = 0{,}03$$

$\omega = 0{,}03$

erf. $a_{s,3} = (1/f_{yd}) \cdot [\omega \cdot b \cdot d \cdot f_{cd}]$

erf. $a_{s,3} = (1/435\ \text{MN/m}^2) \cdot [0{,}03 \cdot 1{,}0\ \text{m} \cdot 0{,}21\ \text{m} \cdot 17\ \text{MN/m}^2]$

erf. $a_{s,3} = 2{,}46 \cdot 10^{-4}\ \text{m}^2/\text{m} = 2{,}46\ \text{cm}^2/\text{m} <$ vorh. $a_s = 3{,}35\ \text{cm}^2/\text{m}$

über der Stützung des Gurtstreifens ($a_{s,4}$):

$$\mu_{Eds} = \frac{|-61{,}8| \cdot 10^{-3}\,\text{MNm/m}}{1{,}0\,\text{m} \cdot (0{,}21\ \text{m})^2 \cdot 17\,\text{MN/m}^2} = 0{,}082$$

$\omega = 0{,}086$

erf. $a_{s,4} = (1/f_{yd}) \cdot [\omega \cdot b \cdot d \cdot f_{cd}]$

erf. $a_{s,4} = (1/435\ \text{MN/m}^2) \cdot [0{,}086 \cdot 1{,}0\ \text{m} \cdot 0{,}21\ \text{m} \cdot 17\ \text{MN/m}^2]$

erf. $a_{s,4} = 7{,}06 \cdot 10^{-4}\ \text{m}^2/\text{m} = 7{,}06\ \text{cm}^2/\text{m} >$ vorh. $a_s = 3{,}35\ \text{cm}^2/\text{m}$

gewählt: Q 335 A + ϕ10-20; vorh. $a_s = 7{,}28\ \text{cm}^2/\text{m}$

Lösung: **Aufgabe 20.3:**

Mitwirkende Breite des Ersatzrahmenriegels: [4] Kap. 3.5, Gl. 3.8

$b_m = \lambda \cdot \text{min. } l$

mit:

min. l = 5,0 m (kleinere Stützweite der benachbarten Felder ⊥ zur betrachteten Richtung)

d = 0,3 m (Stützenabmessung)

$\lambda = 0{,}2 + 4 \cdot d/(\text{min. } l) = 0{,}2 + 4 \cdot 0{,}3/5{,}0 = 0{,}44$ [4] Kap. 3.5, Tafel 3.6

$b_m = \lambda \cdot \text{min. } l = 0{,}44 \cdot 5{,}0 \text{ m} = 2{,}20 \text{ m}$

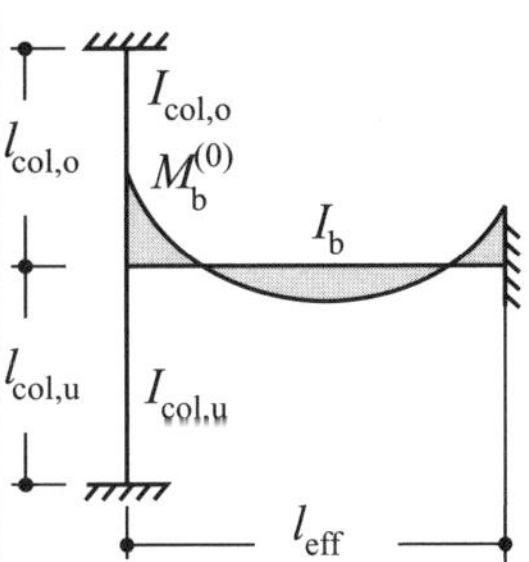

$I_b = 1/12 \cdot b_m \cdot h^3_{Decke} = 1/12 \cdot 2{,}20 \text{ m} \cdot (0{,}25 \text{ m})^3 = 0{,}00286 \text{ m}^4$

$I_{col,o} = 1/12 \cdot b_{Stütze} \cdot h^3_{Stütze} = 1/12 \cdot (0{,}30 \text{ m})^4 = 0{,}00068 \text{ m}^4$

$I_{col,u} = 1/12 \cdot b_{Stütze} \cdot h^3_{Stütze} = 1/12 \cdot (0{,}30 \text{ m})^4 = 0{,}00068 \text{ m}^4$

Ermittlung der Kopf- und Fußmomente:

$$M_{col,o} = \frac{-c_o}{3(c_o + c_u) + 2{,}5} \cdot \left(3 + \frac{\gamma_Q \cdot q_k}{\gamma_G \cdot g_k + \gamma_Q \cdot q_k}\right) \cdot M_b^{(0)}$$ [4] Kap. 1.6, Gl. 1.23

$$M_{col,u} = \frac{c_u}{3(c_o + c_u) + 2{,}5} \cdot \left(3 + \frac{\gamma_Q \cdot q_k}{\gamma_G \cdot g_k + \gamma_Q \cdot q_k}\right) \cdot M_b^{(0)}$$ [4] Kap. 1.6, Gl. 1.24

$$M_b = \frac{c_o + c_u}{3(c_o + c_u) + 2{,}5} \cdot \left(3 + \frac{\gamma_Q \cdot q_k}{\gamma_G \cdot g_k + \gamma_Q \cdot q_k}\right) \cdot M_b^{(0)}$$ [4] Kap. 1.6, Gl. 1.22

mit:

$$M_b^{(0)} = -\psi \cdot (\gamma_G \cdot g_k + \gamma_Q \cdot q_k) \cdot b_L \cdot \frac{l^2}{12}$$ [4] Kap. 3.5, Gl. 3.11

$(g+q)_d$

l_{eff}

Faktor für die elastische Einspannung ψ: [4] Kap. 3.5, Tafel 3.6

$\psi = 0{,}5 + 3 \cdot d/[\text{min. } l] = 0{,}68$

$b_L = 5{,}0 \text{ m}$

$$M_b^{(0)} = -0{,}68 \cdot (1{,}35 \cdot 7{,}25 \text{kN/m}^2 + 1{,}5 \cdot 3 \text{kN/m}^2) \cdot 5 \text{m} \cdot \frac{(4{,}25 \text{m})^2}{12}$$

$M_b^{(0)} = -73{,}1 \text{ kNm}$

$h = l_{col,o} = l_{col,u} = 2{,}75 \text{ m}$

$c_o = c_u = l_{eff}/l_{col,o} \cdot I_{col,o}/I_b = \dfrac{4{,}25}{2{,}75} \cdot \dfrac{0{,}000675}{0{,}00286} = 0{,}365$ — [4] Kap. 3.5 Gl. 3.12 und Gl. 3.13

$M_{col,o} = -M_{col,u}$

$$M_{col,o,u} = \frac{-0{,}365 \cdot (-73{,}1\,\text{kNm})}{3 \cdot (0{,}365 + 0{,}365) + 2{,}5} \cdot (3 + \frac{1{,}5 \cdot 3{,}0}{1{,}35 \cdot 7{,}25 + 1{,}5 \cdot 3})$$

$M_{col,o,u} = \pm\ 18{,}9$ kNm

$$M_b = \frac{2 \cdot 0{,}365 \cdot (-73{,}1\,\text{kNm})}{3 \cdot (0{,}365 + 0{,}365) + 2{,}5} \cdot (3 + \frac{1{,}5 \cdot 3{,}0}{1{,}35 \cdot 7{,}25 + 1{,}5 \cdot 3})$$

$M_b = -37{,}8$ kNm

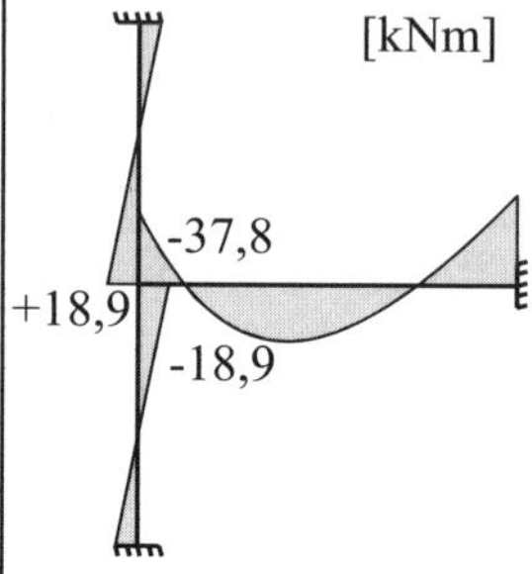

Lösung: **Aufgabe 20.4:**

Innenstütze in Achse C/III
Bemessungswert v_{Ed} der einwirkenden Querkraft:

Lasteinfluss in y-Richtung: — [1] Kap. 4, 1.4.1
Infolge g: $0{,}929 \cdot l_y$ aus idealisiertem 4-Feld-Träger
Infolge q: $1{,}143 \cdot l_y$ aus idealisiertem 4-Feld-Träger

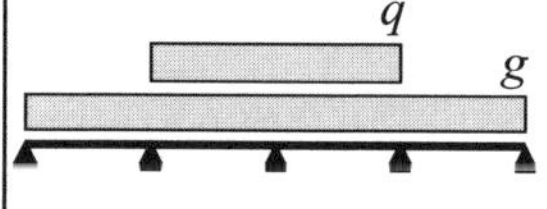

$$\text{Einflusszahl} = \frac{0{,}929 \cdot 7{,}25\,\text{kN/m}^2 + 1{,}143 \cdot 3\,\text{kN/m}^2}{(7{,}25 + 3{,}0)\,\text{kN/m}^2} = 0{,}99$$

Lasteinfluss in z-Richtung:
Infolge g, q: $1{,}25 \cdot l_z$ aus idealisiertem 2-Feld-Träger

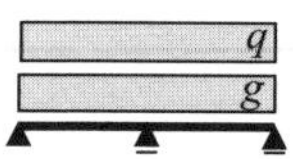

Einflussfläche $A \approx (0{,}99 \cdot 4{,}625\ \text{m}) \cdot (1{,}25 \cdot 5{,}0\ \text{m}) = 28{,}62\ \text{m}^2$ — $0{,}5 \cdot (5 + 4{,}25) = 4{,}62^5$

$V_{Ed,C/III} = 28{,}62\ \text{m}^2 \cdot (1{,}35 \cdot 7{,}25\ \text{kN/m}^2 + 1{,}5 \cdot 3\ \text{kN/m}^2) = 408{,}9$ kN

$$v_{Ed} = V_{Ed,C/III} \cdot \frac{\beta}{u_1 \cdot d_m}$$ — EC2-1-1, Gl. 6.38

mit:
Kritischer Rundschnitt:
$u_1 = u_{2,0d} = 4 \cdot 0{,}3\ \text{m} + 2\pi \cdot (2{,}0 \cdot 0{,}21\ \text{m}) = 3{,}84$ m — EC2-1-1, 6.4.2(1) und Bild 6.13

$\beta = 1{,}10$ (Innenstütze) — EC2-1-1, NDP zu 6.4.3(6)

$$v_{Ed,2,0d} = 408{,}9\,\text{kN} \cdot \frac{1{,}10}{3{,}84\,\text{m} \cdot 0{,}21\,\text{m}} = 557{,}8\ \text{kN/m}^2$$

Querkrafttragfähigkeit ohne Durchstanzbewehrung: — EC2-1-1, Gl. 6.47
$v_{Rd,c} = C_{Rd,c} \cdot k \cdot (100\rho_l \cdot f_{ck})^{1/3} \geq v_{min}$

mit:	
$C_{Rd,c} = 0{,}18/\gamma_C = 0{,}18/1{,}5 = 0{,}12$	EC2-1-1, NDP zu 6.4.4(1)
$k = 1 + (200/210)^{0,5} = 1{,}98 \leq 2{,}0$	
$\rho_l = \dfrac{7{,}28\ \text{cm}^2/\text{m}}{100 \cdot 21{,}0\ \text{cm}^2} = 3{,}46 \cdot 10^{-3} < 0{,}02$	aus Aufgabe 20.2: $a_{s,4} = 7{,}28\ \text{cm}^2/\text{m}$
$v_{Rd,c} = 0{,}12 \cdot 1{,}98 \cdot (100 \cdot 3{,}46 \cdot 10^{-3} \cdot 30\ \text{MN/m}^2)^{1/3} = 0{,}519\ \text{MN/m}^2$	
Mindestquerkrafttragfähigkeit ohne Durchstanzbewehrung: $v_{min} = (0{,}0525/\gamma_C) \cdot k^{3/2} \cdot f_{ck}^{1/2} = (0{,}0525/1{,}5) \cdot 1{,}98^{3/2} \cdot (30\ \text{MN/m}^2)^{1/2}$ $v_{min} = 0{,}534\ \text{MN/m}^2 > v_{Rd,c}$	EC2-1-1, NDP zu 6.4.4(1) und Gl. NA.6.3a
$v_{min} = v_{Rd,c} < v_{Ed}$, d. h.: es ist Durchstanzbewehrung nötig	$v_{min} = v_{Rd,c}$
Maximale Querkrafttragfähigkeit einer Platte mit Durchstanzbewehrung im krit. Rundschnitt u_1: $v_{Rd,max} = 1{,}4 \cdot v_{Rd,c} = 1{,}4 \cdot 534\ \text{kN/m}^2 = 747{,}6\ \text{kN/m}^2 > 557{,}8\ \text{kN/m}^2$	EC2-1-1, NDP zu 6.4.5(3)
v_{Ed} kann mit Durchstanzbewehrung aufgenommen werden.	
Ermittlung der Bewehrung zum Vermeiden des Durchstanzens: Es wird Bügelbewehrung mit $\alpha = 90°$ verwendet.	
Äußerer Rundschnitt u_{out}: $u_{out} = \beta \cdot V_{Ed}/[v_{Rd,c} \cdot d] = 1{,}1 \cdot 408{,}9\ \text{kN}/[534\ \text{kN/m}^2 \cdot 0{,}21\ \text{m}]$ $u_{out} = 4{,}01\ \text{m}$	EC2-1-1, Gl. 6.54 $V_{Ed} = 408{,}9\ \text{kN}$
Rundschnitt Lasteinleitung: $u_0 = 4 \cdot 0{,}30\ \text{m} = 1{,}2\ \text{m}$	EC2-1-1, NCI zu 6.4.2(1)
Abstand a_{out} des äußeren Rundschnittes von A_{load}: $a_{out} = [u_{out} - u_0]/[2\pi] = [4{,}01\ \text{m} - 1{,}2\ \text{m}]/[2\pi] = 0{,}45\ \text{m}$	
a_{out} beträgt damit ca. $2{,}15d$ vom Stützenrand (0,45 m/0,21 m)	
Abstand der letzten Bewehrungsreihe von u_{out}: $k \cdot d = 1{,}5 \cdot 0{,}21\ \text{m}$	EC2-1-1, 6.4.5(4) $k = 1{,}5$ nach EC2-1-1, NDP zu 6.4.5(4)
d. h. es ist Durchstanzbewehrung bis $(2{,}15 - 1{,}5)d = 0{,}65 \cdot d$ nötig	

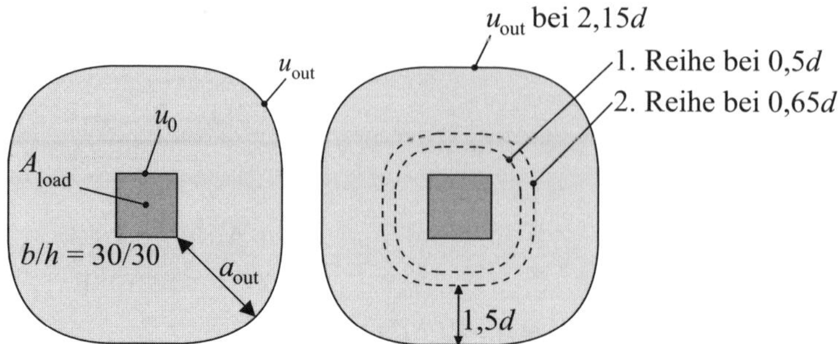

***Bild 20-3:** Äußerer Rundschnitt (links) und Anordnung der Bügelbewehrung*

Gewählte Reihenabstände der Bügel vom Auflagerrand: — EC2-1-1, 9.4.3(4) und Bild 9.10

1. Reihe bei $0{,}5 \cdot d$ ($0{,}3 \cdot d \leq s_r \leq 0{,}5d$)
2. Reihe bei $0{,}65 \cdot d$ ($s_r \leq 0{,}75 \cdot d$)

Grundbewehrungsmenge je Reihe:

$v_{Rd,cs} = 0{,}75 \cdot v_{Rd,c} + 1{,}5 \cdot (d/s_r) \cdot A_{sw} \cdot f_{ywd,ef} \cdot [1/(u_1 \cdot d)] \cdot \sin\alpha$ — EC2-1-1, Gl. 6.52

mit:

$f_{ywd,ef} = 250 + 0{,}25d < f_{ywd}$ [N/mm²] — EC2-1-1, 6.4.5(1)

$f_{ywd,ef} = 250 + 0{,}25 \cdot 210 \text{ mm} = 302{,}5 \text{ N/mm}^2 < 435 \text{ N/mm}^2$

$s_r = 0{,}5 \cdot d = 0{,}5 \cdot 210 \text{ mm} = 105 \text{ mm}$ (max. radialer Abstand) — EC2-1-1, NCI zu 6.4.5(1)

$A_{sw} = (v_{Ed} - 0{,}75 \cdot v_{Rd,c}) \cdot u_1 \cdot d/[1{,}5 \cdot (d/s_r) \cdot f_{ywd,ef}]$ — Gl. 6.52 umgestellt

$A_{sw} = (557{,}8 - 0{,}75 \cdot 534) \text{ kN/m}^2 \cdot 3{,}84 \text{ m} \cdot 0{,}21 \text{ m}/[1{,}5 \cdot (d/s_r) \cdot f_{ywd,ef}]$ — $u_1 = u_{2,0d} = 3{,}84$ m

$A_{sw} = (126{,}8 \text{ kN})/[907{,}5 \text{ kN/cm}^2 \cdot 10^{-1}] = 1{,}4 \text{ cm}^2$

Erforderliche Bewehrung je Reihe: — EC2-1-1, NCI zu 6.5.4(1)

1. Bewehrungsreihe im Abstand $0{,}5 \cdot d$:

erf. $A_{sw,1} = \kappa_{sw,1} \cdot A_{sw}$

mit:

$\kappa_{sw,1} = 2{,}5$ (für die erste Bewehrungsreihe)

erf. $A_{sw,1} = 2{,}5 \cdot 1{,}4 \text{ cm}^2 = 3{,}5 \text{ cm}^2$

2. Bewehrungsreihe im Abstand $0{,}65 \cdot d$:

erf. $A_{sw,2} = \kappa_{sw,2} \cdot A_{sw}$

mit:

$\kappa_{sw,2} = 1{,}4$ (für die zweite Bewehrungsreihe)

erf. $A_{sw,2} = 1{,}4 \cdot 1{,}4 \text{ cm}^2 = 2{,}0 \text{ cm}^2$

Maximaler Bügelschenkeldurchmesser:
max. $\phi_{sw} \leq 0{,}05 \cdot d = 0{,}05 \cdot 210$ mm = 10,5 mm

EC2-1-1, NCI zu 9.4.3(1)

Maximaler tangentialer Abstand der Bügel:
Innerhalb des kritischen Rundschnittes:
max. $s_t = 1{,}5 \cdot d = 1{,}5 \cdot 0{,}21$ m = 0,315 m

EC2-1-1, 9.4.3(1)

Minimale Anzahl an Bügelschenkeln in der 1. Bewehrungsreihe:
$n = u_{0,5d}$/max. $s_t = [4 \cdot 0{,}30 \text{ m} + 2\pi \cdot (0{,}5 \cdot 0{,}21 \text{ m})]/(0{,}315 \text{ m})$
$n = 1{,}86 \text{ m}/0{,}315 \text{ m} = 5{,}9$
Minimale Anzahl an Bügelschenkeln in der 2. Bewehrungsreihe:
$n = u_{0,65d}$/max. $s_t = [4 \cdot 0{,}30 \text{ m} + 2\pi \cdot (0{,}65 \cdot 0{,}21 \text{ m})]/(0{,}315 \text{ m})$
$n = 2{,}06 \text{ m}/0{,}315 \text{ m} = 6{,}5$

Mindestdurchstanzbewehrung je Bügelschenkel:

$$A_{sw,min} = \frac{0{,}08}{1{,}5} \cdot \frac{\sqrt{f_{ck}}}{f_{yk}} \cdot s_r \cdot s_t = 0{,}0533 \cdot \frac{\sqrt{30}}{500} \cdot 0{,}75 \cdot 1{,}5 \cdot 21^2$$

EC2-1-1, Gl. 9.11DE und [11]

$A_{sw,min} = 0{,}289$ cm² je Bügelschenkel

Für die Ermittlung von $A_{sw,min}$ wurden max. s_r und max. s_t in Gl. 9.11DE angesetzt.
Ein Bügel ϕ8 mm besitzt eine Bügelschenkelfläche von 0,5 cm² > 0,289 cm².

Tabelle 20-1: *Gewählte Bügelbewehrung*

	Anzahl (Schenkel)	vorh. a_{sw} [cm²]
1. Reihe: Bü ϕ8mm	6 (12 > 5,9)	6,0 (> 3,5)
2. Reihe: Bü ϕ8mm	6 (12 > 6,5)	6,0 (> 2,0)

Werte in (...) erforderlich aus Vorangegangenem

Mindestmomente je Längeneinheit:
Um die z-Achse:
$m_{Ed,z} = \eta_z \cdot V_{Ed}$
mit:
$\eta_z = 0{,}125$
$m_{Ed,z} = 0{,}125 \cdot 408{,}9$ kNm/m = 51,1 kNm/m
$m_{Ed,z} = 51{,}1$ kNm/m < $m_{Ed,S}$ = |-61,8 kNm/m| (s. Aufgabe 20.2)

EC2-1-1, NCI zu 6.4.5 Gl. NA.6.54.1

EC2-1-1, Tab. NA. 6.1.1

Um die y-Achse:
$m_{Ed,y} = \eta_y \cdot V_{Ed}$

mit:

$\eta_y = 0{,}125$

$m_{Ed,y} = 0{,}125 \cdot 408{,}9$ kNm/m = 51,1 kNm/m

Ermittlung des Bemessungsmomentes über C/III:

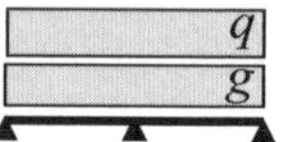

max. $M_{Ed,S} = -0{,}125 \cdot [g_d + q_d] \cdot l^2 \cdot b_L$

$M_{Ed,S} = -0{,}125 \cdot [1{,}35 \cdot 7{,}25 + 1{,}5 \cdot 3{,}0]$ kN/m²·(5 m)²·5 m

$M_{Ed,S} = -223{,}24$ kNm

[1] Kap. 4, 1.4.1

$$m_{Ed,S} = 2{,}1 \cdot \frac{M_{Ed,S}}{b_L} = 2{,}1 \cdot \frac{-223{,}24\,\text{kNm}}{5{,}0\,\text{m}} = -93{,}8\,\text{kNm/m}$$

$m_{Ed,y} = 51{,}1\,\text{kNm/m} < m_{Ed,S} = |-93{,}8\,\text{kNm/m}|$

Die Schnittgrößenermittlung ergibt größere Momente; daher sind die Mindestmomente nicht maßgebend.

Ermittlung der „Kollapsbewehrung“:
(Zur Verhinderung des Durchschlagens der Platte im Versagensfall)

EC2-1-1, NCI zu 9.4.3.1(1)

$A_s = V_{Ed,C/III}/f_{yk}$ $\qquad V_{Ed,C/III}$ mit $\gamma_F = 1{,}0$

A_s = 293,4 kN/50 kN/cm² = 5,9 cm²

A_s pro Stützenseite 5,9 cm²/4 = 1,48 cm²

vorhandene untere Grundbewehrung Q 335 A → 3,35 cm²/m
davon liegen auf der Stütze je Stützenseite:
0,30 m·3,35 cm²/m = 1,0 cm².
als Zulage ΔA_s = 1,48 cm² - 1,0 cm² = 0,48 cm² pro Seite

aus Aufgabe 20.1

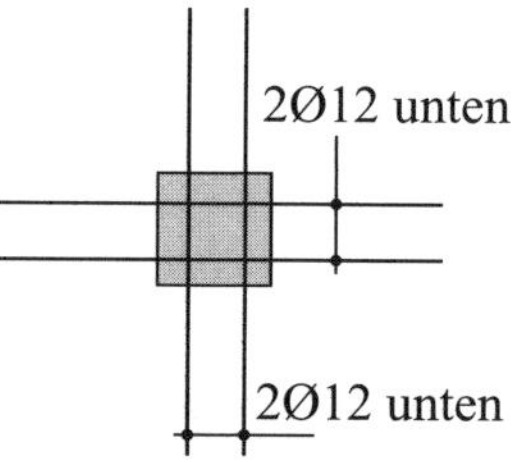

gewählt: 2ϕ12 je Richtung unten; vorh. A_s = 2,26 cm²

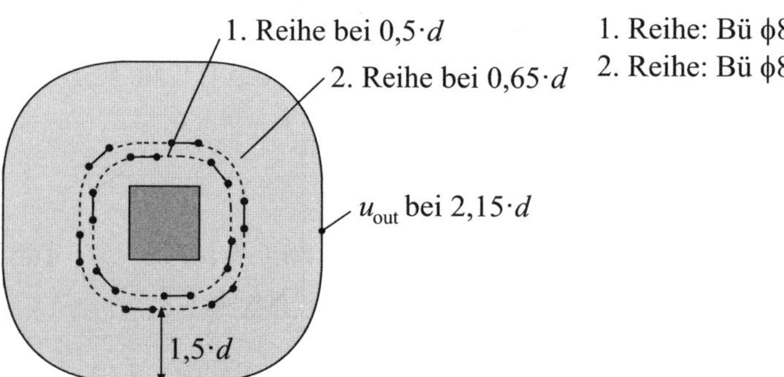

Bild 20-4: *Anordnung der Durchstanz(bügel)bewehrung über der Stütze C/III*

Anm. zu Bild 20-4:
Die Grund- und Zulagebewehrung oben und unten ist nicht dargestellt.
Es wurden in beiden Reihen die gleichen Bügel gewählt, um den Einbau vor Ort zu vereinfachen.

Lösung: **Aufgabe 20.5:**

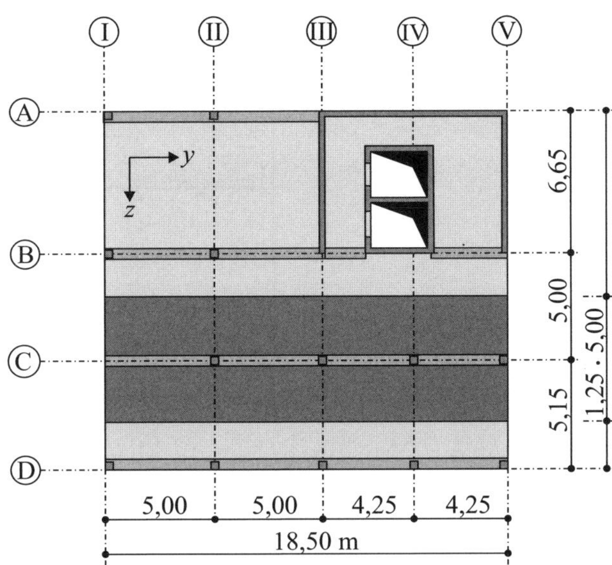

Bild 20-5: *Alternativer Entwurf – Unterzugdecke*

Statische Höhe:

$h_0 = 60{,}0$ cm

Innenbauteil → Expositionsklasse XC 1

→: $c_{\min,\text{dur}} = 1{,}0$ cm — EC2-1-1, Tab. NA.4.4

→: $\Delta c_{\text{dev}} = 1{,}0$ cm — EC2-1-1, NDP zu 4.4.1.3(1)

Bewehrungsstahl $\phi 14$ mm →: $c_{\min,\text{b}} = 1{,}4$ cm — EC2-1-1, Tab. 4.2

$c_{\text{nom}} = c_{\min,\text{b}} + \Delta c_{\text{dev}} = 2{,}4$ cm — EC2-1-1, Gl. 4.1

Bügel $\phi 10$ mm

$d = 60{,}0 \text{ cm} - 2{,}4 \text{ cm} - 1{,}0 \text{ cm} - 1{,}4 \text{ cm}/2 \approx 56{,}0 \text{ cm}$

Einwirkungen aus zusätzlicher Eigenlast des Unterzugsteges: — Geg.: b_{Steg}/h_0

$\Delta g_{k1} = 0{,}35 \text{ m} \cdot 0{,}4 \text{ m} \cdot 25 \text{ kN/m}^3 = 3{,}5 \text{ kN/m}$

Schnittgrößen über der Stütze:

aus Platte:

$\max M_{\text{Ed,S,C/III}} = (-0{,}071 \cdot g_d - 0{,}107 \cdot q_d) \cdot (6{,}25 \cdot 5{,}0^2) \text{ m}^3$ — $b_L = 1{,}25 \cdot 5{,}0$ m

$\max M_{\text{Ed,S,C/III}} = -183{,}8 \text{ kNm}$ — [1] Kap. 4, 1.4.1

aus Steg:

$\max M_{\text{Ed,S,C/III}} = -0{,}071 \cdot 1{,}35 \cdot 3{,}5 \text{ kN/m} \cdot (5{,}0 \text{ m})^2 = -8{,}4 \text{ kNm}$

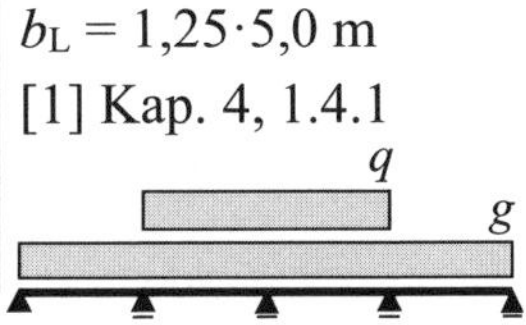

Schnittgrößen im Feld:

aus Platte:

max $M_{\text{Ed,F,II-III}} = (0{,}036 \cdot g_d + 0{,}080 \cdot q_d) \cdot (6{,}25 \cdot 5{,}0^2)\ \text{m}^3$ — $b_L = 1{,}25 \cdot 5{,}0$ m

max $M_{\text{Ed,F,II-III}} = 111{,}3$ kNm — [1] Kap. 4, 1.4.1

q q g

aus Steg:

max $M_{\text{Ed,F,II-III}} = 0{,}036 \cdot 1{,}35 \cdot 3{,}5\ \text{kN/m} \cdot (5{,}0\ \text{m})^2 = 4{,}25$ kNm

Bemessung über der Stütze C/III:

$$\mu_{\text{Eds}} = \frac{|-192{,}2| \cdot 10^{-3}\ \text{MNm}}{0{,}4\,\text{m} \cdot (0{,}56\,\text{m})^2 \cdot 17{,}0\,\text{MN/m}^2} = 0{,}090$$

[1] Kap. 5, Tafel 2a

$\omega = 0{,}095$

erf. $A_{\text{s,C/III}} = (1/f_{yd}) \cdot [\omega \cdot b \cdot d \cdot f_{cd}]$

erf. $A_{\text{s,C/III}} = (1/435\ \text{MN/m}^2) \cdot (0{,}095 \cdot 0{,}4\ \text{m} \cdot 0{,}56\ \text{m} \cdot 17\ \text{MN/m}^2)$ — $f_{cd} = 17\ \text{MN/m}^2$ siehe Aufgabe 20.2

erf. $A_{\text{s,C/III}} = 8{,}3 \cdot 10^{-4}\ \text{m}^2 = 8{,}3\ \text{cm}^2$

gewählt 6 ϕ14; vorh. $A_s = 9{,}2\ \text{cm}^2$

Bemessung im Feld zwischen II-III:

Mitwirkende Plattenbreite $b_{\text{eff}} = \Sigma b_{\text{eff,i}} + b_w$ — EC2-1-1, Gl. 5.7

$b_{\text{eff,i}} = 0{,}2 \cdot b_i + 0{,}1 \cdot l_0$ — EC2-1-1, Gl. 5.7a

$b_{1,2} = 5{,}00\ \text{m} - 0{,}40\ \text{m} = 4{,}60$ m — EC2-1-1, Bild 5.3

$l_0 = 0{,}7 \cdot 5{,}00\ \text{m} = 3{,}50$ m — EC2-1-1, Bild 5.2

$b_{\text{eff}\,1,2} = 0{,}2 \cdot 4{,}60\ \text{m} + 0{,}1 \cdot 3{,}50\ \text{m} = 1{,}27\ \text{m} > 0{,}2 \cdot l_0 = 0{,}70$ m — $0{,}2 \cdot l_0$ maßgebend

$< b_{1,2} = 4{,}60$ m — EC2-1-1, Gl. 5.7b

$b_{\text{eff}} = 2 \cdot 0{,}70\ \text{m} + 0{,}40\ \text{m} = 1{,}80$ m

gedrungener Plattenbalken, da $b_{\text{eff}} = 1{,}80\ \text{m} < 5 \cdot b_w = 2{,}00$ m

Kontrolle der Druckzonenhöhe und Bemessung:

[1] Kap. 5, Tafel 2a

$$\mu_{\text{Eds}} = \frac{115{,}6 \cdot 10^{-3}\ \text{MNm}}{1{,}80\,\text{m} \cdot (0{,}56\,\text{m})^2 \cdot 17\,\text{MN/m}^2} = 0{,}012$$

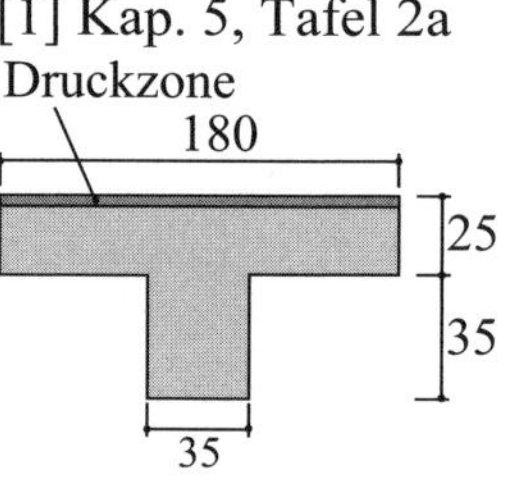

$x = \xi \cdot d = 0{,}033 \cdot 56{,}0\ \text{cm} = 1{,}85\ \text{cm} < h_f = 25$ cm

$\omega = 0{,}012$

erf. $A_{\text{s,B-C/II-III}} = (1/f_{yd}) \cdot [\omega \cdot b \cdot d \cdot f_{cd}]$

erf. $A_s = (1/435\ \text{MN/m}^2) \cdot [0{,}012 \cdot 1{,}8\ \text{m} \cdot 0{,}56\ \text{m} \cdot 17\ \text{MN/m}^2]$ — $f_{cd} = 17\ \text{MN/m}^2$ siehe Aufgabe 20.2

erf. $A_s = 4{,}7 \cdot 10^{-4}\ \text{m}^2 = 4{,}7\ \text{cm}^2$

gewählt: 4 ϕ14; vorh. $A_s = 6{,}2\ \text{cm}^2$

Literaturverzeichnis

[1] Albert, A. (Herausgeber), 2014: *Schneider – Bautabellen für Ingenieure.* 21. Auflage, Bundesanzeiger Verlag.

[2] Brandt, B., 2014: *Zum Nachweis der räumlichen Gebäudestabilität.* Beton- und Stahlbetonbau, Heft 12, Ernst & Sohn, Berlin, pp. 874–881.

[3] Brandt, B., Schäfer, H.G., Reeb, H., 1975: *Zum Stabilitätsnachweis von Hochhäusern.* Beton- und Stahlbetonbau, Heft 9, Ernst & Sohn, Berlin, pp. 211–223.

[4] Deutscher Ausschuss für Stahlbeton (DAfStb), 1991: *Hilfsmittel zur Berechnung der Schnittgrößen und Formänderungen von Stahlbetontragwerken.* Heft 240, 3. überarbeitete Auflage, Beuth, Berlin.

[5] Deutscher Ausschuss für Stahlbeton (DAfStb), 1992: *Bemessungshilfsmittel zu Eurocode 2 Teil 1.* Heft 425, Beuth, Berlin.

[6] Deutscher Ausschuss für Stahlbeton (DAfStb), 2012: *Erläuterungen zu DIN EN 1992-1-1 und DIN EN 1992-1-1/NA (Eurocode 2).* Heft 600, Beuth, Berlin.

[7] DIN EN 1992-1-1:2011-01: Eurocode 2: *Bemessung und Konstruktion von Stahlbeton- und Spannbetontragwerken – Teil 1-1: Allgemeine Bemessungsregeln und Regeln für den Hochbau.* Beuth, Berlin.

[8] DIN EN 1992-1-1/NA:2013-04: Nationaler Anhang – National festgelegte Parameter – Eurocode 2: *Bemessung und Konstruktion von Stahlbeton- und Spannbetontragwerken – Teil 1-1: Allgemeine Bemessungsregeln und Regeln für den Hochbau.* Beuth, Berlin.

[9] Fingerloos, F., 2010: *Der Eurocode 2 für Deutschland – Erläuterungen und Hintergründe, Teil 2: Grundlagen, Dauerhaftigkeit, Baustoffe, Spannungs-Dehnungslinien.* Beton- und Stahlbetonbau, Heft 7, Ernst & Sohn, Berlin, pp. 406–420.

[10] Fingerloos, F., 2010: *Der Eurocode 2 für Deutschland – Erläuterungen und Hintergründe, Teil 3: Begrenzung der Spannungen, Rissbreiten und Verformungen.* Beton- und Stahlbetonbau, Heft 8, Ernst & Sohn, Berlin, pp. 486–495.

[11] Fingerloos, F., 2010: *Der Eurocode 2 für Deutschland – Erläuterungen und Hintergründe, Teil 4: Bewehrungs- und Konstruktionsregeln.* Beton- und Stahlbetonbau, Heft 9, Ernst & Sohn, Berlin, pp. 562–571.

[12] Fingerloos, F., Hegger, J., Zilch, K., 2012: *Eurocode 2 für Deutschland: DIN EN 1992-1-1 Bemessung und Konstruktion von Stahlbeton- und Spannbetontragwerken – Teil 1-1: Allgemeine Bemessungsregeln und Regeln für den Hochbau mit Nationalem Anhang – Kommentierte Fassung.* Ernst & Sohn, Beuth, Berlin.

[13] Führer, L. (2001): *Kubische Gleichungen und die widerwillige Entdeckung der komplexen Zahlen – Zwei Beispiele zur historisch-genetischen Methode.* Gekürzte Fassung aus Praxis Mathematik 43.2, pp. 57–67. http://www.math.uni-frankfurt.de/~fuehrer/Schriften/1996_Cardano.pdf

[14] Goris, A., 2014: *Zum Durchstanznachweis von Einzelfundamenten nach EC2.* Beton- und Stahlbetonbau, Heft 5, Ernst & Sohn, Berlin, pp. 314–321.

[15] Kohl, M., Wilke, H.-P., Kohl, T., 2012: *Schadensfälle im Stahlbetonbau.* Beton- und Stahlbetonbau, Heft 8, Ernst & Sohn, Berlin, pp. 547–553.

[16] Leonhardt, F., 1973: *Vorlesungen über Massivbau – Erster Teil.* 2. Auflage, Springer, Berlin.

[17] Leonhardt, F., 1976: *Vorlesungen über Massivbau – Vierter Teil.* Springer, Berlin.

[18] Maier, K., Wicke, M., 2000: *Die Freie Spanngliedlage. Entwicklung und Umsetzung in die Praxis.* Beton- und Stahlbetonbau, Heft 2, pp. 62–71.

[19] Pieper, K., Martens, P., 1966: *Durchlaufende vierseitig gestützte Platten im Hochbau.* Beton- und Stahlbetonbau, Heft 6, Ernst & Sohn, Berlin, pp. 158–162.

[20] Rombach, G. A., 2010: *Spannbetonbau.* 2. Auflage, Ernst & Sohn, Berlin.

[21] Zilch, K., Zehetmaier, G., 2010: *Bemessung im konstruktiven Betonbau – Nach DIN 1045-1 (Fassung 2008) und EN 1992-1-1 (Eurocode 2).* 2. überarbeitete und erweiterte Auflage, Springer, Berlin.

Stichwortverzeichnis